Untersuchung und Nachweis organischer Farbstoffe auf spektroskopischem Wege.

Untersuchung und Nachweis organischer Farbstoffe auf spektroskopischem Wege.

Von

Jaroslav Formánek
Professor an der k. k. böhmischen technischen Hochschule in Prag,

unter Mitwirkung von

Dr. **Eugen Grandmougin**
Professor an der Chemieschule in Mülhausen i. E.

Zweite, vollständig umgearbeitete und vermehrte Auflage.

Zweiter Teil.

1. Lieferung.

Mit 3 Textfiguren und 6 lithographischen Tafeln.

Springer-Verlag Berlin Heidelberg GmbH
1911.

ISBN 978-3-642-50507-2 ISBN 978-3-642-50817-2 (eBook)
DOI 10.1007/978-3-642-50817-2

Softcover reprint of the hardcover 2nd edition 1911

Bemerkungen über die Einrichtung und Handhabung des Spektralapparates.

Die zum Zwecke der Farbstoffuntersuchung dienenden größeren Spektralapparate, ihre Justierung und Behandlung wurden schon im ersten Teile dieses Buches S. 32 ff. beschrieben, doch glaube ich, daß es nicht überflüssig erscheinen wird, wenn ich im nachfolgenden auf diejenigen Umstände, welche zur richtigen Farbstoffanalyse beitragen können, ausführlicher eingehen werde und auch nochmals auf die wichtigsten Bestandteile der Spektroskope überhaupt aufmerksam mache.

Symmetrischer Spalt. Jeder Spektralapparat, welcher zur Untersuchung der Farbstoffe dienen soll, muß unbedingt mit einem symmetrischen Spalte versehen sein[1]), da man bei der Untersuchung von Farbstoffspektren nicht selten mit verschieden breitem Spalte zu arbeiten genötigt ist.

Bei der Beobachtung der Absorptionsspektra im äußersten Rot oder Violett ist man nämlich oft gezwungen, den Spalt etwas mehr zu öffnen, als bei der Beobachtung der Spektra im Grün und Gelb, um in den Apparat mehr Licht zu bekommen und die Absorptionsstreifen im Rot und Violett deutlicher sehen zu können.

Lösungen, welche auch bei starker Verdünnung ziemlich dunkel bleiben, namentlich die Lösungen von dunkelgrünen, dunkelblauen und schwarzen Farbstoffen, muß man ebenfalls bei etwas mehr geöffnetem Spalte untersuchen.

Abgesehen von diesen Umständen ist es bequemer, zum Zwecke der technischen Analyse und beim Messen der Lage von mehreren verschieden dunklen und im Spektrum gleichzeitig vorkommenden Streifen, den Spalt mehr oder weniger zu öffnen, als die Lösung weiter zu verdünnen, wenn man den gewünschten Verdünnungsgrad nicht gerade getroffen hat. Doch darf der Unterschied in der Breite des Spaltes nicht zu groß sein, da bei den gewöhnlichen Spektralapparaten, bei denen man nicht allzugroße Ansprüche auf die höchste Genauigkeit macht, der Spalt nicht so sorgfältig konstruiert ist, daß er sich genau symmetrisch öffnet oder schließt, wobei dann durch

---

1) Siehe J. Formánek, Qualitative Spektralanalyse anorg. und organ. Körper, 2. Auflage, 1905, S. 30 u. 35.

allzugroßes Öffnen des Spaltes das Dunkelheitsmaximum etwas verschoben werden kann.

Würde man zur Farbstoffuntersuchung einen Spektralapparat mit einfachem Spalte anwenden, so würde sich auch das Dunkelheitsmaximum eines Absorptionsstreifens auf diejenige Seite verschieben, auf welcher sich der Spalt öffnet.

Man beobachte jedoch alle Absorptionsspektra möglichst bei einer und derselben Spaltbreite, und zwar bei möglichst schmalem Spalte, um die Spektra genügend scharf zu erhalten[1]).

Zu diesem Zwecke wird an allen besseren Spektralapparaten eine in 100 Teile geteilte Trommel angebracht, welche die Breite des Spaltes in Millimetern angibt.

Man vergesse nicht, bei jedem neuen Apparate und auch späterhin von Zeit zu Zeit die Spaltvorrichtung auf ihre Leistung zu prüfen.

Zu dem Zwecke beleuchtet man den Spektralapparat mit Natriumlicht, stellt das Fadenkreuz des Fernrohrokulares genau auf die Mitte der Natriumlinie ein und nun öffnet man langsam den Spalt. Die Natriumlinie muß sich vom Kreuzpunkte der beiden Fäden gleichmäßig auf beide Seiten erweitern und beim Schließen des Spaltes wieder gleichmäßig verengen.

Minimum der Ablenkung. Bei den größeren Spektralapparaten ist die Einrichtung zur automatischen Einstellung des Prismas auf das Minimum der Ablenkung für die Untersuchung von Absorptionsspektren sehr zu empfehlen, da man die Absorptionsstreifen in allen Teilen des Spektrums mit gleicher Schärfe sieht[2]), doch ist diese Einrichtung nicht unbedingt nötig. Man kann sich nämlich auch dadurch helfen, daß man in jedem farbigen Felde auf eine bestimmte Linie, z. B. im Gelb auf die Natriumlinie, im Rot auf die Lithium- und Kaliumlinie, im Grün auf die Thaliumlinie usw. das Fernrohr ein für allemal scharf einstellt und diese verschiedenen Stellungen des Fernrohres sich an demselben bezeichnet. Bei der Untersuchung im bestimmten farbigen Felde verschiebt man das Fernrohr zu der jeweiligen Marke.

Kontrolle der Skaleneinrichtung. Die Stellung der Skala am Spektralapparate gegenüber dem Spektrum muß vor jeder Untersuchung und überhaupt öfters mit Natriumlicht kontrolliert werden, sonst könnte eine solche Vernachlässigung zu einem unliebsamen Irrtum führen.

Da die Temperatur auf die Ausdehnung der Meßschraube, sowie auf die metallische Skala auch einen gewissen Einfluß ausübt, so empfiehlt es sich bei genauen Messungen die mittlere Temperatur von 18—20° C einzuhalten. Wird durch die Veränderung der Temperatur

---

[1]) Der Spalt muß sehr sorgfältig behandelt werden; durch unvorsichtiges Schließen können die Spaltbacken, namentlich solche, welche aus Platin hergestellt sind, schwer beschädigt werden; von einem tadellosen Spalte ist auch die Schärfe der Spektra abhängig.

[2]) J. Formánek, Qualitative Spektralanalyse, 2. Aufl., S. 17 u. 35.

die normale Stellung der Skala gegenüber der Natriumlinie etwas verschoben, so tut man besser, bei der Ablesung an der Skala, den Wert, um welchen die Verschiebung stattgefunden hat, in Rechnung zu nehmen, als die Stellung der Skala zu korrigieren. Die Variation des Nullpunktes bzw. der Skalenangabe in bezug auf die Natriumlinie infolge der Veränderung der Zimmertemperatur beträgt ungefähr $\pm 0{,}01$ mm bzw. $\pm 0{,}2\ m\mu$[1]).

Der zur Analyse verwendete Spektralapparat darf keine Parallaxe zeigen, sonst würde bei der Kontrolle der Skala die richtige Einstellung des Fadenkreuzes auf die Natriumlinie nicht nur bedeutend erschwert sein, sondern es können auch die Angaben der Skala für einen und denselben Absorptionsstreifen verschieden ausfallen.

Wenn man also in das Fernrohr des Apparates schaut und dabei seinen Kopf links und rechts bewegt, so dürfen sich die Bilder des Fadenkreuzes und des Spaltes (Natriumlinie) nicht voneinander entfernen, sondern müssen beisammen bleiben[2]).

Jedes Spektroskop mit Meßvorrichtung, welches tagtäglich in Verwendung steht, muß von Zeit zu Zeit auf die Richtigkeit der Skalenangaben geprüft werden, weil der Gang der Meßschraube sich aus verschiedenen Gründen etwas verändern kann.

Die Skala kontrolliert man auf eine einfache Weise durch Messung der Flammenspektren von Salzen des Kaliums, Lithiums, Bariums, Strontiums, Caesiums oder Rubidiums usw. und vergleicht die Messungen mit den in jeder Spektralanalyse für diese Spektra angegebenen Wellenlängen[3]). Eine eventuell sich ergebende kleine Differenz wird notiert und die diesbezügliche Korrektur bei den Untersuchungen eingeführt.

Wer im Besitze eines Induktoriums ist, kann die Skala auch bequem mit den mit Wasserstoff, Helium und Quecksilber gefüllten Geißlerschen Röhren, welche hinreichend viele Linien in allen Teilen des Spektrums geben, kontrollieren.

Beleuchtung des Spektralapparates. Gewöhnlich ist es gleichgültig, ob man zur Beleuchtung des Spektroskopes Gaslicht oder elektrisches Licht verwendet. Eine gute Gaslampe mit Auerschem Glühkörper und Kondensor genügt selbst für ein Gitterspektroskop von geringerer Dispersion wie z. B. für dasjenige von Zeiß. Die Beleuchtung darf jedoch nicht zu intensiv sein, da bei einer grellen Beleuchtung des Spaltes im allzuhellen Spektrum schwache Absorptionsstreifen überlichtet werden, bzw. das Auge durch scharfes Licht im Spektralapparate geblendet wird, wodurch schwache Streifen im Spektrum nicht wahrgenommen werden können. Man kann zwar die allzugroße Intensität der Beleuchtung vermeiden, wenn man den Spalt des Spektroskopes beinahe schließt, doch ist dies nicht immer praktisch durchführbar. Am besten ist es jedoch, wenn man die Intensität der Beleuchtung während der Beobachtung regulieren kann.

1) Man nimmt als Anhaltspunkt die Mitte der beiden Natriumlinien bei λ 589,5; im ersten Teile des Buches, S. 37, Zeile 15 von oben, befindet sich ein Druckfehler, es soll stehen 589,5 statt 689,5.

2) Siehe J. Formánek, Qualitative Spektralanalyse, 2 Aufl., S. 32 u. 82.

3) J. Formánek, Qualitative Spektralanalyse, 2. Aufl., S. 53 usw.

Für helle Lösungen wird die Intensität vermindert, für dunkle Lösungen vergrößert.

Die Lichtquelle, welche in der Verlängerung des Kollimators so genau eingestellt werden muß, daß beide Spaltschneiden gleichmäßig belichtet sind, soll ein ruhiges Licht geben; ein unruhiges flackerndes Licht verursacht ein scheinbares Schwingen der Streifen, wodurch eine genaue Messung im Spektrum fast unmöglich wird.

Vorrichtung zur Beobachtung von schwachen Absorptionsstreifen. Um die schwächsten Streifen im Spektrum wahrnehmen zu können, schwächt man, wie schon oben gesagt, die Intensität des Lichtes durch möglichstes Schließen des Spaltes ab, wodurch schwache Streifen meistens deutlicher auftreten. In manchen Fällen hilft aber dieses Verfahren nicht und man bedient sich daher mit Vorteil einer ausklappbaren dünnen Platte aus ganz schwach gefärbtem Rauchglase, welche zwischen das Auge und die Okularlinse in dem Okular selbst angebracht wird. Bei der Einschaltung dieser Platte wird das ganze Spektrum gedämpft und die sonst kaum sichtbaren Streifen treten deutlicher hervor.

Aussehen des Spektrums. Sind das Spektroskop und die Lampe zur Untersuchung vorbereitet, so öffnet man den bei der Justierung fast geschlossenen Spalt etwas mehr, z. B. auf den Skalenteil 0,05 mm der Spalttrommel und beobachtet das Spektrum; dasselbe muß genügend hell und rein erscheinen und darf durch keine dunklen Querlinien gestört werden. Sollte dieser Fall bei einem sorgfältig geschliffenen Spalte doch eintreten, was häufig die Folge davon ist, daß zwischen den Spaltschneiden sich Staubteilchen eingesetzt haben, so öffnet man den Spalt so weit als möglich, reinigt die Schneiden vorsichtig mit einem feinen, mit wenig Alkohol befeuchteten und dann mit trockenem Lederlappen und schließt den Spalt wieder wie ursprünglich zu. Hat das Reinigen nicht genutzt, so ist der Spalt durch unvorsichtiges Behandeln beschädigt und muß repariert werden.

Stellung des Fernrohres. Während der Arbeit darf man weder das Fadenkreuzokular noch das auf die Natriumlinie scharf eingestellte Fernrohr beliebig verschieben, da sonst das Spektrum und infolgedessen auch die Absorptionsstreifen an Schärfe verlieren würden. Wurde das Fernrohr mit Fadenkreuz auf die Natriumlinie richtig eingestellt, so erscheinen auch die Absorptionsspektra (bei der Einrichtung der automatischen Einstellung des Prismas auf Minimum der Ablenkung, siehe S. 2) in allen Teilen des Spektrums scharf, soweit die Farbstofflösungen scharfe Absorptionsstreifen überhaupt geben.

Wurde das Fernrohr bzw. das Fadenkreuzokular während der Arbeit unwillkürlich verschoben, so muß man von neuem auf die Natriumlinie einstellen, weil man bei der verhältnismäßig geringeren Schärfe der Absorptionstreifen das Fernrohr auf dieselben nicht so genau einstellen kann, wie auf die schmalen, scharfen Linien der Emissionsspektra.

Erreichbare Genauigkeit bei der Messung der Absorptionsspektra. Wahl zwischen Prisma und Gitter. Bei der Messung der Lage des Dunkelheitsmaximums von Absorptionsstreifen läßt sich eine solche Genauigkeit nicht erreichen wie bei der Messung der sehr schmalen Spektrallinien der Emissionsspektren, man muß sich mitunter bei unscharfen, verschwommenen und breiten Streifen mit einer ziemlich geringeren Genauigkeit begnügen, was aber für die Feststellung der meisten Farbstoffe von keinem Nachteil ist.

Hat man ein Prismenspektroskop zur Verfügung, dessen Skala 0,01 Grad abzulesen gestattet, so kann man bei der sorgfältigsten Messung scharfer und schmaler Absorptionsstreifen dennoch einen Fehler von 0,01—0,02 Skalengrad, bei breiteren Streifen einen Fehler von 0,05 Skalengrad und eventuell noch mehr begehen. Namentlich die Anfänger, bevor sie eine gewisse Übung gewinnen, machen ziemlich große Fehler.

Nachdem die Skalenteile über das ganze Spektrum gleichmäßig verteilt sind, einzelne farbige Felder des Spektrums aber von links nach rechts immer breiter und breiter werden, so ist der beim Messen der Streifen gemachte Fehler im breiteren grünen und blauen Felde des Spektrums ziemlich klein, da hier 0,01 Skalengrad beiläufig 0,1 Wellenlänge entspricht. Im orangegelben und roten Felde jedoch, wo das Spektrum zusammengedrängt ist, macht sich eine kleine Differenz in der richtigen Einstellung des Fadenkreuzes auf dem Streifen schon fühlbar, denn 0,01 Skalengrad kann hier z. B. schon etwa 0,3 Wellenlänge entsprechen.

Würde man daher, um diesem Übelstande entgegen zu treten, ein Prisma mit starker Dispersion anwenden, wodurch allerdings 0,01 Grad der Skala einem weit kleineren Bruchteile einer Wellenlänge entsprechen würde, so würde man wieder einer anderen Schwierigkeit begegnen. Die Absorptionsstreifen erscheinen nämlich in einem ausgedehnten Spektrum bedeutend breiter und mitunter verschwommen; infolgedessen tritt das Dunkelheitsmaximum nicht genügend scharf hervor und eine genaue Einstellung auf dasselbe wird wiederum erschwert. Man kann daher bei der Messung solcher Streifen einen größeren Fehler machen, als bei der Messung im Spektrum von geringerer Dispersion.

Bei großer Dispersion des Prisma verlieren auch die Absorptionsstreifen für das Auge oft teilweise ihre charakteristische Form, namentlich die unsymmetrischen Streifen.

Dasselbe gilt auch von den stark dispergierenden Gittern.

Wenn man daher zur Farbstoffuntersuchung ein Prismenspektroskop verwenden will, so empfiehlt es sich, ein einfaches Prisma aus Flintglas zu wählen, und zwar eine solche Glassorte, welche ein möglichst breites rotes und gelbes Feld hat im Verhältnisse zum grünen und blauen Felde.

Da bei den Glasprismen das rote und orangegelbe Feld stark zusammengedrängt ist, so erscheinen infolgedessen in diesen Teilen des Spektrums die Absorptionsstreifen meistens schmal und man kann das Fadenkreuz auf sie mit großer Genauigkeit einstellen.

Bei einem Spektroskop, welches mit einem Gitter versehen ist, wie z. B. bei dem im I. Teile des Buches beschriebenen Gitterspektroskope von Zeiß, ist die Einteilung der Farbenfelder gleichmäßig und es entspricht jeder Skalenteil im beliebigen Teile des Spektrums stets einem gleichen Bruchteile der Wellenlänge, d. i. 0,1 $m\mu$, weshalb der bei der Einstellung des Fadenkreuzes gemachte Fehler in jedem Spektrumteile einen gleichen Wert hat.

Die Bestimmung der Wellenlänge bei einem Gitterspektroskop ist genauer, da man die Wellenlänge direkt an der Skala abliest, wogegen bei einem Prismenspektroskope die Skalenteile erst auf die Wellenlänge umgerechnet werden müssen; bei der Umrechnung macht man aber stets einen kleineren oder größeren Fehler, je nach der Sorgfalt, mit welcher die Dispersionskurve für das Spektroskop ermittelt worden ist[1]).

Es empfiehlt sich, für Farbstoffuntersuchungen auch ein Gitter mit geringer Dispersion zu verwenden; darüber gilt dasselbe, was von dem Prisma von starker Dispersion, betreffend die Beschaffenheit der Absorptionsstreifen gesagt wurde.

Da bei dem Gitterspektrum das blaue und violette Feld bedeutend schmäler und infolgedessen auch bedeutend lichtstärker ist als bei einem durch das Prisma von gleicher Dispersion erzeugten Spektrum, so erscheinen die Absorptionsstreifen in dem Gitterspektrum schmäler und schärfer.

Aus dem Gesagten geht hervor, daß ein Gitterspektroskop im allgemeinen größere Vorteile bieten kann als ein Prismenspektroskop, nur kommt es auf die richtige und praktische Ausführung desselben an; nichtdestoweniger kann auch ein Prismenspektroskop zu allen Zwecken der Farbuntersuchung genügen. Verfasser selbst wendet bei seinen Arbeiten seit Jahren ein Prismenspektroskop von Krüß als Hauptinstrument an und benützt das Gitterspektroskop für parallele Vergleichungen, namentlich im Blau und Violett. Größeren Instituten ist zu empfehlen, sich beide Arten der Apparate anzuschaffen.

Handspektroskop. Zu technischen Analysen kann für den Praktiker in vielen Fällen auch ein Handspektroskop, welches jedoch mit einer Wellenlängenskala versehen sein muß, ausreichen (Zeiß, Schmidt und Haensch, Krüß, Hilger usw.). Durch Übung lassen sich mit einem solchen kleineren Spektroskope befriedigende Resultate erzielen[2]).

Im übrigen muß ich auf meine qualitative Spektralanalyse S. 77—92 verweisen, wo man die für die Spektralanalyse nötigen Angaben finden wird.

---

[1]) A. Hilger in London baut in neuerer Zeit Prismenspektroskope mit Mikrometerschraube, deren Trommel eine Wellenlängenskala trägt, so daß die Wellenlänge des beobachteten Streifens direkt abgelesen werden kann Bei Benützung eines wenig dispergierenden Prismas ist aber die Skala im roten und orangegelben Felde stark zusammengedrängt.

[2]) Siehe J. Formánek, Qualitative Spektralanalyse, 2. Aufl., S. 43, ferner Jos. Pokorný, Bull. Soc. Ind. Mulh. 1902, wo sich nebst Abbildung eines Zeißschen Handspektroskopes auch für das Abziehen der Farbstoffe von der Faser zum Zwecke der spektroskopischen Untersuchung derselben praktische Winke vorfinden.

Arbeitsraum für spektroskopische Messungen. Die spektroskopischen Messungen müssen im halbverdunkelten Raume vorgenommen werden[1]), weil sonst das Auge durch grelles Tageslicht geblendet wird und man schwache Nebenstreifen, welche für die Bestimmung der Gruppe des zu untersuchenden Farbstoffes wichtig sind, leicht übersehen würde, was zur Folge hätte, daß der untersuchte Farbstoff in eine falsche Gruppe eingereiht werden könnte (siehe I. Teil, S. 36). Eine vollständige Verdunkelung des Arbeitsraumes ist jedoch nicht notwendig, es genügt, wenn man seinen Arbeitstisch so stellt, daß das Auge vor direktem Lichte geschützt ist. Dagegen werden die Farbenreaktionen mit Säure und Alkali wieder bei vollem Tageslicht vorgenommen.

---

1) Da man jedoch in manchen Fabrikslaboratorien nicht über Räume verfügen dürfte, wo sich eine derartige, wenn auch nur zeitweise Verdunkelung ohne Störung der sonstigen, täglich zu erledigenden Arbeiten leicht durchführen ließe, so sei hier für solche Betriebe eine einfache Anordnung angegeben, welche sich laut Privatmitteilung von Herrn J. Pokorný gut bewährt hat.

Auf einen Tisch wird eine im Innern mattschwarz angestrichene Kiste aufgestellt, deren vordere Wand fehlt. In die Rückwand der Kiste wird eine

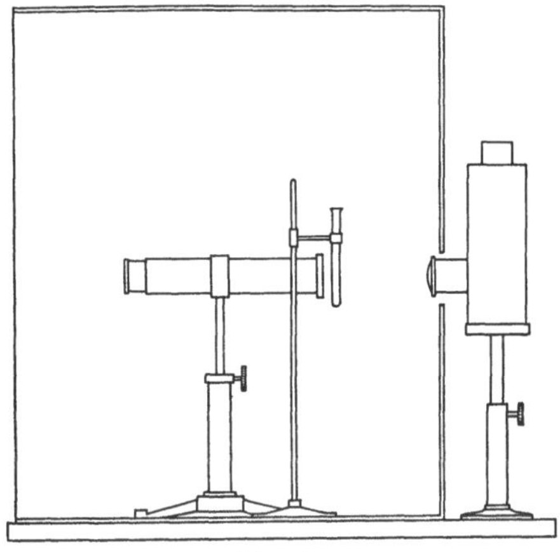

Fig. 1.

runde Öffnung gemacht, durch welche das Lampenlicht kommen kann. Die Kiste muß so hoch sein, daß man den Kopf bequem hineinstecken kann, ohne an die Decke zu stoßen. Es empfiehlt sich, die auf diese Art improvisierte Dunkelkammer so herzustellen, daß ihre Seitenwände nach vorne divergierend laufen.

In diese Dunkelkammer werden zwei mit schweren Dreifüßen versehene Stative gestellt; das eine dient zur Befestigung des Spektroskopes, das andere für das Halten der Eprouvetten (Fig. 1).

Gegenüber der runden Öffnung der rückwärtigen Wand der Dunkelkammer, also hinter dieselbe, wird auf den Tisch die Lampe so aufgestellt, daß das Licht durch die Öffnung geht und den Spalt des Spektroskopes in gerader Richtung trifft.

Spektroskopische Untersuchung der Farbstoffe.

Auf welchem Prinzip die spektroskopische Methode der Untersuchung von Farbstoffen beruht, wurde schon im ersten Teile des Buches, S. 7 u. s. f. eingehend erörtert und bedarf daher keiner weiteren Besprechung.

Zum Zwecke der spektroskopischen Untersuchung werden die Farbstoffe hauptsächlich in vier natürliche Hauptgruppen eingeteilt, und zwar in grüne (blaugrüne), blaue (grünblaue, blauviolette und violette), rote (violettrote, gelbrote) und gelbe (orangegelbe, braune) Farbstoffe.

Die Hauptgruppen der Farbstoffe werden ferner nach der Form der Absorptionsspektra der Farbstofflösungen in mehrere Gruppen bzw. Untergruppen geteilt.

Eine scharfe Trennung der natürlichen Hauptgruppen läßt sich nicht immer durchführen, da alle möglichen Übergänge vorhanden sein können, so daß in Grenzfällen die Zuteilung in eine bestimmte Gruppe etwas unsicher werden kann. Ist daher der Farbton der Lösung eines bestimmten Farbstoffes nicht ausgesprochen, so empfiehlt es sich, in zwei Gruppen, zum Beispiel in grünen und blauen Farbstoffen, Umschau zu halten. Dies gilt namentlich von den grünen und blauen Triphenylmethanfarbstoffen und ferner von den blauen Thiazin- und Oxazinfarbstoffen der Gruppe I, II und III.

Bei der Untersuchung der Farbstoffe muß man aber auch berücksichtigen, daß manche Farbstoffe, besonders die Beizenfarbstoffe, in Lösung eine andere Farbe haben, als wenn sie auf der Faser, auf dem Papier, Spielzeug usw. ausgefärbt sind. So geben z. B. Chrompatentgrün [K], Benzogrün [By], Diamantgrün [By], Diazingrün [K] blaue Lösungen, Vigoureuxgrün [O], Coeruleïn B [M], Alizaringrün S [M], Alizaringrün [D] rote Lösungen, Dunkelgrün [C], Solidgrün O [M], Alizaringrün S [B], Eriochromazurol B [G] gelbe Lösungen. Chromotrop FB [M] gibt rote Lösungen, wenn man aber den auf der Faser nachchromierten Farbstoff abzieht, so erhält man eine blaue Lösung. Man wird sich daher nur nach dem Farbton der Lösung richten, da man bei der spektroskopischen Methode den Farbstoff immer zuerst in Lösung bringen muß.

Ferner ist zu beachten, daß konzentriertere Lösungen der Farbstoffe mitunter eine andere Farbe zeigen können als die zum

Spektroskopieren gebrauchten, stark verdünnten Lösungen. So sind z. B. Alizaringrün G und B [D] in konzentrierter Lösung grün, in verdünnter Lösung rot, die wässerige konzentrierte Lösung des Eriochromvioletts 3 B [G] ist violettblau, verdünnte Lösung ist rot, die wässerige konzentrierte Lösung von Direktgrün CO [L] ist blau, verdünnte Lösung grün; das Echtgrün [M] erscheint in konzentrierter alkoholischer Lösung blaugrün, durch starkes Verdünnen der Lösung schlägt die Farbe in rotviolett um; konzentriertere Lösungen von manchen Triphenylmethanfarbstoffen sind blau, verdünnte Lösungen blaugrün, wie es z. B. der Fall bei Wollgrün S [B], Setoglaucin [G], Walkgrün [D], Neusolidgrün 2B [J] usw. ist.

Damit dadurch die tabellarische Übersicht der Farbstoffe nicht kompliziert wird, so wurde die Einteilung so getroffen, daß jeder Farbstoff in die diesbezügliche Gruppe der Farbe seiner stark verdünnten Lösung nach eingereiht wird. Es kann hierbei der Fall eintreten, daß der Farbstoff in wässeriger Lösung eine etwas andere Farbe haben kann als in äthyl- oder amylalkoholischer Lösung. In diesem Falle ist entscheidend, welcher Farbton in den meisten Lösungsmitteln obwaltet. So löst sich z. B. das Diamantgrün SS [By] in Wasser mit grünlichblauer Farbe, in Äthylalkohol, Amylalkohol und in Essigsäure mit blaugrüner Farbe, aus welchem Grunde der Farbstoff unter grüne Farbstoffe eingereiht wurde. Aus demselben Grunde wurde das Chromviolett [By] in die blauen Farbstoffe eingereiht, da es sich zwar in Wasser mit grüner, in Äthyl- und Amylalkohol aber mit violetter Farbe löst.

Da im allgemeinen nur diejenigen Farbstoffe brauchbare Absorptionsspektra ergeben, welche lebhaft gefärbte Lösungen bilden, so gibt es immerhin eine beträchtliche Anzahl von Farbstoffen, die sich für spektroskopische Bestimmung wenig eignen. Bei diesen müssen zu ihrer Charakterisierung chemische Reaktionen benutzt werden.

Was die schwarzen Farbstoffe anbelangt, so geben viele derselben in den üblichen Lösungsmitteln keine brauchbaren Spektren (siehe auch I. Teil, S. 9).

Bei den Schwefelfarbstoffen habe ich außer Wasser, Äthyl- und Amylalkohol auch andere Lösungsmittel (Natriumsulfid, Glyzerin und Methylalkohol, Epichlorhydrin) verwendet, aber keine besseren Resultate erzielt. Die Farbstoffe dieser Gruppe geben meistens keine charakteristischen Absorptionsspektra.

Bei der im nachfolgenden besprochenen systematischen Untersuchung der Farbstoffe kommen hauptsächlich folgende Hauptoperationen in Betracht:

1. Zubereitung der Farbstofflösungen,
2. Bestimmung der Gruppe des Farbstoffes,
3. Bestimmung der Lage der Absorptionsstreifen,
4. Ausführung der Reaktionen,
5. Auffindung des Farbstoffes in den Tabellen.

1. Zubereitung der Farbstofflösungen.

Der zu untersuchende Farbstoff kann entweder in Substanz oder auf der Faser, bzw. auf einem Gegenstand befestigt, oder aber in einem solchen gelöst vorliegen.

a) Der Farbstoff liegt in Substanz (in fester Form oder als Paste) vor. Man behandelt kleine Mengen des Farbstoffes in Eprouvetten von ca. 15 mm im Durchmesser (s. I. Teil S. 38) zuerst mit Wasser, Äthylalkohol und Amylalkohol bzw. mit 90% Essigsäure und beobachtet, ob sich der Farbstoff in dem betreffenden Lösungsmittel leicht oder schwer löst. Ist der Farbstoff schwer löslich und tritt auch durch Schütteln die Lösung nicht ein, so erwärmt man gelinde ohne befürchten zu müssen, daß eine Änderung des Farbstoffes stattfinden wird.

Einige Farbstoffe (Alizarinfarbstoffe, Chromfarbstoffe) lösen sich in kaltem Wasser trüb (es bildet sich wahrscheinlich eine kolloidale Lösung); solche Lösungen können aber ein anderes Absorptionsspektrum geben als Lösungen, welche durch Erwärmen des Farbstoffes mit Wasser hergestellt werden.

So gibt z. B. Alizarincyanol B [C] in kaltem Wasser gelöst eine etwas trübe Lösung, welche drei Absorptionsstreifen zeigt, von denen der erste am stärksten erscheint. Löst man aber den Farbstoff in der Wärme auf, so erhält man eine klare Lösung, welche zwar auch drei Absorptionsstreifen, aber in einer anderen Lage, wobei der mittlere Streifen der stärkste ist.

Ähnlich verhält sich Chromblau [By] und Chromviolett [By].

Die in den Tabellen angeführten Spektra wässeriger Lösungen von solchen Farbstoffen beziehen sich stets auf eine solche Lösung, welche in der Wärme bereitet wurde.

Nur beim Lösen des Farbstoffes in Amylalkohol muß man acht geben, daß die Flüssigkeit nicht zu hoch erwärmt wird, denn es könnte der Farbstoff mitunter, obzwar selten, dadurch geändert werden oder sogar mit Amylalkohol in der Wärme in Reaktion treten.

So löst sich z. B. Methylgrün krist. bläulich [By] in Amylalkohol bei gewöhnlicher Temperatur schwierig mit blaugrüner Farbe und die Lösung zeigt einen Absorptionsstreifen im Spektrum; wird aber die Lösung des Farbstoffes in der Wärme vorgenommen, so erhält man eine blaue Lösung, welche zwei Absorptionsstreifen zeigt. Das Methylgrün wird nämlich durch die Wärme teilweise zu Methylviolett verändert (siehe I. Teil, S. 28).

Löst man das Walkgrün [D] in Amylalkohol in der Kälte, so gibt die Lösung einen Absorptionsstreifen bei λ 611,7, wenn aber die Lösung des Farbstoffes in der Wärme erfolgt, so findet man den Absorptionsstreifen bei λ 615,3.

Ähnlich verhält sich auch Cyanin B [M].

Diese Erscheinung habe ich aber nur selten beobachtet und man findet in den Tabellen der Farbstoffe eine eventuelle Bemerkung.

Es sei hier auch darauf aufmerksam gemacht, daß frische Lösungen mancher Farbstoffe das Absorptionsspektrum in einer anderen Lage zeigen können als Lösungen, die eine Zeitlang gestanden sind, wie z. B. die grünen Farbstoffe der Gruppe II, ferner Alkaliblau, Wasserblau und Rhodamine (s. I. Teil, S. 27). Solche Verschiebungen der Absorptionsspektra werden auch in den Tabellen bei den betreffenden Farbstoffen angeführt werden.

Ist der Farbstoff in einem neutralen Lösungsmittel (Wasser, Äthylalkohol und Amylalkohol) unlöslich, so kann man ihn nicht selten in Lösung bringen, wenn man zum Lösungsmittel einige Tropfen verdünnter Salzsäure zusetzt und durchschüttelt; davon wird hauptsächlich bei Verwendung des Amylalkohols als Lösungsmittel Gebrauch gemacht.

Löst sich der Farbstoff in dem verwendeten Lösungsmittel nicht vollständig klar, so muß man die Lösung filtrieren, weil trübe Lösungen die Beobachtung der Absorptionsspektra bedeutend stören können. Der unlöslich zurückgebliebene Rückstand wird selbstverständlich nach dem Abtrocknen mit einem anderen Lösungsmittel behandelt, denn es kann vorkommen, daß ein Farbstoffgemisch vorliegt, dessen eine Komponente in dem verwendeten Lösungsmittel unlöslich ist, worüber bei den Farbstoffgemischen die Rede sein wird.

Löst sich der Farbstoff in Wasser, Äthylalkohol und Amylalkohol auch unter Zusatz von Säure nicht, so versucht man die Auflösung des Farbstoffes probeweise mit anderen Lösungsmitteln. Hier kommen in Betracht hauptsächlich 90%ige Essigsäure [1]), konzentrierte Schwefelsäure, Xylol, Chloroform, Tetrachloräthen, Nitrobenzol usw. Überhaupt kann schließlich jedes Lösungsmittel, wenn es selbst nicht absorbiert, Verwendung finden.

Man wählt wohl endgültig ein solches Lösungsmittel, in welchem die Farbstoffspektra am schärfsten erscheinen. So geben z. B. einige Indigofarbstoffe mehr charakteristische und ausgeprägte Absorptionsspektra in Xylol als in Schwefelsäure, andere Indigofarbstoffe wieder bessere Absorptionsspektra in Schwefelsäure als in Xylol.

Es sei jedoch gleich bemerkt, daß die Verwendung anderer Lösungsmittel als derjenigen, die für die Tabellen Gebrauch fanden, nur in besonderen speziellen Fällen angezeigt erscheint. Da sich das Absorptionsspektrum von Lösungsmittel zu Lösungsmittel verändert, so erscheint es ausgeschlossen, die Spektra der Farbstoffe in allen Lösungsmitteln anzuführen. Aus praktischen Rücksichten ist daher die Anzahl der Lösungsmittel beschränkt worden und nur in

1) Die 90%ige Essigsäure wurde aus dem Grunde gewählt, weil sich manche Farbstoffe in Eisessig nur schwer lösen; auch das Abziehen der Farbstoffe von der Faser gelingt meistens nur mit Essigsäure, welche etwas Wasser enthält. Da sich die Lage der in den Tabellen angegebenen Absorptionsstreifen der Farbstoffe auf die 90%ige Essigsäure bezieht, so muß der Prozentgehalt der Essigsäure möglichst genau eingehalten werden, denn der verschiedene Gehalt von Wasser in Essigsäure hat einen bedeutenden Einfluß auf die Lage der Absorptionsstreifen. Man kontrolliert daher den Gehalt an Essigsäure durch Titrieren derselben.

besonderen Fällen wird man davon Ausnahmen machen. Es setzt dies gleichzeitig voraus, daß man das nötige Vergleichsmaterial zur Hand hat, da sonst eine Identifizierung der Farbstoffe kaum möglich wäre.

Nicht selten kommen die Farbstoffe im Handel auch als Lösung oder als Paste vor; in einem solchen Falle trocknet man die Paste oder man dampft die Lösung zuerst auf dem Wasserbade zur Trockene und zerreibt dann den Rückstand in einer Porzellanschale, bevor man denselben mit verschiedenen Lösungsmitteln behandelt.

Das Trocknen der Pasten wird aus dem Grunde vorgenommen, um beim Auflösen derselben in Äthyl- und Amylalkohol kein Wasser in das Lösungsmittel zu bekommen, namentlich aber, weil manche Pasten, direkt mit Wasser verdünnt, verwaschene Absorptionsspektra von unregelmäßiger Form geben, wie es z. B. der Fall bei Chromviolett Teig [By] und Chromblau Teig [By] ist. Nach dem Austrocknen und Wiederauflösen in Wasser geben diese Farbstoffe ausgeprägte Absorptionsspektra.

b) Der Farbstoff liegt ausgefärbt vor. Handelt es sich um die Untersuchung von gefärbter Faser, Buntpapier, von festen oder flüssigen Nahrungs- und Genußmitteln, so wird der Farbstoff durch geeignete Lösungsmittel: verdünnten Äthylalkohol, Essigsäure, Amylalkohol, Xylol, Kochsalz oder Glaubersalzlösung abgezogen bzw. extrahiert und in Lösung gebracht. Der auf diese Weise gelöste Farbstoff wird dann nötigenfalls in ein anderes passendes Lösungsmittel übergeführt. Das geschieht in der Weise, daß man die durch Abziehen bzw. Extrahieren erhaltene Lösung in vier kleine Porzellanschalen verteilt und auf dem Wasserbade zur Trockene abdampft. Die Rückstände werden dann jeder für sich mit Wasser, Äthylalkohol, Amylalkohol bzw. mit 90%iger Essigsäure behandelt und die so erhaltenen Lösungen spektroskopisch untersucht.

Auf welche Art die Abziehung bzw. das Extrahieren der Farbstoffe geschieht, darüber wird in dem Kapitel „Untersuchung der Farbstoffgemische" ausführlich gesprochen.

In allen Fällen, sei die Lösung durch direktes Lösen oder durch Abziehen des Farbstoffes erhalten worden, beobachtet man nicht nur die Farbe der konzentrierten wie auch der verdünnten Lösung, sondern man merkt sich ebenfalls, ob die Lösung fluoresziert und mit welcher Farbe, ob sie vielleicht Dichroismus zeigt usw., wodurch nicht selten das Charakterisieren des Farbstoffes erleichtert wird.

2. Bestimmung der Gruppe des Farbstoffes.

Behufs näherer Feststellung des Farbstoffes wird seine Lösung bei verschiedener Konzentration spektroskopisch beobachtet, und nach der Beschaffenheit des Absorptionsspektrums die Gruppe, in welche der gesuchte Farbstoff gehört, bestimmt (siehe auch I. Teil, S. 21).

Zu diesem Zwecke wird ein Teil der klaren Farbstofflösung in gewöhnlicher dünnwandiger Glas-Eprouvette dicht vor den Spalt des beleuchteten Spektralapparates derartig gestellt, daß die von der Lampe kommenden Lichtstrahlen die Eprouvette diametral passieren und dann in den Spalt treten [1]).

Gewöhnlich sind die Lösungen zur spektroskopischen Analyse zu konzentriert; sie müssen daher allmählich mit dem betreffenden Lösungsmittel verdünnt werden, wobei nach jeder Verdünnung das Absorptionsspektrum der Lösung beobachtet werden muß. Das Verdünnen der Lösung wird soweit fortgesetzt, bis das Absorptionsspektrum bzw. die Absorptionsstreifen deutlich, d. i. in ihrer endgültigen Gestalt auftreten.

Bei konzentrierteren Lösungen [2]) sieht man gewöhnlich nur ein dunkles, breites Absorptionsband bzw. eine Auslöschung eines bestimmten Teiles des Spektrums, welche sich je nach dem Charakter des Farbstoffes und nach der Konzentration der Lösung mitunter auch fast über das ganze Spektrum ausdehnen kann. Ein solches Absorptionsspektrum von konzentrierteren Lösungen eignet sich für spektroskopische Untersuchung nicht, da es keinen Aufschluß über seine Beschaffenheit gestattet (siehe I. Teil, S. 21).

Durch stufenweise Verdünnung der Lösung nimmt gleichzeitig die Absorption ab, das Absorptionsspektrum wird nach und nach schmäler und nimmt schließlich bei einem gewissen Grade der Verdünnung eine bestimmte Form an; es kann entweder aus einem oder aus mehreren Streifen bestehen, welche wieder eine verschiedene Lage, Breite und Intensität haben können.

Mitunter kann aber nur eine einseitige Auslöschung des roten oder des blauen und violetten Teiles des Spektrums stattfinden, ohne daß auch bei einer starken Verdünnung der Lösung ein Absorptionsstreifen zum Vorschein kommt.

Um sich ein wahres Bild von dem Charakter des Absorptionsspektrums des betreffenden Farbstoffes zu machen, muß man die Lösung, wie schon oben gesagt wurde, vorsichtig verdünnen, bis das Absorptionsspektrum seine *endgültige Form* annimmt, denn es kann geschehen, daß das zuerst erschienene Absorptionsspektrum durch fortgesetzte Verdünnung sich noch weiter verändern kann. Diesen Fall sehen wir z. B. bei *Sultangrün* N[H], *Benzogrün* FF[By], *Nilblau* A[B], *Neumethylenblau* F[By], *Toluidinblau* [B] usw., wo bei der wässerigen Lösung dieser Farbstoffe zuerst neben einem starken Absorptionsstreifen ein *schwächerer* Streifen *links* erscheint, durch weitere Verdünnung aber der *linke Streifen* wieder *stärker* erscheint als der rechte Streifen. Eine derartige Veränderung des Absorptionsspektrums darf man nicht übersehen, weil sie zum schnellen Charakterisieren gewisser Farbstoffgruppen bedeutend beiträgt (siehe auch I. Teil S. 24).

[1]) Siehe Seite 3 und J. *Formánek*, Qualitative Spektralanalyse, 2. Aufl., 1905, Seite 89 usw.

[2]) Als konzentriertere Lösungen versteht man in der Spektroskopie im allgemeinen noch Lösungen von 1 : 10.000.

Auch bei den Alizarinfarbstoffen zeigen sich zuerst nebst einem ganz schwachen Absorptionsstreifen zwei starke gleich intensive Streifen. Durch fortgesetzte Verdünnung nimmt aber die Intensität des einen oder des anderen Streifens mehr oder weniger ab, so daß schließlich der erste oder der mittlere Absorptionsstreifen am stärksten erscheint und daher die endgültige Form des Absorptionsspektrums verschieden sein kann.

Besteht daher das Absorptionsspektrum aus mehreren Streifen, so wird die Lösung soweit verdünnt, bis die Streifen vollständig getrennt erscheinen und durch die darauffolgende Verdünnung schon zu verblassen anfangen. Hiermit ergibt sich der Punkt der richtigen Verdünnung, bei welcher die Form des Absorptionsspektrums und somit auch die Gruppe, in welche der untersuchte Farbstoff gehört, bestimmt wird.

Besteht das Absorptionsspektrum aus mehreren Streifen, so treten bei der Verdünnung der Lösung zuerst einige Streifen schwächer, d. i. als Nebenstreifen auf; verdünnt man die Lösung jedoch noch stärker, so verschwinden allmählich die schwachen Streifen, einer nach dem anderen und es bleibt schließlich nur der stärkste Absorptionsstreifen, Hauptstreifen, sichtbar (siehe I. Teil, S. 12). Man muß daher die Lösung mit gewisser Vorsicht verdünnen, sonst würde man die bei einer mäßigen Verdünnung vorkommenden schwachen Streifen nicht wahrnehmen, da sie bei einer zu starken Verdünnung der Lösung nicht mehr erscheinen, was zur Folge hätte, daß die Gruppe, in welche der untersuchte Farbstoff gehört, falsch bestimmt werden könnte.

Dabei braucht man aber nicht zu ängstlich vorzugehen, denn wenn man die Lösung zu stark verdünnt hat, was man dadurch bemerkt, daß das Absorptionsspektrum überhaupt zu schwach ist, so kann man zu derselben Lösung immer noch einige Tropfen einer konzentrierteren Lösung desselben Farbstoffes zufügen und die Beobachtung wiederholen.

Bei der Beobachtung des Absorptionsspektrums merke man sich nicht nur die Intensität der einzelnen Absorptionsstreifen, sondern auch ihre Symmetrie und Breite. Besteht z. B. das Absorptionsspektrum aus zwei Streifen, wobei der Hauptstreifen schmal und nach rechts verzogen, der Nebenstreifen aber ganz schwach ist, so kann ein Oxazin- oder Thiazinfarbstoff vorliegen; ebenfalls sind durch breite Nebenstreifen neben einem schmäleren Hauptstreifen manche Säureviolette charakterisiert.

Kommt zur Untersuchung schon eine stark verdünnte Lösung des Farbstoffes, so kann man dieselbe, im allgemeinen, ohne sie vorher konzentrieren zu müssen, in dickeren Schichten beobachten, z. B. in breiten Eprouvetten oder in viereckigen Küvetten (vergleiche auch I. Teil, S. 21 usf.).

Die Form des Absorptionsspektrums eines Farbstoffes wird nicht nur in wässeriger, sondern auch in äthyl- und amylalkoholischer Lösung, falls der Farbstoff in allen drei Lösungsmitteln löslich ist, bestimmt.

Gibt der untersuchte Farbstoff in den eben erwähnten Lösungsmitteln kein charakteristisches Absorptionsspektrum, so nimmt man noch zur Hilfe Xylol oder konzentrierte Schwefelsäure bzw. Schwefelsäure-Borsäure (s. I. Teil, S. 206) und überzeugt man sich, ob mit diesen Lösungsmitteln ein charakteristisches Absorptionsspektrum erhalten wird. Bei den Küpenfarbstoffen gibt nicht selten auch die Küpe selbst ein charakteristisches Absorptionsspektrum, wovon später die Rede sein wird.

Ist man über die Form des Absorptionsspektrums im klaren, so sucht man in den später folgenden Tabellen die Gruppe bzw. die Untergruppe auf, in welche der unbekannte Farbstoff gehört, wodurch die weitere Untersuchung auf eine geringere Anzahl der Farbstoffe beschränkt wird.

Es kann hierbei vorkommen, daß die Form des Absorptionsspektrums von der als Type aufgestellten Form eine gewisse Abweichung zeigt. Solche nur selten vorkommenden Abweichungen in der Form der Absorptionsstreifen verursachen jedoch keine Schwierigkeiten, weil die Unterschiede zwischen einzelnen Gruppen bedeutend sind.

Ein Beispiel dieser Abweichung zeigt z. B. die wässerige Lösung des Formylvioletts S 4 B[C]; dieser Farbstoff muß in die Gruppe IIIa (neben einem Hauptstreifen ein Nebenstreifen links) eingereiht werden, trotzdem der Nebenstreifen kaum sichtbar ist und eher als ein mit dem Hauptstreifen verbundener Schatten aussieht.

Überhaupt kann auch der Grund einer gewissen Abweichung der Form des Absorptionsspektrums von der aufgestellten Type darin liegen, daß der Farbstoff als Handelsmarke nicht genügend rein ist und geringe aber doch nachweisbare Mengen eines Zusatzes oder eines Zwischenproduktes enthält. Eine solche Erscheinung tritt auch bei Framblau G [By], Neutralblau R, 3 R [M], Irisblau [B], Säureviolett 6 BN [B] usw. auf.

Das Framblau gibt in Äthylalkohol und Amyalkohohl ein Absorptionsspektrum, welches aus einem Absorptionsstreifen mit einem Schatten rechts besteht, also die Type der Triphenylmethanfarbstoffe zeigt; in wässeriger Lösung erscheint aber ein mit dem Absorptionsstreifen verbundener schwacher Schatten links; auch Säure und Alkali bewirken im Absorptionsspektrum unregelmässige Veränderungen. Aus diesen Gründen läßt sich schließen, daß das Framblau wahrscheinlich ein fremdes Zwischenprodukt enthält.

3. Bestimmung der Lage der Absorptionsstreifen.

Nachdem man die Gruppe des fraglichen Farbstoffes bestimmt hat, in welche derselbe gehört, schreitet man zur Bestimmung der Lage der Absorptionsstreifen. Zu diesem Zwecke wird die Farbstofflösung mit dem betreffenden Lösungsmittel soweit verdünnt, daß der im Spektrum auftretende Absorptionsstreifen, dessen Lage man messen will, möglichst schmal, dabei aber genügend sichtbar ist, also nicht zu dunkel und nicht zu hell erscheint. Die Verdünnung der Lösung ist richtig, wenn der Absorptionsstreifen an der genügenden Schärfe zu verlieren und zu verblassen anfängt.

Die nötige Helligkeit des Absorptionsstreifens kann man auch erzielen, wenn man den Spalt etwas mehr öffnet bzw. schließt, dies darf aber nur in geringen Grenzen geschehen, damit die Öffnung des Spaltes nicht zuviel von der normalen Öffnung des Spaltes abweicht (siehe Seite 1).

Sind mehrere Streifen im Spektrum vorhanden, so wird zuerst der schwächste Streifen gemessen, dann wird die Lösung entsprechend weiter verdünnt, der zweite stärkere Streifen gemessen und schließlich bestimmt man nach weiterer passender Verdünnung der Lösung die Lage des stärksten Streifens (Hauptstreifens).

In gewissen Fällen, z. B. bei den Alizarinfarbstoffen, kann man übrigens auch so verfahren, daß man den schwächeren Streifen in der passend verdünnten Lösung bei möglichst geschlossenem Spalte mißt und sodann den Spalt des Spektroskopes etwas mehr öffnet. Durch die vermehrte Helligkeit wird der dunklere Absorptionsstreifen durchsichtiger und dadurch sein Dunkelheitsmaximum ohne weitere Verdünnung deutlich.

Dieses Verfahren ist zwar einfacher als das öftere Verdünnen der Lösung, es ist aber nur dann anwendbar, wenn die Intensität der zu messenden Streifen nicht stark abweicht; zu dem Zwecke muß man auch hierzu eine entsprechende Konzentration der Lösung wählen.

Dasselbe Resultat kann man bei einem gleich geöffneten Spalte erreichen, wenn man die Lichtintensität bei der Beobachtung des Spektrums gleichzeitig reguliert, bzw. das Spektrum durch Vorschaltung des Rauchglases dämpft (siehe Seite 3 u. 4).

Auf welche Art und Weise die Lage der Absorptionsstreifen im Spektrum bestimmt wird, wurde schon im I. Teile dieses Buches auf Seite 37 usf. ausführlich beschrieben.

Es sei hier nur bemerkt, daß die Messung mit einer gewissen Ruhe vorgenommen werden muß, man darf den Absorptionsstreifen nicht zu lange fixieren und das Fadenkreuz zu lange hin und her verschieben, sonst wird das Auge schnell müde und es scheint dann, als ob sich der Streifen hin und her bewegen würde. Man mißt einigemal in kurzen Zeitintervallen und nimmt den Mittelwert von mehreren Messungen.

Kommen im Spektrum mehrere Absorptionsstreifen vor, so ist regelmäßig zur Bestimmung des Farbstoffes der Hauptstreifen maßgebend, dagegen sind die Nebenstreifen für die Bestimmung der Gruppe der Farbstoffe wichtig.

Nichtsdestoweniger spielen die Nebenstreifen bei der Feststellung des Farbstoffes keine untergeordnete Rolle. So sind z. B. die Hauptabsorptionsstreifen des Kapriblaus GN [By) und des Thiokarmins R [C] in wässeriger Lösung fast an derselben Stelle gelegen, so daß man die Differenz ihrer Lage nur mit einem größeren Spektroskope bestimmen kann. Dagegen ist die Differenz in der Lage der Nebenstreifen beider Farbstoffe so groß, daß man leicht entscheiden kann, welcher von den beiden Farbstoffen vorliegt.

Nachdem man die Gruppe, in welche der unbekannte Farbstoff gehört, und die Lage der Absorptionsstreifen in wässeriger, äthyl- und amylalkoholischer Lösung bestimmt hat, so sucht man in den zur betreffenden Gruppe gehörenden Tabellen nach, welche Zahlenwerte (Wellenlänge) der in dieser Gruppe angeführten Farbstoffe mit den gefundenen Werten des untersuchten Farbstoffes übereinstimmen und so findet man auf diese Weise den unbekannten Farbstoff in den Tabellen.

Als Beispiel einer derartigen Untersuchung sei hier das Malachitgrün und das Methylenblau angeführt.

Konzentriertere Lösungen von Malachitgrün zeigen im roten und orangegelben Felde des Spektrums ein breites Absorptionsband; verdünnt man sie allmählich, so gestaltet sich das Absorptionsband zu einem breiten Streifen mit einem schwachen und gleichmäßigen Schatten rechts, wodurch der Punkt der Verdünnung der Lösung zur Bestimmung der Gruppe des Farbstoffes erreicht ist. Da sich diese Form des Absorptionsspektrums in wässeriger, äthyl- und amylalkoholischer Lösung wiederholt, so gehört das Malachitgrün nach der Tafel I in die erste Gruppe der grünen Farbstoffe.

Nun verdünnt man die Lösung weiter; der Schatten rechts verschwindet allmählich und es bleibt schließlich nur ein symmetrischer, ziemlich schmaler Absorptionsstreifen zurück. Hiermit ist wieder der Punkt zur Bestimmung der Lage des Streifens erreicht. Da der Streifen symmetrisch ist, so befindet sich seine dunkelste Stelle genau in der Mitte desselben; seine Lage wird sodann in wässeriger, äthyl- und amylalkoholischer Lösung bestimmt. Falls man dazu ein Prismenspektroskop mit Millimeterskala verwendet hat, so werden die Angaben der Skala in Wellenlängen umgerechnet. Die Zahlenwerte müssen dann mit den Angaben in der Tabelle für das Malachitgrün übereinstimmen.

Konzentriertere Lösungen von Methylenblau zeigen eine intensive Absorption im roten Teile des Spektrums; verdünnt man die Lösung entsprechend, so erscheint neben einem starken, scheinbar symmetrischen Streifen ein schwacher, doch gut sichtbarer Streifen (Nebenstreifen). Hiermit ist der Punkt der Verdünnung zur Bestimmung der Gruppe erreicht. Da die Lösung des Methylenblaus blau ist und ihr Absorptionsspektrum aus einem starken und einem schwachen Streifen besteht, welche Form des Absorptionsspektrums sich in Wasser, Äthyl- und Amylalkohol wiederholt, so gehört dieser Farbstoff in die Gruppe II der blauen Farbstoffe.

Setzt man die Verdünnung der Lösungen fort, so verschwindet der schwache Absorptionsstreifen (Nebenstreifen), der starke Streifen (Hauptstreifen) wird schmäler und seine dunkelste Stelle, welche früher in der Mitte des Streifens zu liegen schien, erscheint nun nach links verschoben; der Absorptionsstreifen hat eine unsymmetrische Form angenommen, er ist nach rechts verlängert. Bei dieser Verdünnung bestimmt man die Lage dieses Absorptionsstreifens in wässeriger, äthyl- und amylalkoholischer Lösung, und man findet nach Vergleich mit den Tabellen, daß die gefundenen Werte mit den für das Methylenblau angegebenen Werten übereinstimmen.

Die Lage des schwachen Streifens (Nebenstreifens) wird in einer konzentrierteren Lösung bestimmt und zwar bei solcher Verdünnung, wo sich die Form des Absorptionsspektrums von Methylenblau zeigt.

4. Ausführung der Reaktionen.

Die Absorptionsspektra mancher, namentlich verwandter Farbstoffe können mitunter so ähnlich sein, daß man sie nur durch sorgfältige Messung der Lage ihrer Absorptionsstreifen mit einem größeren Spektroskope unterscheiden kann, was für die Praxis etwas langwierig wäre. Daher erscheint es nötig, den Farbstoff nicht nur in wässeriger, sondern auch in äthyl- und amylalkoholischer Lösung zu untersuchen (siehe I. Teil, S. 7).

Es kann aber auch vorkommen, daß zwei verwandte Farbstoffe in den genannten Lösungsmitteln wie auch in 90⁰/₀iger Essigsäure sehr nahe gelegene Absorptionsstreifen geben, wie z. B. Xylenblau VS[S] und Patentblau V[M].

Man muß daher, um solche Farbstoffe leicht und schnell zu unterscheiden, und überhaupt zur Kontrolle des Befundes, zu Reaktionen mittelst Säure und Alkali greifen.

Zu diesem Zwecke wird die verdünnte neutrale Lösung des Farbstoffes, welche zur Messung der Lage der Absorptionsstreifen verwendet wurde, in Eprouvetten in vier Teile zu etwa 8—10 ccm geteilt; in die erste Eprouvette werden mittelst Tropfglases 2—4 Tropfen nach Angabe vorbereiteter Salzsäure, in die zweite Eprouvette dieselbe Menge von verdünntem Ammoniak und in die dritte Eprouvette 2—4 Tropfen von Kalilauge zugesezt (s. I. Teil, S. 39). Die Farbstofflösung in der vierten Eprouvette bleibt zur Kontrolle aufbewahrt.

Bei genauen Analysen verfährt man so, daß man zur wässerigen Lösung die wässerige Salzsäure[1]), Ammoniak und Kalilauge, zur alkoholischen Lösung aber alkoholische Salzsäure, alkoholisches Ammoniak und alkoholische Kalilauge zusetzt, um einen, wenn auch ganz geringen eventuellen Einfluß der zugesetzten wässerigen Lösung auf das Absorptionsspektrum der alkoholischen Lösung auszuschließen; für die Praxis dürfte jedoch wässerige Salzsäure, wässeriges Ammoniak und wässerige sowie die alkoholische Kalilauge vollständig genügen.

---

[1]) Es ist nicht gleichgültig, ob man zu den Reaktionen Salzsäure oder Salpetersäure verwendet; da verdünnte Salpetersäure auch oxydieren kann, so können dadurch ganz verschiedene Erscheinungen hervorgerufen werden, wie z. B. bei Nilblau BB [B]; setzt man zur wässerigen Lösung dieses Farbstoffes Salzsäure hinzu, so wird die Lösung fast entfärbt und das Absorptionsspektrum verschwindet; durch Salpetersäure wird jedoch die Lösung allmählich rotviolett und statt des ursprünglichen Absorptionsspektrums erscheint im grünen Felde ein neuer ziemlich intensiver Streifen.

Zur amylalkoholischen Lösung werden jedoch wässerige Lösungen von Salzsäure und Ammoniak zugesetzt. Die Flüssigkeit muß in diesem Falle genügend, aber nicht zu stark umgeschüttelt werden, damit das Reagens auf die amylalkoholische Lösung vollständig einwirken kann; wenn nicht gut durchgemischt wird, so kann es vorkommen, daß eine eventuelle Verschiebung der Absorptionsstreifen nicht vollständig, sondern nur teilweise stattfinden wird.

Bevor man das Absorptionsspektrum einer solchen Flüssigkeit beobachtet, läßt man kleine Tröpfchen des Wassers, welche sich beim Schütteln bilden, absetzen.

Dagegen wird zur amylalkoholischen Lösung eine alkoholische Kalilauge zugesetzt[1]) (siehe auch I. Teil, S. 39), weil durch die wässerige Kalilauge der Amylalkohol trübe wird.

Nach Zusatz der Reagenzien wird gleichzeitig die Veränderung der Farbe, welche durch die Einwirkung des Reagenses in der Lösung eventuell vor sich geht, bei Tageslicht beobachtet. Man vergleicht dabei nicht nur die mit Reagenzien versetzten Lösungen untereinander, sondern auch mit der ursprünglichen neutralen Lösung (in der vierten Eprouvette), wodurch auch geringe Farbenunterschiede schärfer auftreten.

Jede Flüssigkeit, zu welcher Säure oder Alkali zugesetzt wurde, wird auch ohne Verzug spektroskopisch untersucht (selbst wenn scheinbar keine Veränderung der Farbe eingetreten ist) und man stellt fest, in welcher Art und Weise sich eventuell die Form und die Lage des Absorptionsspektrums geändert hat.

Es empfiehlt sich nicht, in alle Eprouvetten die Reagenzien gleichzeitig zuzusetzen und erst dann die Lösungen nacheinander zu beobachten, sondern man soll zuerst Salzsäure zusetzen, die Flüssigkeit sofort spektroskopisch untersuchen und so weiter zu verfahren.

Wenn wir zu unserem Beispiele von Xylenblau VS[S] und Patentblau V[M] zurückkommen, so finden wir, daß sich Xylenblau VS von Patentblau V durch Reaktionen mit Kalilauge sehr leicht spektroskopisch unterscheiden (siehe die Tabellen).

Bei manchen Farbstofflösungen tritt namentlich die Reaktion mit Salzsäure erst nach längerem Stehen ein; man lasse also die mit Reagens versetzte Flüssigkeit, wenn sie sich nicht sofort geändert hat, eine Zeitlang stehen und beobachte dann die Lösung wieder.

So entfärbt sich z. B. die wässerige Lösung des Säuregrüns, mit Salzsäure versetzt, ungefähr erst nach 10—15 Minuten; die wässerige verdünnte Lösung von Methylblau, mit Kalilauge versetzt, wird zuerst rot und entfärbt sich ungefähr erst nach 20 Minuten.

Dieser Umstand ist nicht nur für die Untersuchung von einheitlichen Farbstoffen, sondern auch, wie wir später sehen werden, für die Untersuchung deren Gemische wichtig.

---

[1]) Reinen Äthylalkohol, welcher durch Kalihydrat nicht gelb wird, bereitet man sich zu diesem Zwecke so, daß man zum Alkohol ca. 7%ige Kalilauge zusetzt, und in einem Kolben mit aufgesetztem Rückflußkühler 8—10 Stunden kocht. Sodann wird der Alkohol abdestilliert, mit ca. 20 g metallischem Kalzium (auf je 1 Liter Alkohol) einige Stunden erwärmt und schließlich abdestilliert.

Der Zusatz von 2—4 Tropfen der nach Angabe vorbereiteten Reagenzien zu den Farbstofflösungen genügt erfahrungsgemäß vollständig, um eine eventuelle Reaktion hervorzurufen, nur bei einigen Triphenylmethanfarbstoffen, welche mehrere Arten von Salzen geben, ruft erst ein größerer Zusatz von Salzsäure einen vollständigen Farbenumschlag und daher ein neues Absorptionsspektrum hervor.

Setzt man z. B. zur verdünnten violetten wässerigen Lösung von Säureviolett 7B[B] drei Tropfen von Salzsäure hinzu, so wird die Lösung blau; durch einen weiteren Zusatz von noch zirka drei Tropfen Salzsäure wird die Lösung grün und im roten Teile des Spektrums erscheint ein neuer für den betreffenden Farbstoff charakteristischer Absorptionsstreifen.

Ähnlich verhält sich die alkoholische Lösung von Brillantwalkblau B[C]; setzt man zu derselben 3 Tropfen von Salzsäure hinzu, so findet keine Veränderung statt, nach Zusatz von weiteren 3 Tropfen Salzsäure wird aber die Lösung grünblau und es erscheint ein neues charakteristisches Absorptionsspektrum.

Man überzeuge sich daher nach Bedarf bei der Untersuchung der Lösungen von Farbstoffen, ob durch größeren Zusatz von Säure noch ein weiter gehender Farbenumschlag stattfindet. Solche Veränderungen werden auch bei den betreffenden Farbstoffen in den Tabellen angegeben.

5. Feststellung des Farbstoffes.

Auf Grund der durchgeführten Beobachtungen und Reaktionen sucht man in den später folgenden, zu diesem Zwecke zusammengestellten Tabellen den unbekannten Farbstoff auf. Diese Tabellen sind so eingerichtet, daß in denselben die spektroskopisch-chemischen Eigenschaften der Farbstoffe übersichtlich beschrieben sind. Die Lage der Absorptionsstreifen von Farbstoffen wird direkt in Wellenlängen angegeben und zwar in wässeriger, äthyl-, amylalkoholischer und essigsaurer Lösung bzw. in Xylol und konzentrierter Schwefelsäure, wobei in den Rubriken „Absorption" die fettgedruckte Zahl den Hauptstreifen, die halbfett und die einfachgedruckte Zahl den Nebenstreifen bedeutet. In den übrigen Rubriken bedeutet die halbfettgedruckte Zahl den Hauptstreifen, die einfachgedruckte Zahl den Nebenstreifen.

Die Farbstoffe selbst sind behufs Übersichtlichkeit und rascher Vergleichung nach den Wellenlängen der Dunkelheitsmaxima der Absorptionsstreifen bzw. der Hauptabsorptionsstreifen geordnet und zwar mit der höchsten Wellenlänge angefangen.

Gleichzeitig sind in diesen Tabellen die Veränderungen der Farbe und der Absorptionsspektra, welche in den Lösungen nach Zusatz der Reagenzien vor sich gehen, angeführt, sowie auch andere Eigenschaften der Farbstoffe (Farbe der Lösung, Löslichkeit, Fluoreszenz, Dichroismus usw.) angegeben.

Diesen Tabellen sind ferner in besonderen Tafeln Zeichnungen der Absorptionsspektra von einigen typischen und solchen Farbstoffen beigegeben, deren Absorptionsspektra eine gewisse Abnormität aufweisen, damit man seinen Befund auch mit den Abbildungen der Absorptionsspektra vergleichen kann.

Mitunter handelt es sich nicht um eine genaue Identifizierung des untersuchten Farbstoffes, sondern vielmehr um die Bestimmung der chemischen Gruppe, in welche der betreffende Farbstoff gehört. In diesem Falle läßt sich dann ein vereinfachtes Verfahren gebrauchen, das sich je nach Umständen verschieden gestalten kann. Meistens wird man durch Messung des einen Streifens bzw. des Hauptstreifens in Verbindung mit einigen charakteristischen Reaktionen zum Ziele gelangen.

Es ist z. B. zu entscheiden, ob der vorliegende Farbstoff ein Rhodamin, Eosin, Erythrosin oder Rose bengale ist. In einem solchen Falle löst man den Farbstoff in Wasser, bzw. in Äthylalkohol, beobachtet sein Absorptionsspektrum und bestimmt die Lage des Hauptstreifens. Wie man den Tabellen entnehmen kann, bewegen sich die Absorptionsspektra der oben genannten Farbstoffe regelmäßig in bestimmten voneinander ziemlich verschiedenen Grenzen, z. B. Rhodamine ungefähr zwischen λ 558—520, Rose bengale zwischen λ 549—538, Erythrosine zwischen λ 530—522, Eosine zwischen λ 522—512 usw. Wenn man noch in der Lösung die Reaktion mit Säure durchführt, so kann man leicht entscheiden, welche Farbstoffgruppe vorliegt. Entfärbt sich die verdünnte wässerige oder alkoholische Farbstofflösung durch Einwirkung der Säure, so kann je nach der Lage des Hauptstreifens entweder Eosin, Erythrosin oder Rose bengale vorliegen; entfärbt sich aber die Farbstofflösung durch Säure nicht und verschiebt sich das Absorptionsspektrum nach den längeren Wellen also nach links hin, so liegt ein Rhodamin vor.

Nicht selten geht direkt aus der Form des Absorptionspektrums die bestimmte Farbstoffgruppe hervor. Einzelne Absorptionsspektren sind derart charakteristisch, daß ein Blick in den Spektralapparat genügt, um zu entscheiden, in welche Klasse der fragliche Farbstoff einzureihen ist bzw. welcher Farbstoff vorliegt. So erkennt man direkt das Anthracenblau WR [B], Alizarinbordeaux [By], Alizarindunkelgrün [B], Irisblau [B] nach dem Absorptionsspektrum der alkoholischen Lösung, das Cresylechtviolett BB [L] nach dem Absorptionsspektrum der amylalkoholischen Lösung usw. Mitunter kann durch charakteristischen Farbenumschlag beim Zusatz der Reagenzien auch der einzelne Farbstoff bestimmt werden, wie z. B. Chromazurin S [S].

Untersuchung der Farbstoffgemische.

Um gewünschte Nuancen der Farbstoffe zu erzielen, werden diese miteinander gemischt. Ob ein vorliegender Farbstoff ein einfacher oder ein kombinierter ist, darüber kann man sich oft auf mechanischem, in fast allen Fällen aber auf spektroskopischem Wege überzeugen. Dies kann auf verschiedene Weise geschehen, und zwar durch Zerstäubungsmethode, durch die mikroskopische Untersuchung, durch fraktionierte Ausfärbung und Kapillaranalyse und schließlich durch Spektralanalyse. Die Zerstäubungsmethode in Verbindung mit der Spektralanalyse gibt die besten Resultate.

1. Zerstäubungsmethode.

Man befeuchtet ein reines Stück Filtrierpapier mit destilliertem Wasser, läßt das Wasser vollständig abtropfen, dann nimmt man eine kleine Messerspitze des fraglichen Farbstoffes und bläst das Farbstoffpulver vorsichtig gegen das befeuchtete Filtrierpapier.

Ist ein Farbstoffgemisch vorhanden, so erscheinen am Filtrierpapier verschieden gefärbte Pünktchen. In seltenen Fällen kann auch die Probe auf mit Alkohol befeuchtetem Filtrierpapier empfohlen werden, besonders dann, wenn es sich um in Wasser wenig lösliche Farbstoffe handelt.

Ein anderes Mittel besteht darin, daß man die Oberfläche des in einem Glase befindlichen Wassers mit kleinen Mengen des Farbstoffes bestaubt. Die Partikeln von Farbstoffen sinken allmählich zu Boden und indem sie sich in Wasser lösen, bilden sie dünne, farbige Fäden, welche je nach der Beschaffenheit des Farbstoffes verschiedenfarbig sind.

Statt auf befeuchtetes Filtrierpapier oder auf Wasser, empfiehlt es sich auch, den Farbstoff auf die in einer flachen Porzellanschale befindliche konzentrierte Schwefelsäure auszustreuen. Viele Farbstoffe liefern mit konzentrierter Schwefelsäure charakteristische Reaktionen und Farbenumschläge, während sie in Wasser schwer löslich und bei ähnlichen Farben schwierig zu unterscheiden sind. Dieses Verfahren kommt besonders dort zur Geltung, wo Farbstoffe mit gleicher oder ähnlicher Farbe untereinander gemischt werden, die aber in ihrem

Verhalten zu konzentrierter Schwefelsäure sich verschiedenartig verhalten.

2. Mikroskopische Methode.

Ein anderer Weg zur Erkennung eines Farbstoffgemisches ist der, daß man geringe Mengen des Farbstoffes mit Öl mischt und unter dem Mikroskop bei einer schwachen Vergrößerung untersucht. Liegt ein Gemisch vor, so sieht man verschiedenartig gefärbte Pünktchen. Dieses Verfahren setzt aber voraus, daß der Farbstoff in Öl unlöslich ist und es ist allerdings nur bei gröberen mechanischen Mischungen zu gebrauchen.

3. Fraktionierte Ausfärbung und Kapillaranalyse.

Die eben angeführten Vorproben gelingen nur dann, wenn die Farbstoffe in trockenem Zustande gemischt werden. Werden jedoch Lösungen von Farbstoffen zur Trockene abgedampft und dann gepulvert oder Lösungen der Farbstoffe gemischt, und nachher ausgesalzen oder zur Kristallisation gebracht (Mischkristallisation), so gelingt die Zerstäubungs- und die mikroskopische Methode nicht.

In einem solchen Falle muß man zur fraktionierten Ausfärbung oder zur Kapillaranalyse greifen.

Nach dieser Methode (Goppelsröder) wird der zu prüfende Farbstoff in Wasser bzw. in Äthylalkohol gelöst und in diese Lösung Streifen von schwedischem Filtierpapier, an einem Glasstabe befestigt, etwa 10 mm tief eingetaucht. Das Lösungsmittel beginnt in die Haarröhrchen des Papiers zu steigen, mit demselben auch die Farbstoffe und zwar je nach dem Charakter des Farbstoffes mit verschiedener Geschwindigkeit. Auf diese Art gelingt es oft, in Mischungen die schneller von den langsamer aufsteigenden Farbstoffen voneinander zu trennen und in den entsprechenden Streifen und Zonen zu erkennen.

4. Spektroskopische Methode.

Die fraktionierte Ausfärbung und die Kapillaranalyse geben jedoch nicht immer einen sicheren Aufschluß, ob der Farbstoff homogen ist oder eine Mischung darstellt. Den sichersten Aufschluß darüber, gleichgültig ob der Farbstoff in Substanz oder in Lösung sich befindet, gibt jedoch die spektroskopische Methode. Man lasse sich daher nicht beirren, wenn die mechanische oder eine andere Vorprobe ein negatives Resultat gibt und greife noch zur spektroskopischen Probe.

Diese Methode bietet keine Schwierigkeiten, wenn man die im I. Teile, Seite 12 angeführten Formen der Absorptionsspektra berücksichtigt und sich merkt, daß es verhältnismäßig wenige Farbstoffe sind, deren wässerige oder alkoholische Lösungen im sichtbaren Teile des Spektrums mehr als zwei Absorptionsstreifen geben.

Es sind hauptsächlich Alizarinfarbstoffe, Küpenfarbstoffe, einige Oxazine (Prune pur, Muscarin, Neublau R Neublau B, Correine usw.), von den Indulinen: Rosinduline, Rose Magdala und von den Phtaleinen: Rhodin BS und Rhodin 12 GF, welche in Lösung drei Absorptionsstreifen ergeben. Diphenyl-Triphenyl- und Diphenylnaphthyl-methanfarbstoffe, sowie Thiazinfarbstoffe des Handels, geben nur einen bzw. zwei Absorptionsstreifen. Azofarbstoffe geben in Wasser und Äthylalkohol seltener drei Absorptionsstreifen.

Ein Vorkommen von mehr als zwei Absorptionsstreifen im Spektrum (abgesehen von den Spektren der genannten Farbstoffe) läßt daher vermuten, daß ein Gemisch vorliegen kann.

Ein Farbstoffgemisch liegt sicher vor:

1. Wenn im Spektrum zwei starke Absorptionsstreifen, welche nicht als ein Doppelstreifen anzusehen sind, auftreten;

2. wenn im Spektrum zwei oder mehrere Absorptionsstreifen vorkommen, welche voneinander zu weit entfernt sind, wenn z. B. ein Streifen im Rot, der andere im Grün sich befindet;

3. wenn die Form des Absorptionsspektrums den beschriebenen Formen der Absorptionsspektra nicht entspricht (s. I. Teil, S. 11), wenn also z. B. nach einem starken Absorptionsstreifen ein schwacher, dann wieder ein starker und noch ein schwacher Streifen folgt (siehe das später folgende Beispiel von Echtbaumwollblau B [M]);

4. wenn von den im Spektrum vorkommenden Absorptionsstreifen der eine Streifen symmetrisch, der andere wieder unsymmetrisch erscheint, wie z. B. bei einem Gemische aus Methylenblau (unsymmetrische Streifen) und Malachitgrün (symmetrischer Streifen);

5. wenn neben den Absorptionsstreifen im Spektrum eine stärkere einseitige Absorption im blauen oder roten Teile des Spektrums stattfindet (die zur Bestimmung der Gruppe des Farbstoffes verdünnte Lösung vorausgesetzt). In diesem Falle ist ein gelber oder brauner, bzw. ein grüner Farbstoff zur Nuancierung des Hauptfarbstoffes verwendet worden.

Es sei hier aber gleich bemerkt, daß manche Farbstoffe in einer konzentrierten Lösung auch eine einseitige Absorption im violetten Teile des Spektrums zeigen, welche jedoch bei stärkerer Verdünnung regelmäßig verschwindet.

Natürlich zeigen solche Farbstoffe, welche mit Gelb nur nuanciert sind, eine einseitige Absorption im Violett nur bei einer konzentrierten Lösung;

6. wenn das Absorptionsspektrum nach Zusatz der Reagenzien sich ungleichmäßig verändert; wenn z. B. ein Absorptionstreifen sich verschiebt, der andere nicht, oder ein Streifen

aus dem Spektrum verschwindet, der andere nicht, oder aber, wenn neben den vorhandenen neue Absorptionsstreifen auftreten (s. I. Teil, S. 221);

7. wenn sich ein Farbstoff in Wasser, Äthylalkohol und Amylalkohol mit ganz verschiedener Farbe löst; wohl gibt es Ausnahmen, die aber selten sind (siehe Chromviolett S. 9).

Wollblau SSN [B] ist eine Mischung; der Farbstoff löst sich in Wasser mit blauer, in Amylalkohol mit rotvioletter Farbe.

Nigrosin spritlöslich [By] löst sich in Wasser mit gelber, in Alkohol mit blauer Farbe, es ist daher auch ein Gemisch. Dies rührt daher, daß einzelne Bestandteile des Farbstoffgemisches in einigen Lösungsmitteln löslich, in anderen unlöslich sind.

Man darf aber nicht glauben, daß der untersuchte Farbstoff einheitlich sein muß, wenn im Spektrum nur ein oder zwei Absorptionsstreifen vorkommen; denn falls zwei Farbstoffe, welche naheliegende und sonst scharfe Absorptionsstreifen geben, gemischt werden, so gibt die Lösung eines solchen Gemisches auch nur ein einfaches Absorptionsspektrum; es entsteht nämlich ein Mischspektrum, welches zwar die regelmäßige Form behält, aber breiter und mehr verschwommen sein kann als das Absorptionsspektrum des einfachen Farbstoffes.

. So geben z. B. Diaminotriphenylmethanfarbstoffe regelmäßig ziemlich schmale und schärfere Absorptionsstreifen. Gibt daher ein Farbstoff dieser Klasse ein verschwommenes Absorptionsspektrum, so ist eine solche Erscheinung verdächtig. Hiermit will ich aber nicht behaupten, daß ein Gemisch von zwei Triphenylmethanfarbstoffen ein verschwommenes Absorptionsspektrum geben muß. So enthält z. B. Neptungrün S [B] ziemlich viel von einem anderen grünen Triphenylmethanfarbstoff zugesetzt, das Absorptionsspektrum deutet aber kein Gemisch an.

Es können sich aber Absorptionsspektra von zwei Farbstoffen verschiedener Klassen vollständig decken, so daß man durch eine einfache spektroskopische Untersuchung nicht beurteilen kann, ob der Farbstoff homogen ist. Läßt sich die mechanische Vorprobe nicht durchführen, wenn man z. B. eine Lösung zur Untersuchung hat, die durch Abziehen des Farbstoffes von der Faser erhalten wurde, so hilft in diesem Falle das Spektroskop allein selten; man muß dann noch einen Versuch anstellen, ob sich der Farbstoff bei den Reaktionen mit Säure oder Alkali spektroskopisch doch nicht als ein Gemisch erweist.

So erkennt man z. B. in einem Gemische von Indulin und Methylviolett mit dem Spektroskope direkt das beigemischte Methylviolett nicht, weil sein Absorptionsstreifen durch den Indulinstreifen verdeckt ist. Man erkennt aber sofort dieses Farbstoffgemisch, wenn man zur wässerigen, etwas konzentrierteren Lösung verdünnte Säure zusetzt. Das Methylviolett wird grün und infolgedessen entsteht im roten Felde des Spektrums ein neuer, für das Methylviolett charakteristischer Absorptionsstreifen, während der Indulinstreifen im gelben Teile des Spektrums unverändert bleibt. Die beiden Farbstoffe können jedoch auch durch Behandlung mit Amylalkohol getrennt werden; das Indulin ist in Amylalkohol unlöslich, das Methylviolett löst sich leicht.

Schließlich darf man nicht außer acht lassen, daß sich die naheliegenden Absorptionsspektra von zwei Farbstoffen gegenseitig beeinflussen können, und zwar so, daß sich das eine oder das andere Absorptionsspektrum mehr oder weniger verschieben und dadurch sein Aussehen verändern kann (s. I. Teil, S. 29).

Diese Verschiebung hat jedoch bestimmte Grenzen; so bewegt sich z. B. bei einem Gemische von Methylenblau und Methylviolett 6 B der Hauptabsorptionsstreifen des Methylvioletts zwischen λ 601,5 – 591,0. Bei einem Überschusse von Methylenblau verschiebt sich der Hauptabsorptionsstreifen des Methylvioletts bis auf 601,5; je weniger Methylenblau und mehr Methylviolett die Lösung enthält, um so weniger rückt der Hauptabsorptionsstreifen des Methylvioletts aus seiner ursprünglichen Lage nach Rot hin.

Beobachtet man mit dem Spektroskope wässerige Lösungen, welche in verschiedenen Verhältnissen Methylenblau und Methylviolett gelöst enthalten und bestimmt in allen diesen Mischungen genau die Lage der Absorptionsstreifen des Methylvioletts, so findet man, daß sich eigentlich nur die Lage des Hauptabsorptionsstreifens des Methylvioletts je nach der Menge des anwesenden Methylenblaus ändert, nicht aber die Lage des Nebenstreifens der stets an seiner Stelle unverändert bleibt. Der Grund liegt darin, daß nur der Hauptstreifen des Methylvioletts mit dem naheliegenden Nebenstreifen des Methylenblaus zusammenfließt und dadurch eine größere oder geringere Verschiebung des Hauptstreifens des Methylvioletts je nach der Menge des anwesenden Methylenblaus herbeigeführt wird, während der weiter entfernte Nebenstreifen des Methylvioletts von dem Einflusse des Methylenblaus frei bleibt.

Dieser Umstand ist für die direkte Bestimmung der Gattung des Methylvioletts wichtig. Man kann nämlich nach der Lage des Nebenstreifens direkt bestimmen, ob in einem solchen Gemische Methylviolett 1 B, oder 6 B vorhanden ist.

Ein interessantes Beispiel in dieser Beziehung sehen wir z. B. an den Farbstoffen Neumethylenblau NX [C], Marineblau BN [B] und Marineblau RN [B], von denen unten gesprochen wird.

Beobachtet man die wässerige Lösung eines Gemisches von Neumethylenblau N und Methylviolett 6 B, so findet man, daß der Hauptstreifen des Neumethylenblaus N mit dem naheliegenden Hauptstreifen des Methylvioletts zusammenfließt und der neu gebildete Absorptionstreifen etwas nach links verschoben erscheint.

Bei der äthylalkoholischen Lösung findet jedoch kein Zusammenfließen der Absorptionsstreifen statt, sondern es findet, falls das Neumethylenblau N in der Lösung im Überschusse anwesend ist, eine Verschiebung der Absorptionsstreifen des Methylvioletts nach rechts statt, und zwar verschiebt sich der Hauptstreifen des Methylvioletts 6 B gegen Violett zu von λ 591,0 bis auf λ 588,5 je nach der Menge des in der Lösung anwesenden Neumethylenblaus N; befindet sich aber das Methylviolett in der Lösung im Überschusse, so ändert sich die Lage seiner Absorptionsstreifen nicht.

Eine ähnliche Erscheinung beobachtet man bei einer Lösung, welche Nilblau A mit Methylviolett enthält. Befindet sich z. B. in der alkoholischen Lösung neben Nilblau A ein Überschuß von Methylviolett 6 B, so findet eine kleine Verschiebung des Absorptionsstreifens des Nilblaus A nach links statt; ist aber Nilblau A im Überschusse, so ändert sich die Lage des Absorptionsstreifens nicht.

Eine andere Erscheinung beobachtet man bei der spektroskopischen Untersuchung einer Lösung, welche zwei solche Farbstoffe enthält, wo dem Hauptabsorptionsstreifen des einen Farbstoffes der Hauptstreifen des anderen Farbstoffes und dem Nebenstreifen des ersten Farbstoffes der des zweiten Farbstoffes folgen würde, wie es z. B. bei einem Gemische von Methylenblau und Nilblau A vorkommen kann.

Bei der wässerigen Lösung dieses Farbstoffgemisches würde unter normalen Verhältnissen der Hauptabsorptionsstreifen des Nilblaus A λ 644,5 zwischen dem Haupt- und Nebenabsorptionsstreifen des Methylenblaus λ 667,8 und λ 609,3 und der Nebenstreifen des Nilblaus A λ 592,2 hinter dem Nebenstreifen des Methylenblaus liegen. Die äthylalkoholische Lösung sollte den Absorptionsstreifen des Nilblaus λ 632,1 zwischen den beiden Absorptionsstreifen des Methylenblaus λ 657,6 und λ 602,1 zeigen.

Befindet sich nun in einer wässerigen Lösung neben Methylenblau nur wenig Nilblau A, so erscheinen die Absorptionsstreifen des Nilblaus nicht, sondern man beobachtet nur eine Verschiebung des Nebenstreifens des Methylenblaus je nach der Menge des anwesenden Nilblaus und zwar von λ 609,3 auf λ 599,0; der Hauptstreifen des Methylenblaus ändert aber seine Lage nicht.

Befindet sich neben Methylenblau das Nilblau A in der Lösung im Überschusse, z. B. auf 1 Teil Methylenblau 2 Teile Nilblau A, so beobachten wir im Spektrum weder die ursprünglichen Absorptionsstreifen des Methylenblaus, noch die Absorptionsstreifen des Nilblaus, sondern es bilden sich infolge der gegenseitigen Einwirkung der Spektra beider Farbstoffe zwei neue, fast gleiche ziemlich unscharfe Absorptionsstreifen ungefähr auf λ 655,0 und λ 595,5 (siehe Seite 28, Fig. 2, Zeile 1).

Setzt man zu einer solchen Lösung Ammoniak hinzu, so wird die Lösung rotviolett, die eben bezeichneten Absorptionsstreifen verschwinden, und statt derselben treten die Absorptionsstreifen des Methylenblaus hervor. Durch die Wirkung des Ammoniaks ändert sich nämlich nur die Farbe und das Absorptionsspektrum des Nilblaus A, weshalb der Einfluß dieses Farbstoffes auf das Absorptionsspektrum des Methylenblaus aufgehoben wird.

Befindet sich aber in der Lösung das Nilblau A im Vergleiche zu Methylenblau in großem Überschusse, so sieht man im Spektrum nur die Absorptionsstreifen des Nilblaus A, die jedoch je nach der Menge des anwesenden Methylenblaus mehr oder weniger gegen Rot hin verschoben sind.

Schon die Anwesenheit von geringen Mengen des Methylenblaus in der Lösung bewirkt eine deutliche Verschiebung des Hauptabsorptionsstreifens des Nilblaus A. Setzt man zu einer solchen Lösung Ammoniak hinzu, so wird sie rosarot, die Absorptionsstreifen des Nilblaus A verschwinden, und es erscheint der Hauptabsorptionsstreifen des Methylenblaus in der ursprünglichen Lage.

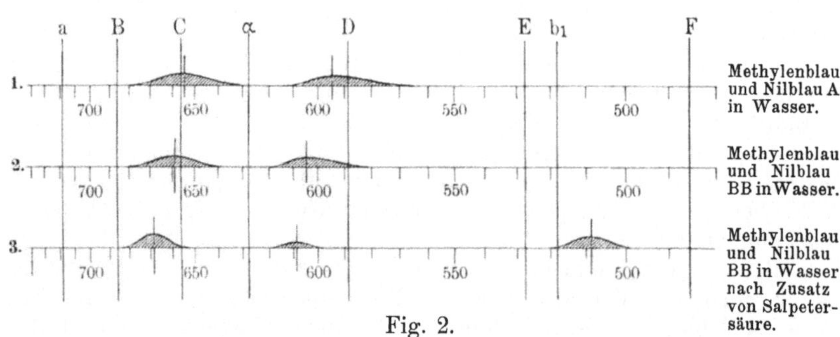

Fig. 2.

Eine ähnliche Erscheinung tritt auch bei der äthylalkoholischen Lösung dieses Farbstoffgemisches hervor. Befinden sich neben Methylenblau nur geringe Mengen von Nilblau A, so sehen wir im Spektrum nur die Absorptionsstreifen des Methylenblaus. Wird die Menge des Nilblaus A in der Lösung vergrößert, so erscheint nur der Hauptstreifen des Methylenblaus, der je nach der Menge des anwesenden Nilblaus stark nach rechts verzogen und von λ 657,6 bis auf λ 652,5 verschoben ist.

Befindet sich aber das Nilblau A in der Lösung im Überschusse, so beobachtet man die Absorptionsstreifen des Methylenblaus im Spektrum nicht, sondern nur den Absorptionsstreifen des Nilblaus A, der sich aber nicht in seiner ursprünglichen Lage befindet, sondern durch den Einfluß des Methylenblaus mehr oder weniger nach links verschoben ist.

Eine ähnliche Erscheinung beobachtet man auch bei einer Lösung, welche Methylenblau und Nilblau BB enthält.

Enthält die wässerige Lösung weniger Nilblau BB als Methylenblau, so bemerkt man die Absorptionsstreifen des Nilblaus BB nicht, sondern nur die Absorptionsstreifen des Methylenblaus; der Nebenstreifen des Methylenblaus erscheint jedoch von λ 609,3 auf λ 605,8 verschoben. Befindet sich in der wässerigen Lösung neben Methylenblau Nilblau BB im Überschusse, z. B. auf 1 Teil Methylenblau 2 Teile Nilblau BB, so sieht man im Spektrum weder die ursprünglichen Absorptionsstreifen des Methylenblaus, noch die Absorptionsstreifen des Nilblaus BB, sondern zwei neue ziemlich unscharfe Absorptionsstreifen beiläufig auf λ 659,0 und λ 603,0 (siehe Fig. 2, Zeile 2).

Der Nachweis des Methylenblaus und des Nilblaus BB nebeneinander ist aber dennoch sehr leicht. Setzt man nämlich zu einer wässerigen Lösung, welche Methylenblau und Nilblau BB enthält, verdünnte Salpetersäure hinzu, so wird die Lösung violett, die Absorptionsstreifen des Methylenblaus erscheinen wieder in ihrer ursprünglichen Lage und außerdem entsteht im grünen Felde des Spektrums ein für Nilblau BB charakteristischer Absorptionsstreifen auf λ 509,0 (siehe Fig. 2, Zeile 3).

Kommen zwei in ungleichen Verhältnissen gemischte Farbstoffe vor, welche neben einem Hauptabsorptionsstreifen einen Nebenabsorptionsstreifen rechts liefern und deren Absorptionsstreifen unmittelbar nacheinander folgen, so fließt der Nebenstreifen des einen Farbstoffes mit dem Hauptstreifen des anderen Farbstoffes zu einem starken Streifen zusammen, falls beide Absorptionsstreifen nahe aneinander liegen, und es entsteht ein neues Absorptionsspektrum, welches aus einem Hauptstreifen und zwei Nebenstreifen zu beiden Seiten des Hauptstreifens besteht. Dieses Absorptionsspektrum hat dann das Aussehen eines einheitlichen Farbstoffes, wie z. B. dasjenige des Neublaus R in Wasser (siehe: Blaue Farbstoffe, Gruppe IV a).

Eine derartige Erscheinung beobachtet man z. B. bei den im Handel befindlichen Phloxinen, welche meistens ein Gemisch von Rose bengale und Eosin bzw. ein Gemisch von bromiertem und jodiertem Fluoreszein darstellen. In einem solchen Falle fließt der Nebenabsorptionsstreifen des Rose bengale mit dem Hauptabsorptionsstreifen des Eosins zusammen.

Hat man also gefunden, daß der untersuchte Farbstoff ein Phthalein ist und ein Absorptionsspektrum von drei Absorptionsstreifen liefert, so kann man nahezu sicher sein, daß man es mit einem Gemische zu tun hat, weil einheitliche Farbstoffe der Phthaleinreihe mit Ausnahme von Rhodin BS und Rhodin 12 GF (bzw. Aporhodaminchlorid) im Spektrum nur zwei Absorptionsstreifen liefern.

Es kann aber bei den Farbstoffgemischen noch ein anderer Fall eintreten.

Bei der Untersuchung einer Farbstofflösung findet man auch mitunter, daß die einem Farbstoffe von bestimmter Konstitution sonst entsprechenden Absorptionsstreifen nicht die dem Farbstoffe zukommende Lage besitzen, ein neutrales, bestimmtes Lösungsmittel vorausgesetzt. Diese Erscheinung kann nur dann auftreten, wenn in der Lösung noch ein zweiter Farbstoff vorhanden ist, dessen Absorptionsstreifen im Gemische mit denen des im Überschusse vorhandenen Farbstoffes vollständig zusammenfließen und dadurch ihre Lage verändern. Es ist also im allgemeinen die veränderte Lage des Absorptionspektrums eines Farbstoffes in einer bestimmten neutralen Lösung ein Zeichen der Anwesenheit noch eines anderen Farbstoffes, bzw. auch eines Stoffes, der die Lage der Absorptionsstreifen beeinflußt.

Dies sei an einem Beispiele erläutert. Man findet z. B. bei der mechanischen Vorprobe in einem blauen Farbstoffe einen grünen Farbstoff beigemischt. Die spektroskopische Untersuchung der Lösungen dieses Farbstoffgemisches ergibt, daß einer der vorhandenen Farbstoffe, seinem Spektrum und seinen Reaktionen mit Säure und Alkali nach, mit Wollblau 2B zwar übereinstimmen würde, aber die beobachteten Absorptionsstreifen im Vergleiche mit den Absorptionsstreifen des Wollblaus 2B etwas nach links verschoben sind.

Diese Verschiebung kann nur der in der Lösung vorhandene grüne Farbstoff verursachen; da seine Absorptionsstreifen im Spektrum nicht zum Vorschein kommen, muß man voraussetzen, daß sie nahe dem Absorptionsstreifen des blauen Farbstoffes liegen und folglich mit demselben zusammenfließen.

Man muß nun folgendermaßen erwägen:

Wollblau 2B ist ein Farbstoff sauren Charakters; derselbe kann also nur mit einem Farbstoffe desselben Charakters gemischt werden; da die Absorptionsstreifen des durch spektroskopische Analyse gefundenen Wollblaus 2B nach links verschoben erscheinen, so müssen auch die Absorptionsstreifen des anwesenden grünen Farbstoffes von den Absorptionsstreifen des Wollblaus 2B links liegen. Solche Farbstoffe können also entweder Guineagrün oder Nachtgrün, Säuregrün usw. sein. Weil aber die Absorptionsstreifen des Wollblaus 2B nur gering nach links verschoben sind, so wird der zugemischte grüne Farbstoff höchstwahrscheinlich nur Guineagrün sein, weil seine Absorptionsstreifen den Absorptionsstreifen des Wollblaus 2B am nächsten liegen, während die Absorptionsstreifen anderer saurer grüner Farbstoffe von den Absorptionsstreifen des Wollblaus 2B weit mehr entfernt sind, und, wie die Versuche zeigen, schon geringe Mengen derselben die Lage der Absorptionsstreifen des Wollbaus 2B bedeutend beeinträchtigen.

Durch nachherige spektroskopische Vergleichsversuche und Ausfärbungen mit einem probeweise erzeugten Gemische kann man sich von der Richtigkeit des Schlusses überzeugen.

Einen ähnlichen Fall beobachteten wir bei einer Lösung des Gemisches von Methylenblau und Methylengrün. Die Hauptabsorptionsstreifen und ebenso die Nebenabsorptionsstreifen beider Farbstoffe fließen zusammen, und wir sehen statt vier Absorptionsstreifen nur mehr zwei ungleich starke Streifen, deren Lagen weder den ursprünglichen Lagen der Methylenblaustreifen noch denen der Methylengrünstreifen entsprechen, sondern dazwischen liegen.

Setzt man aber zu der wässerigen Lösung eines solchen Gemisches verdünnte Kalilauge hinzu, so entfärbt sich das Methylengrün allmählich, sein Einfluß auf das Methylenblau wird aufgehoben, und die Absorptionsstreifen des Methylenblaus, auf welches verdünnte Kalilauge nicht einwirkt, erscheinen wieder in ihrer ursprünglichen Lage.

Verschiedene Marken von Methylviolett (5B, 4B, 3B usw.) geben ein Absorptionsspektrum von der Form eines einheitlichen Farbstoffes und doch sind diese Farbstoffe Gemische aus Kristallviolett (bzw. Methylviolett 6B) und Methylviolett 1B. Kristallviolett und Methylviolett 1 B haben dieselbe Form des Absorptionsspektrums (neben einem stärkeren Absorptionsstreifen ein schwacher Absorptionsstreifen rechts) aber in einer verschiedenen Lage.

Beobachtet man die Lösung eines Gemisches von beiden Farbstoffen mit dem Spektroskope, so sieht man statt vier Streifen nur einen stärkeren und einen schwächeren Streifen, weil die Hauptstreifen und die Nebenstreifen beider Farbstoffe zusammengeflossen sind. Die Lage der Absorptionsstreifen des Gemisches ist sodann verschieden, je nach dem Verhältnisse, in welchem beide Farbstoffe gemischt vorkommen. Aus der Lage der Streifen, welche weder der bei Kristallviolett noch der bei Methylviolett entspricht, erkennt man, dass hier kein reiner Farbstoff, sondern ein Gemisch vorliegt. Je mehr Kristallviolett (bzw. Methylviolett 6 B) das Gemisch enthält, um so mehr nähern sich die Absorptionsstreifen der Lage der Streifen des reinen Kristallvioletts und umgekehrt.

Die eben beschriebenen spektroskopischen Erscheinungen, welche bei bestimmten Farbstoffgemischen vorkommen, haben jedoch nicht den Grund in der gegenseitigen chemischen Wirkung der Farbstoffe aufeinander, sondern sie sind rein physikalischer Natur (s. I. Teil, S. 31).

Die in den Spektren der Farbstoffgemische auftretenden Unregelmäßigkeiten kommen nur bei den Farbstoffen von gleicher und ähnlicher Farbennuance, deren Absorptionsstreifen im Spektrum einander naheliegen, vor. Bei den Gemischen von Farbstoffen verschiedener Farbe, wie z. B. bei einem Gemische von Methylenblau (blau), Safranin (rot) und Benzoflavin (gelb) können natürlich diese Erscheinungen nicht auftreten.

Untersuchung der Farbstoffgemische in Substanz.

Von der Untersuchung der pulverförmigen Farbstoffgemische gilt im allgemeinen dasselbe, was von den einfachen Farbstoffen erläutert wurde, nur muß man sie nach Bedarf auch in mehreren Lösungsmitteln (Wasser, Äthylalkohol, Amylalkohol bzw. Xylol) untersuchen und in allen diesen Lösungen namentlich Reaktionen mit Säure und Alkali vornehmen.

Es kommt öfters vor, daß die Farbstoffe derart gemischt sind, daß der eine Farbstoff nur in kleinen Mengen vorhanden ist, was man wohl auch bei der mechanischen Vorprobe erkennt. In solchen Fällen muß man nicht nur konzentriertere Lösungen spektroskopisch beobachten, sondern auch dieselben vorsichtig verdünnen, weil sonst das Absorptionsspektrum eines in kleinen Mengen zugesetzten Farbstoffes durch starke Verdünnung der Lösung zum Verschwinden gebracht und der Beobachtung entzogen werden könnte.

Bei der Untersuchung der Farbstoffgemische verfährt man ähnlich wie bei der Untersuchung von einfachen Farbstoffen überhaupt; man überblickt die Beschaffenheit des Absorptionsspektrums, mißt die Lage der Absorptionsstreifen, ferner macht man die Reaktionen mit Säure und Alkali, welche namentlich hier wichtig sind, und zieht dann den ungefähren Schluß; nach der gemachten Vorprobe richtet man sich die weitere genaue Untersuchung ein.

Hier kann auch mit gutem Frfolge das verschiedene Löslichkeitsvermögen der Farbstoffe ausgenützt werden. Es kann z. B. ein Gemisch vorliegen, bei welchem der eine Farbstoff in Amylalkohol bzw. in Äthylalkohol unlöslich oder nur schwer löslich, der andere wieder leicht löslich ist, wodurch beide Farbstoffe getrennt werden können und dadurch ihre Untersuchnng wesentlich erleichtert wird (siehe die später folgenden Beispiele von Solidgrün MN [DH] und Wollblau SSN [B]).

Die Trennung der Farbstoffe kann man nicht selten auch durch fraktioniertes Ausziehen mit Amylalkohol, einmal in der Kälte, ein anderesmal in der Wärme erzielen; die einzelnen Fraktionen werden dann jede für sich untersucht. Die Lösung kann abgedampft werden und der Farbstoffrückstand in ein anderes geeignetes Lösungsmittel überführt werden.

Für die Untersuchung der Gemische von Küpenfarbstoffen kann wieder mit gutem Erfolge Xylol verwendet werden.

Die Eigenschaft der Farbstoffe, daß sie gegen Amylalkohol und Xylol verschiedene Löslichkeit besitzen, ist namentlich in solchen Fällen von großem Vorteil, wo bei einem Farbstoffgemische die naheliegenden Absorptionsstreifen einzelner Komponenten zusammenfließen, so daß es auf eine einfache Weise nicht gelingen würde, einzelne Farbstoffe nachzuweisen.

Eine andere, wenn auch etwas langwierige Methode, in Farbstoffgemischen einzelne Farbstoffe nachzuweisen, ist die, daß man die Farbstoffmischung in wässeriger Lösung von Gelatine löst, in dünner Schicht auf eine Glasplatte aufgießt und sodann erstarren läßt. Die so vorbereitete Platte wird dem direkten Sonnenlichte unter verschiedenfarbigen Gläsern ausgesetzt, wodurch die eine Komponente verbleicht, die andere unverändert bleibt.

Es würde zu weit führen und zwecklos sein, sämtliche im Handel befindlichen Farbstoffgemische zu beschreiben, da viele dieser Kombinationen je nach Bedarf mit der Zeit geändert werden und mitunter von kurzem Dasein sind.

Ich beschränke mich daher darauf, einige typische Beispiele und technisch wichtige Gemische anzugeben, nach welchen man sich bei der Untersuchung der Farbstoffgemische im allgemeinen richten kann.

Solidgrün MN [DH]. Die mechanische Vorprobe ergab, daß der Farbstoff aus einem blauen, einem grünen und einem gelben Farbstoff besteht.

Eine kleine Probe des Farbstoffes, in Wasser gelöst, zeigte einen scharfen, schmalen Absorptionsstreifen im Rot, ferner einen Absorptionsstreifen im Orangegelb und eine einseitige Absorption im Blau und Violett.

Nach der festgestellten Lage des Absorptionsstreifens im Rot und nach dem Verschwinden dieses Absorptionsstreifens durch Zusatz von Kalilauge zur alkoholischen Lösung des Farbstoffes und dem nachherigen Vergleich mit den Tabellen, wurde gefunden, daß der Absorptionsstreifen dem Methylenblau angehört.

Zum Nachweis des zweiten Farbstoffes wurde die Eigenschaft des Methylenblaus ausgenutzt, daß es in Amylalkohol ziemlich schwer löslich ist. Kleine Mengen des Solidgrüns wurden in einer Porzellanschale mit Amylalkohol begossen und das Gemisch sofort schnell abfiltriert. Das Filtrat wurde in drei Teile geteilt, auf dem Wasserbade abgedampft und dann in Wasser, Äthyl- und Amylalkohol gelöst. Die Lösungen zeigten im Spektroskop nur Spuren von Methylenblau, dagegen aber einen intensiven Absorptionsstreifen mit einem gleichmäßigen Schatten rechts. Durch spektroskopische Untersuchung und Vergleich mit den Tabellen wurde das Malachitgrün nachgewiesen.

Der gelbe Farbstoff im Solidgrün machte sich nur durch eine einseitige Auslöschung des Spektrums im Blau und Violett kennbar. Durch Zusatz von Säure erfolgte keine Veränderung, dagegen ist die Absorption nach Zusatz von Kalilauge oder Ammoniak verschwunden, woraus entweder auf Auramin oder auf Thioflavin geschlossen werden kann.

Echtbaumwollblau B [M]. Die mechanische Vorprobe ergab, daß der Farbstoff aus einem blauen und einem violetten Farbstoffe besteht. Die wässerige Lösung zeigte einen starken Absorptionsstreifen, dann einen schwachen rechts, ferner wieder einen starken Absorptionsstreifen, dem ein schwacher Streifen folgte.

Die Lage der Absorptionsstreifen war in wässeriger Lösung λ **667,8**, 614,7, **573,2** und 533,4 (s. Fig. 3, Zeile 1), in alkoholischer Lösung λ **657,6**, 624,5, **575,2** und 534,8.

Salzsäure bewirkte keine Veränderung der Farbe. Nach Zusatz von Ammoniak wurde jedoch sowohl die wässerige als auch die alkoholische Lösung grün, die Streifen bei λ **573,2** und 533,4 in wässeriger Lösung, sowie die Streifen bei λ **575,2** und 534,8 in alkoholischer Lösung verschwanden. Gleichzeitig rückte der Nebenstreifen der wässerigen Lösung bei λ 614,7 auf λ 609,3.

Nach Zusatz von Kalilauge wurde die wässerige Lösung grün und die Streifen bei λ **573,2** und 533,4 verschwanden.

Die äthylalkoholische Lösung wurde nach Zusatz von Kalilauge gelb und samtliche Absorptionsstreifen sind verschwunden.

Aus diesen Erscheinungen wurde geschlossen, daß der fragliche Farbstoff aus einem Farbstoff besteht, der sich in alkoholischer Lösung nur mit Kalilauge verändert und ferner aus einem Farbstoff, der durch Ammoniak bzw. durch Kalilauge gelb wird.

Demnach würden dem ersten Farbstoff in wässeriger Lösung die Streifen bei λ **667,8** und 614,7 bzw. 609,3, in Äthylalkohol die Streifen bei λ **657,6** und λ 624,5 bzw. 602,1 (nach Zusatz von Ammoniak) zukommen.

Dem zweiten Farbstoff, der nach Zustatz von Alkali gelb wird, gehören die Streifen bei λ **573,2** und λ 533,4 in wässeriger Lösung, diejenigen Streifen bei λ **575,2** und 534,8 in alkoholischer Lösung an.

Wenn wir die Farbstoffe in den Tabellen der blauen Farbstoffe suchen, so finden wir, daß der erste Farbstoff seinen Eigenschaften nach sich in der Gruppe II befindet und mit Methylenblau übereinstimmt.

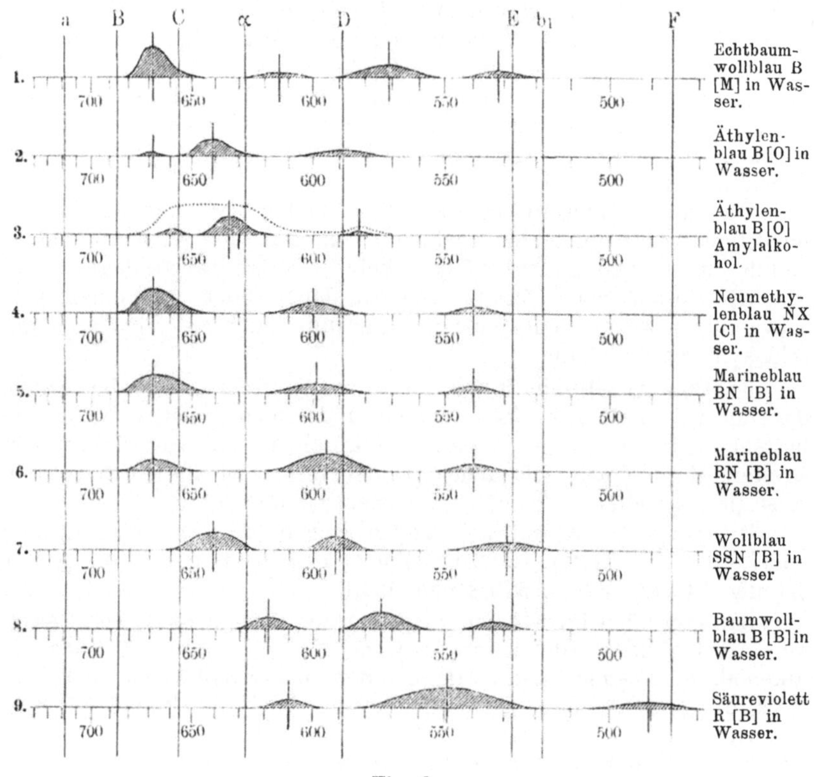

Fig. 3.

Den zweiten Farbstoff finden wir aber seinen Eigenschaften (namentlich Gelbwerden durch Alkali) nach in dieser Gruppe nicht; derselbe muß daher einer anderen Gruppe angehören.

Nun ist die Erscheinung auffallend, daß der Nebenstreifen des ersten Farbstoffes (Methylenblau) sich nach Zusatz von Ammoniak zur neutralen Lösung von λ 614,7 auf λ 609,3 verschiebt, wogegen der Hauptstreifen seine Lage dabei behält. Aus diesem Umstande kann man schließen, daß der Streifen bei λ 614,7 durch Zusammenfließen von zwei naheliegenden Streifen entstanden ist, und daß sich das neugebildete Dunkelheitsmaximum zwischen der Lage der beiden Streifen befindet. Wenn man aber Ammoniak zusetzt, so wirkt dasselbe nur auf den zweiten Farbstoff, der dadurch gelb wird; infolgedessen verändert sich das frühere Absorptionsspektrum in eine einseitige Absorption im Violett und der Nebenstreifen des Methylenblaus tritt nun in seiner richtigen Lage bei λ 609,3 auf.

Aus dieser Erscheinung kann man schließen, daß der zweite Farbstoff noch einen dritten schwachen Absorptionsstreifen haben muß und sein Absorptionsspektrum daher aus drei Streifen besteht, wobei der mittlere Absorptionsstreifen der stärkste ist. Eine solche Form des Absorptionsspektrums entspricht der Gruppe IV a der blauen Farbstoffe. Wenn man den Farbstoff in dieser Gruppe sucht, so findet man, daß derselbe bezüglich seiner spektroskopischen Eigenschaften mit Echtneublau 3 R übereinstimmt.

Demnach besteht das Echtbaumwollblau B aus Methylenblau und Echtneublau 3 R.

Äthylenblau B [O]. Während sich durch mechanische Vorprobe nicht nachweisen läßt, daß Äthylenblau ein Gemisch ist, gelingt dies leicht durch die spektroskopische Untersuchung.

Die wässerige Lösung des Äthylenblaus ist blau und fluoresziert schwach rot; sie zeigt neben dem Hauptabsorptionsstreifen bei **λ 641,0** und dem Nebenstreifen bei λ 589,0 einen schwachen Absorptionsstreifen im Rot bei λ 667,8 der seiner Lage und Form nach dem Methylenblau entspricht (s. Fig. 3, Zeile 2). Verdünnte Säure und Ammoniak verändern das Absorptionsspektrum nicht; nach Zusatz von Kalilauge wird die Lösung violettblau, die Streifen bei λ 641,0 und 589,0 verschwinden und es tritt der Hauptabsorptionsstreifen des Methylenblaus schärfer hervor.

Die äthylalkoholische Lösung des Äthylenblaus ist grünblau und fluoresziert rot; genügend verdünnt zeigt sie neben einem Absorptionsstreifen bei λ 631,5 einen schwachen Absorptionsstreifen links bei λ 657,6, der nach Zusatz von Ammonik schärfer hervortritt, während der Absorptionsstreifen bei λ 631,5 sehr schwach wird und sich auf 636,7 verschiebt. Der Absorptionsstreifen bei λ 657,6 gehört der Form und der Lage nach dem Methylenblau.

Nach Zusatz von verdünnter Säure ändert sich die äthylalkoholische Lösung nicht, nach Zusatz von Kalilauge wird die Lösung violett und die Absorptionsstreifen verschwinden.

Ähnlich wie die äthylalkoholische Lösung verhält sich auch die amylalkoholische Lösung, welche neben einem stärkeren Absorptionsstreifen bei λ 632,8 und einem sehr schwachen Absorptionsstreifen bei λ 582,0 auch einen schmalen Absorptionsstreifen bei λ 658,5 liefert (siehe Fig. 3, Zeile 3) der nach Zusatz von Ammoniak schärfer hervortritt, während gleichzeitig der Absorptionsstreifen bei λ 632,8 schwach wird und sich auf λ 634,8 verschiebt; der schwache Absorptionsstreifen bei λ 582,0 verschwindet. Der Absorptionsstreifen im Rot bei λ 658,5 gehört dem Methylenblau.

Verdünnte Säure verändert die Lösung nicht; Kalilauge bewirkt rote Färbung und das Verschwinden sämtlicher Absorptionsstreifen.

Vergleicht man die Absorptionsspektra des im Äthylenblau B

anwesenden zweiten Farbstoffes mit den Tabellen, so findet man, daß dessen Absorptionsspektra dem Toluidinblau am meisten entsprechen, und daß auch die Reaktionen übereinstimmen.

Neumethylenblau NX [C]. Die mechanische Vorprobe ergab, daß der Farbstoff aus einem grünlichblauen und einem violetten Farbstoffe besteht.

Auch die Lösungen des Neumethylenblaus NX, welche im Spektrum drei ungleich starke Absorptionsstreifen liefern (siehe Fig. 3, Zeile 4) verraten auf den ersten Blick, daß man es mit einem Farbstoffgemische zu tun hat, weil der stärkste Absorptionsstreifen bei genügender Verdünnung schmal und nach rechts verzogen erscheint, während die anderen Absorptionsstreifen symmetrisch sind.

Die Messung der Lage der Absorptionsstreifen sowie die Reaktionen mit Säure und Alkali ergeben, daß der erste Absorptionsstreifen links dem Methylenblau, die zwei anderen Absorptionsstreifen einem Methylviolett angehören; die wässerige Lösung des Neumethylenblaus NX liefert die Absorptionsstreifen bei λ 667,8 (Methylenblau) sowie bei λ 601,5 und λ 540,5 (Methylviolett; s. Seite 26).

Den Nebenstreifen des Methylenblaus λ 609,3 merkt man im Spektrum nicht, weil er mit dem Hauptabsorptionsstreifen des Methylvioletts zusammenfließt. Da das Methylenblau, wie schon bei der allgemeinen Besprechung der Farbstoffgemische bemerkt wurde, nur auf die Lage des Hauptabsorptionsstreifens des Methylvioletts einwirkt, so kann man dieses Methylviolett neben Methylenblau einfach durch Messung der Lage des Nebenstreifens des Methylvioletts genauer bestimmen.

Man kann aber auf Grund der verschiedenen Löslichkeit beide Bestandteile des Neumethylenblaus NX durch Behandeln mit Amylalkohol trennen und somit die Gattung des Methylvioletts leicht feststellen. Zu dem Zwecke werden kleine Mengen des Neumethylenblaus NX in einer Porzellanschale mit Amylalkohol begossen und die Mischung sofort abfiltriert; das Filtrat enthält nur das Methylviolett nebst Spuren von Methylenblau.

In unserem Falle wurde Methylviolett 6 B gefunden. Demnach besteht das Neumethylenblau NX aus Methylenblau und Methylviolett 6 B.

Marineblau BN [B] und **Marineblau RN** [B]. Beide Farbstoffe sind ähnlich zusammengesetzt wie Neumethylenblau NX; sie bestehen auch aus Methylenblau und Methylviolett 6 B, aber in anderen Verhältnissen gemengt.

Während Neumethylenblau NX und Marineblau BN einen Überschuß von Methylenblau enthalten und zwar Neumethylenblau NX mehr Methylenblau als Marineblau BN, enthält Marineblau RN mehr Methylviolett 6 B und weniger Methylenblau. Die Mischungsverhältnisse können durch das Spektroskop erkannt werden, wenn man die Absorptionsspektra der wässerigen Lösungen aller drei Farbstoffe gleichzeitig vergleicht (siehe Fig. 3, Zeile 4, 5 und 6). Der Absorptionsstreifen des Methylenblaus erscheint bei Neumethylenblau NX und

Marineblau BN stark, die Absorptionsstreifen des Methylvioletts erscheinen schwächer; bei Marineblau RN ist der Absorptionsstreifen des Methylenblaus weniger intensiv, die Absorptionsstreifen des Methylvioletts sind dagegen intensiver.

Das Absorptionsspektrum des Neumethylenblaus NX und des Marineblaus BN macht den Eindruck eines Farbstoffes der Gruppe IV, das Absorptionsspektrum des Marineblaus RN den Eindruck der Gruppe IVa blauer Farbstoffe.

Verschiedene Mengen des Methylenblaus in den besprochenen Farbstoffgemischen wirken auch verschieden auf die Änderung der Lage des Hauptabsorptionsstreifens des Methylvioletts. Während der Absorptionsstreifen des Methylvioletts bei Neumethylenblau NX am meisten von seiner ursprünglichen Lage entfernt ist und sich bei λ 601,5 befindet, weil Neumethylenblau NX die größte Menge des Methylenblaus enthält, befindet sich der Absorptionsstreifen des Methylvioletts bei Marineblau BN bei λ 600,2 und bei Marineblau RN bei λ 594,8, weil Marineblau RN weniger Methylenblau enthält als Neumethylenblau NX und Marineblau BN (vgl. auch die Abbildungen Fig. 3).

Bei genauer Beobachtung der Absorptionsspektra dieser Farbstoffgemische sieht man, daß der Nebenstreifen des Methylvioletts 6 B bei λ 540,5 seine Lage in allen drei Fällen nicht ändert, eine Erscheinung, welche schon bei Neumethylenblau NX erwähnt wurde.

Der Nachweis des Methylvioletts im Marineblau BN und RN geschieht, wie bei Neumethylenblau NX angegeben wurde.

Wollblau SSN [B]. Die mechanische Vorprobe ergab, daß der Farbstoff aus einem blaugrünen und einem blauvioletten Farbstoffe bestand.

Die wässerige Lösung des Wollblaus SSN zeigte im Spektrum drei Absorptionsstreifen wie die Farbstoffe der Gruppe IV, und zwar einen starken Absorptionsstreifen bei λ **641,8** und zwei schwächere Absorptionsstreifen bei λ 593,7 und λ 529,4 (siehe Fig. 3, Zeile 7).

Nach Zusatz von verdünnter Säure wurde die blaue Lösung grün, die Absorptionsstreifen bei λ 593,7 und λ 529,4 verschwanden, wogegen der Absorptionsstreifen bei λ 641,8 intensiver wurde und seine Lage nicht veränderte.

Diese Erscheinung ließ vermuten, daß der durch die Säure unveränderte Absorptionsstreifen einem Farbstoffe, die zwei übrigen, durch Säure zum Verchwinden gebrachten Absorptionsstreifen einem anderen Farbstoffe angehören.

In Amylalkohol löste sich Wollblau SSN nur teilweise mit violetter Farbe, und die Lösung zeigte im Spektroskope nur zwei Absorptionsstreifen bei λ 591,0 und λ 544,5. Wurde das Wollblau SSN mit Amylalkohol unter Zusatz von einigen Tropfen verdünnter Salzsäure behandelt, so löste es sich mit blauer Farbe und die Lösung zeigte außer den eben erwähnten Absorptionsstreifen noch einen Absorptionsstreifen bei λ 647,9. Alle diese Erscheinungen zeigten an, daß der in Amylalkohol unlösliche Teil des Wollblaus SSN ein anderer Farbstoff ist als der in Amylalkohol lösliche Teil, und daß derselbe der Lage seines Absorptionsspektrums nach ein blaugrüner Farbstoff sein muß.

Um beide Farbstoffe näher zu bestimmen, trennte man sie zuerst mit Amylalkohol.

Kleine Mengen des Wollblaus SSN wurden in einem Becherglase mit Amylalkohol begossen und die Mischung mit einem Glasstabe umgerührt. Die blauviolette amylalkoholische Lösung wurde nach dem Absetzen des ungelösten Rückstandes abgegossen, in drei Teile geteilt, auf dem Wasserbade abgedampft und dann in Wasser, Äthylalkohol und Amylalkohol gelöst. Die Lösungen zeigten im Spektroskope neben einem stärkeren Absorptionsstreifen einen schwächeren Absorptionsstreifen rechts, wie Gruppe II blauer Farbstoffe. Nach Vergleich des Absorptionsspektrums und der Lage der Absorptionsstreifen mit den Farbstofftabellen wurde gefunden, daß der fragliche Farbstoff dem Säureviolett 3 BN entspricht.

Der in Amylalkohol unlösliche Teil des Wollblaus SSN wurde auf dem Wasserbade mit Amylalkohol wiederholt behandelt, solange sich der Amylalkohol noch schwach violett färbte. Der in Amylalkohol unlösliche Rückstand wurde nach dem Austrocknen in Wasser, Äthylalkohol und unter Zusatz von einigen Tropfen verdünnter Salzsäure in Amylalkohol gelöst. Die blaugrünen Lösungen zeigten im Spektrum einen Absorptionsstreifen mit einem Schatten rechts, wie die grünen Farbstoffe der Gruppe I.

Nach Feststellung der Lage der Absorptionsstreifen, Durchführung der Reaktionen mit Säure und Alkali und nachherigem Vergleichen mit den Farbstofftabellen wurde gefunden, daß der fragliche Farbstoff Blaugrün S[B] ist.

Wer schon eine gewisse Übung hat, dem gelingt es ohne größere Schwierigkeiten beide Farbstoffe ohne vorherige Trennung mit Amylalkohol durch Feststellung der Lage der Absorptionsstreifen, durch Reaktionen mit Säure, Ammoniak und Kalilauge und nachheriges Vergleichen der erhaltenen Resultate mit den Farbstofftabellen direkt nachzuweisen.

Eine ähnliche Zusammensetzung wie Wollblau SSN hat auch **Wollblau S** [B]; dasselbe besteht aus Blaugrün und Säureviolett. Beide Bestandteile lassen sich durch Behandlung mit Amylalkohol trennen.

Baumwollblau B [B]. Die mechanische Vorprobe ergab, daß der Farbstoff aus einem violettblauen und einem grünen Farbstoffe besteht. Die Lösungen dieses Farbstoffgemisches zeigen die Form des Spektrums eines einheitlichen Farbstoffes der Gruppe IVa blauer Farbstoffe (s. Fig. 3, Zeile 8).

Bei der spektroskopischen Untersuchung findet man, daß der Farbstoff mit Baumwollblau R [B] (identisch mit Neublau R [By]) zwar übereinstimmt, aber daß der erste Nebenstreifen des Baumwollblaus B im Vergleiche mit dem Absorptionsspektrum des Baumwollblaus R mehr nach rechts verschoben ist, und zwar befindet sich der erste Nebenstreifen des Baumwollblaus B bei der wässerigen Lösung bei λ 618,3, bei der äthylalkoholischen Lösung bei λ 622,0 und bei der amylalkoholischen Lösung bei λ 622,3.

Diese Verschiebung kann man sich dadurch erklären, daß der Absorptionsstreifen des im Gemische anwesenden grünen Farbstoffes zwischen dem Nebenstreifen und Hauptstreifen des Baumwollblaus R liegt, mit dem Nebenstreifen des Baumwollblaus R jedoch zusammenfließt, wodurch aus dem Absorptionsstreifen des anwesenden grünen Farbstoffes und dem Nebenstreifen des Baumwollblaus R nur ein Absorptionsstreifen entsteht.

Auch durch die Einwirkung von Ammoniak werden die Lösungen des Baumwollblaus B nicht sofort gelb, wie bei Baumwollblau R, sondern anfangs grün und erst dann gelb.

Aus dieser Erscheinung läßt sich auf einen beigemischten grünen Farbstoff schließen, der sich mit Ammoniak erst allmählich entfärbt und somit anfangs die momentane Gelbfärbung der Lösung durch Ammoniak verdeckt.

Um den grünen Farbstoff im Baumwollblau B nachzuweisen, wurden kleine Mengen des Baumwollblaus B in einer Porzellanschale mit Amylalkohol begossen und die Mischung schnell abfiltriert. Das grüne Filtrat wurde in drei Teile geteilt, auf dem Wasserbade abgedampft und dann in Wasser, Äthylalkohol und Amylalkohol gelöst. Die entsprechend verdünnten Lösungen zeigten im Spektroskope einen starken Absorptionsstreifen mit einem gleichmäßigen Schatten rechts wie Gruppe I grüner Farbstoffe; die weitere spektroskopische Untersuchung ergab, daß der fragliche grüne Farbstoff Malachitgrün war.

Demnach besteht das Baumwollblau B aus Baumwollblau R [B] und Malachitgrün.

Nilblau R [B]. Durch mechanische Vorprobe wurde festgestellt, daß Nilblau R aus zwei Farbstoffen, einem blauen und einem violetten besteht.

Nachdem durch eine weitere Vorprobe gefunden wurde, daß der blaue Farbstoff in Amylalkohol schwer, dagegen der violette Farbstoff in Amylalkohol leicht löslich war, so wurden beide Bestandteile des Nilblaus zuerst durch Behandlung mit Amylalkohol getrennt.

Durch weitere spektroskopische Untersuchung einzelner Lösungen, wie es schon bei den oben angeführten Farbstoffgemischen beschrieben worden ist, wurde gefunden, daß das Nilblau R aus Nilblau A und Methylviolett 6 B besteht.

Über den gegenseitigen spektroskopischen Einfluß des Methylvioletts und des Nilblaus A wurde schon gelegentlich der allgemeinen Bemerkungen über Farbstoffgemische gesprochen (s. S. 27).

Formylviolett 6 B und **Formylviolett 10 B** [C]. Schon die mechanische Vorprobe ergab, daß Formylviolett 6 B und 10 B aus einem blauen und einem violetten Farbstoffe bestehen.

Die Lösungen beider Farbstoffgemische zeigten im Spektrum eine unregelmäßige Anordnung der Absorptionsstreifen. Neben einem schmalen, nach rechts verlängerten Absorptionsstreifen im Rot beobachtete man zwei ungleich starke symmetrische Absorptionsstreifen im Gelb.

Der schmale Absorptionsstreifen gehört seiner Lage im Spektrum nach dem Thiokarmin an, die übrigen Absorptionsstreifen dem Formylviolett S 4 B. Das Formylviolett S 4 B konnte man sowohl im Formylviolett 6 B als auch im Formylviolett 10 B durch direkte Bestimmung der Lage der Absorptionsstreifen und Vergleichen der Resultate mit den Tabellen nachweisen.

Was das Thiokarmin anbelangt, so ist dessen Nachweis im Formylviolett 6 B und auch im Formylviolett 10 B nicht schwierig. Der Hauptabsorptionsstreifen des Thiokarmins hat zwar eine ähnliche Form wie der Hauptabsorptionsstreifen des Capriblaus GN, und der Unterschied in den Lagen beider Farbstoffe läßt sich nur mit einem feineren Instrumente feststellen, aber zwischen den Nebenstreifen der wässerigen Lösungen des Capriblaus und des Thiokarmins besteht ein bedeutender Unterschied; der Nebenstreifen des Capriblaus liegt nämlich bei λ 606,7, wogegen der Nebenstreifen des Thiokarmins sich bei λ 613,0 befindet.

Bei unserem Farbstoffgemische merkt man den Nebenstreifen des Thiokarmins im Spektrum direkt nicht, weil er mit dem Absorptionsstreifen des Formylvioletts S 4 B zusammenfließt. Man muß daher durch eine geeignete Reaktion diesen Nebenstreifen zur Erscheinung bringen. Dies gelingt, wenn man zur wässerigen, genügend verdünnten Lösung des Formylvioletts 10 B oder 6 B verdünnte Salzsäure oder Kalilauge zusetzt und eine Weile stehen läßt. Das Formylviolett entfärbt sich allmählich, seine Absorptionsstreifen verschwinden, und da sich das Thiokarmin durch verdünnte Säure oder Kalilauge nicht verändert, tritt neben dem Hauptstreifen des Thiokarmins sein früher verborgener schwacher Nebenstreifen hervor. Bestimmt man die Lage dieses Nebenstreifens, so findet man, daß dieselbe dem Nebenstreifen des Thiokarmins R entspricht.

Da das Formylviolett S 4 B in Amylalkohol weit leichter löslich ist als das Thiokarmin, so kann man durch Behandlung des Formylvioletts 6 B bzw. 10 B mit Amylalkohol beide Bestandteile ziemlich gut trennen und die einzelnen Lösungen spektroskopisch untersuchen.

Das Formylviolett 6 B enthält weniger Thiokarmin und mehr Formylviolett S 4 B, das Formylviolett 10 B enthält mehr Thiokarmin als Formylviolett 6 B, wie es auch die Absorptionsspektra zeigen.

Formylblau [C]. Die mechanische Vorprobe deutete auf einen blaugrünen und auf einen violetten Farbstoff.

Die Lösungen des Formylblaus zeigten eine unregelmäßige Anordnung der Absorptionsstreifen, woraus man auf ein Gemisch geschlossen hat. Durch die spektroskopische Untersuchung des Farbstoffgemisches in verschiedenen Lösungsmitteln ließ sich nach der Form und Lage der Absorptionsstreifen Brillantwalkgrün B und Formylviolett S 4 B nebeneinander direkt nachweisen.

Es besteht also das Formylblau aus Brillantwalkgrün B [C] und Formylviolett S 4 B [C].

Naphthalinblau B [M]. Dieser Farbstoff besteht aus Naphthalingrün und Viktoriaviolett 4 BS. Die mechanische Vorprobe ergibt einen blaugrünen und einen violetten Farbstoff.

Der Nachweis des Naphthalingrüns gelingt durch die direkte spektroskopische Untersuchung des Farbstoffgemisches. Der direkte Nachweis des Viktoriavioletts 4 B S neben Naphthalingrün ist jedoch schwierig, weil durch den Einfluß des Naphthalingrüns der dem Naphthalingrünstreifen näher gelegene Absorptionsstreifen des Viktoriavioletts (welches in der wässerigen Lösung einen Doppelstreifen gibt) nach rechts verschoben wird, wodurch der Charakter des Absorptionsspektrums des Viktoriavioletts verändert wird. Da aber das Viktoriaviolett 4 B S in Amylalkohol unlöslich ist, wogegen das Naphthalingrün in Amylalkohol sich löst, so kann man dadurch beide Farbstoffe voneinander trennen und in dem unlöslichen Rückstand des Viktoriaviolett ohne Schwierigkeiten identifizieren.

Säureviolett R [B]. Die mechanische Vorprobe ergab, daß der Farbstoff aus einem violetten und einem roten Farbstoffe besteht.

Die wässerige, rotviolette Lösung zeigte im Spektrum drei unregelmäßig gelegene Absorptionsstreifen (s. Fig. 3, Zeile 9), die blauviolette alkoholische und violettblaue amylalkoholische Lösung zeigten aber nur zwei ungleich starke Absorptionsstreifen. Das Fehlen des dritten Absorptionsstreifen und der auffallende Unterschied der Farbe zwischen der wässerigen und der amylalkoholischen Lösung ließ vermuten, daß einer von den Bestandteilen des Säurevioletts R in Amylalkohol unlöslich ist.

Es wurden daher kleine Mengen des Säurevioletts R in einem Becherglase mit Amylalkohol begossen, mit einem Glasstabe umgerührt und die klare blauviolette Lösung nach dem Absetzen des unlöslichen Teiles abgegossen. Die amylalkoholische Lösung wurde in drei Teile geteilt, auf dem Wasserbade abgedampft und dann in Wasser, Äthyl- und Amylalkohol gelöst. Die Lösungen zeigten im Spektrum das Absorptionsspektrum der Gruppe II blauer Farbstoffe. Nach der Bestimmung der Lage der Absorptionsstreifen, Durchführung der Reaktionen mit Säure und Alkali und Vergleichen der erhaltenen Resultate mit den Farbstofftabellen wurde gefunden, daß der fragliche Farbstoff mit Säureviolett 7 B [B] übereinstimmt.

Der in Amylalkohol unlösliche Teil des Säurevioletts R wurde auf dem Wasserbade mit Amylalkohol wiederholt ausgelaugt, bis sich der Amylalkohol nur schwach violett färbte. Der getrocknete Rückstand wurde in Wasser, Äthylalkohol und unter Zusatz von einigen Tropfen verdünnter Salzsäure in Amylalkohol gelöst. Die spektroskopische Untersuchung ergab, daß der Farbstoff mit Säurefuchsin (Fuchsin S) übereinstimmt.

Demnach besteht das Säureviolett R aus Säureviolett 7 B [B] und Fuchsin S [B].

Die übrigen, im Handel befindlichen Farbstoffgemische findet man am Schlusse jeder Hauptgruppe in dem Verzeichnisse der Farbstoffe, wo ihre Zusammensetzung, soweit dieselben untersucht worden sind, angegeben worden ist.

Die Untersuchung der auf der Faser fixierten Farbstoffgemische.

Die auf der Faser fixierten Farbstoffe werden ebenso wie die in Substanz vorkommenden Farbstoffe untersucht, man braucht sie nur mit geeigneten Lösungsmitteln von der Faser abzuziehen und die erhaltenen Lösungen zu untersuchen.

Die geeignetsten Lösungsmittel sind reiner Äthylalkohol, gleiche Teile von reinem Äthylalkohol und destilliertem Wasser, ferner 90%ige Essigsäure, gleiche Teile von reinem farblosen Anilin und 90%iger Essigsäure (nicht Eisessig), schließlich Xylol und konzentrierte Schwefelsäure.

Reiner Äthylalkohol nimmt von der Faser im allgemeinen nur basische Triphenylmethanfarbstoffe weg, teilweise Chinonimidfarbstoffe und Akridinfarbstoffe, wogegen Farbstoffe sauren Charakters derselben Gruppen und Azofarbstoffe von reinem Äthylalkohol nur in geringem Maße oder überhaupt nicht aufgenommen werden.

Dagegen löst der mit Wasser verdünnte Äthylalkohol nicht nur basische, sondern auch saure und substantive Farbstoffe.

Die in dieser Richtung vorgenommenen Versuche haben gezeigt, daß die Extrahierbarkeit der Farbstoffe aus der Faser mit der Verdünnung des Äthylalkohols steigt und beim 50%igen Äthylalkohol ihren höchsten Punkt erreicht; bei höherem Wassergehalt nimmt die Löslichkeit der Farbstoffe wieder ab.

Die 90%ige Essigsäure[1]) verhält sich ähnlich wie verdünnter Äthylalkohol, nur wirkt sie oft energischer; sie löst im allgemeinen nicht nur basische und saure, sondern auch solche Farbstoffe, welche erst auf der Faser erzeugt werden, wie z. B. Paranitranilinrot. Dagegen gehen solche Farbstoffe sauren Charakters und zahlreiche Azofarbstoffe in die Essigsäure nur in geringen Mengen über, welche auch in Substanz in Essigsäure wenig oder überhaupt unlöslich sind.

Farbstoffe, welche mit Aluminium, Eisen, Chrom oder Zinn auf der Faser fixiert sind, lösen sich in mit Wasser verdünntem Äthylalkohol nicht, dagegen aber teilweise in Essigsäure, fast vollständig jedoch in Essigsäure, welcher einige Tropfen konz. Salzsäure zugesetzt wurden.

Bei Farbstoffen, bei denen weder Äthylalkohol noch Essigsäure ausreicht, z. B. bei einigen Nitro-, Azo- und Alizarinfarbstoffen (Naphtholgelb, Cyperblau, Säurealizarinblau, Alizarinrot WS usw.) verwendet man mit Vorteil ein Gemisch von gleichen Teilen

1) Siehe Seite 11.

Anilin und 90%iger Essigsäure[1]). Dieses Lösungsmittel eignet sich übrigens für sehr viele Farbstoffe.

Erfahrungsgemäß erhält man mit gleichen Teilen Anilin und Essigsäure die größten Mengen des Farbstoffes in Lösung, während Gemische von Anilin und Essigsäure in anderen Verhältnissen Farbstoffe weniger lösen; dasselbe gilt auch von einem Gemische von Anilin und Eisessig; es hat sich nämlich gezeigt, daß hier stets kleine Mengen von Wasser vorhanden sein müssen, welches die Löslichkeit unterstützt.

Um den Farbstoff von der Faser zu lösen, befeuchtet man ein Stückchen des gefärbten Stoffes mit Wasser und kocht es in einem Kölbchen zuerst mit reinem Äthylalkohol, dann mit einem Gemisch von Äthylalkohol und Wasser (1:1) und zuletzt mit 90%iger Essigsäure. Heißes Wasser nimmt die Farbstoffe von der Faser nur in seltenen Fällen auf.

Wenn alle diese Lösungsmittel nicht ausreichen, dann kocht man den Stoff mit dem oben angegebenen Gemische von Anilin und Essigsäure. Dieses Gemisch muß zu diesem Zwecke immer frisch bereitet werden und es genügen zu einer Auskochung 5 ccm Anilin und 5 ccm Essigsäure.

Durch Anwendung von verschiedenen Lösungsmitteln erzielt man in einzelnen Fällen schon die Trennung der Farbstoffe nach ihrer Löslichkeit. So löst sich z. B. aus einem Gemische von Kresylblau [L] und Methylviolett in reinem Äthylalkohol nur das Methylviolett, wogegen das Kresylblau erst von wässerigem Äthylalkohol oder auch von Essigsäure aufgenommen wird.

Aus einem Gemische von Cyperblau R[A] und Patentblau A[M][2]) wird mit verdünntem Äthylalkohol oder Essigsäure nur der letztere Farbstoff gelöst, während Cyperblau nur von einem Gemisch Anilin und Essigsäure aufgenommen wird.

Aus einem mit Thioninblau GO[M], Methylenviolett 3RA[M] und Azophosphin GO[M] gefärbten Stoffe geht in den wässerigen Äthylalkohol oder Essigsäure nur Thioninblau und Methylenviolett über, während das Azophosphin auf der Faser zurückbleibt und auch mit einem Gemisch von Anilin und Essigsäure nur wenig in Lösung übergeht. Der nach dem Erwärmen mit Anilin und Essigsäure auf der Faser zurückgebliebene Farbstoff, in unserem Falle Azophosphin GO, kann sodann nach dem Abwaschen des Stoffes mit Äthylalkohol und Abtrocknen chemisch auf der Faser nachgewiesen werden.

Die mit verschiedenen Lösungsmitteln gewonnenen Lösungen untersucht man jede für sich auf ihre Absorptionsspektra. Findet man, daß die Absorptionsspektra den gleichen Charakter haben, so vereinigt man die Lösungen, um mehr Material zu haben, teilt das

---

1) Zu diesem Zwecke kann man nur reines farbloses Anilin verwenden; gelb gefärbtes Anilin verdampft auf dem Wasserbade nicht vollständig, sondern läßt einen harzigen Rückstand zurück. Versuche, direkt essigsaures Anilin anzuwenden, führten zu keinen günstigen Resultaten.

2) Aus der Praxis genommene Beispiele.

Gemisch in drei Teile und verdampft auf dem Wasserbade. Die Rückstände werden in Wasser, reinem Äthylalkohol bzw. in Amylalkohol gelöst und spektroskopisch untersucht.

Löst sich der Rückstand auch in heißem Wasser unter Zerreiben mit einem Glasstabe nicht, weil er mit einem Fette oder sonst mit einer Substanz, welche von der Faser gleichzeitig in die alkoholische Lösung übergeht, überzogen ist und dieser Überzug die Auflösung des Farbstoffes in Wasser verhindert, so benetzt man den Rückstand vorteilhaft mit einigen Tropfen Äthylalkohol, setzt dann etwas Wasser zu und kocht, wobei sich der Farbstoff leichter löst.

Hat man die Lösung des Farbstoffes von der Faser nur mit Anilin und Essigsäure erzielt, so braucht man das Lösungsmittel nicht bis zur Trockene abzudampfen, sondern nur auf ein ganz geringes Volumen einzuengen. Von der konzentrierten Lösung wird dann ein Teil mit Äthylalkohol, ein Teil mit Amylalkohol, bzw. ein Teil mit Essigsäure verdünnt und die Lösungen spektroskopisch untersucht. Die geringen Mengen des Anilins und auch das gebildete essigsaure Anilin beeinflussen im großen Überschusse des Lösungsmittels die Lage der Absorptionsstreifen nicht.

Bei direkt ziehenden Farbstoffen findet keine Veränderung des Spektrums durch Auflösung in Äthylalkohol oder Essigsäure statt; diese können daher direkt untersucht werden.

Was den Einfluß der Beizen auf die Spektra der Farbstoffe anbelangt, so ist folgendes zu bemerken: Die Absorptionsspektra basischer Farbstoffe, welche mit Tannin auf der Faser fixiert sind, werden durch dasselbe überhaupt nicht verändert, Farbstoffe, welche mit Aluminium, Eisen, Chrom oder mit Zinn auf der Faser fixiert sind, gehen in die Lösung als Lacke und haben infolgedessen eine andere Lage im Spektrum bzw. eine andere Form des Absorptionsspektrums als die Farbstoffe selbst.

In manchen Fällen hebt man den Einfluß der Beizen dadurch auf, daß man die essigsaure Lösung teilweise verdampft, die Flüssigkeit, welche ein wenig sauer bleiben muß, mit Wasser hinreichend verdünnt und vorsichtig mit Amylalkohol durchmischt. In Amylalkohol löst sich nur der Farbstoff, während die Beize größtenteils zurückbleibt. Die amylalkoholische Lösung wird von der wässerigen Flüssigkeit getrennt, auf dem Wasserbade verdampft, sodann in Wasser, Äthylalkohol bzw. in Amylalkohol gelöst und spektroskopisch untersucht.

In den Fällen, wo sich der Farblack nicht zersetzen läßt, muß man den Befund mit den Spektren von Farblacken vergleichen, wovon später die Rede sein wird.

Man darf auch nicht vergessen, die Lösungen, die man durch Abziehen der Farbstoffe vom Stoffe erhält, auch auf ihre äußeren Merkmale: Fluoreszenz, Dichroismus usw. zu untersuchen (s. S. 21).

Fluoresziert z. B. die Lösung, so kann man nach der Farbe der Fluoreszenz und nach der Beschaffenheit des Absorptionsspektrums der Lösung auf bestimmte Farbstoffgruppen schließen; fluoresziert die Lösung nicht, dann sind alle fluoreszierenden Farbstoffe von vornherein ausgeschlossen, wie Phthaleine, Pyronine, ein Teil der Chinonimid- und Akridinfarbstoffe, sowie einige andere fluoreszierende Farbstoffe.

Mitunter sind die nach dem Auskochen des Stoffes erhaltenen Lösungen von unbestimmter Farbe, z. B. diejenigen, welche durch Auskochen eines mit einem blauen, roten und gelben Farbstoffe gefärbten Stoffes erhalten werden; es fehlt dann jeder Anhaltspunkt zur Bestimmung der Farben der in der Lösung vorhandenen Farbstoffe.

In einem solchen Falle muß man sich vergegenwärtigen, daß die Absorptionsstreifen im Spektrum einer Ergänzungsfarbe desjenigen farbigen Feldes entsprechen, in welchem sich die Absorptionsstreifen befinden. Wenn also eine solche Lösung einen Absorptionsstreifen im orangegelben Felde, einen Absorptionsstreifen im grünen Felde und einen Absorptionsstreifen bzw. eine einseitige Absorption in Violett liefert, dann befindet sich in der Lösung ein blauer, ein roter und ein gelber Farbstoff.

Zur annähernden Bestimmung der Farbe der in der Lösung vorhandenen Farbstoffe nach der Lage der Absorptionsstreifen dient die im I. Teile des Buches S. 19 angeführte Tabelle, welche die Einteilung des Spektrums nach den farbigen Feldern und denselben entsprechenden Farbstoffen zeigt.

Es folgt daraus, daß der Vergleich der Lösung mit ihrem Absorptionsspektrum auch als ein guter Behelf zur Beurteilung dienen kann, ob ein Farbstoffgemisch vorliegt oder nicht.

In gewissen Fällen gestaltet sich allerdings der Nachweis gewisser unlöslicher Farbstoffe auf der Faser deshalb anders, weil dieselben in den üblichen, oben erwähnten Abziehmitteln oder Lösungsmitteln kaum löslich sind. Dies ist z. B. der Fall bei den direkt auf der Faser erzeugten Azofarben (p-Nitranilinrot, α-Naphthylamingranat usw.) sowie bei den in neuerer Zeit gebrauchten Küpenfarbstoffen.

Nach den bisher gemachten Erfahrungen kommt für Naphtholazofarben hauptsächlich die konzentrierte Schwefelsäure in Betracht, welche diese Farbstoffe glatt von der Faser mit charakteristischer Farbe löst; die genannten Farbstoffe ergeben in diesem Lösungsmittel meistens ausgeprägte Absorptionsspektra, welche sich gut messen lassen.

Zwar können die Naphtholazofarben auch mit gewissen organischen Lösungsmitteln (Eisessig, Benzol, Xylol usw.) abgezogen werden, doch sind im allgemeinen die Spektren in diesen Lösungen etwas unscharf.

Eine besondere Gruppe bilden weiter die sogenannten Küpenfarbstoffe, die nach der Art des Indigos auf die Faser gefärbt werden und auf dieser ohne Beize oder Zwischenkörper befestigt werden.

Indigoide Küpenfarbstoffe lassen sich in vielen Fällen durch ihre Sublimierbarkeit erkennen, die auch auf der Baumwollfaser nachweisbar ist.

Für solche Farbstoffe ist in vielen Fällen Xylol ein brauchbares Abziehmittel, um so mehr als eine große Anzahl derselben in diesem Lösungsmittel gut meßbare Spektren ergeben (Cibagrün B, Cibablau 2 B, Cibaviolett 3 B, Indigo, Thioindigorot B, Helindonrot B, Cibabordeaux B, Cibaheliotrop B usw.).

Die Küpenfarbstoffe der Anthrachinonreihe zeigen nicht die Sublimierbarkeit, auch ist deren Löslichkeit in Xylol meist so gering, daß dieses als Abziehmittel kaum in Betracht kommen kann. Es kann daher zweckmäßig wieder konzentrierte Schwefelsäure zur Verwendung kommen, da viele dieser Farbstoffe in diesem Lösungsmittel entweder direkt, oder nach Zusatz von Borsäure gut meßbare Spektren zeigen (Algolgrün, Algolrot B, Algolrosa, Indanthrenrot usw.).

Auch die Küpe, die man erhält, wenn man die Färbungen mit Natriumhydrosulfit und Natronlauge abzieht, kann in gewissen Fällen gute Dienste leisten. So ergeben z. B. gute Spektren: die fuchsinrote Küpe des Indanthrengoldorange G [B], die rotviolette Küpe von Indanthrendunkelblau BO [B], die blaue Küpe von Indanthrenviolett 2 R extra [B], die dunkelblauviolette Küpe des Flavanthrens usw.

Durch Vergleich der erhaltenen Spektren mit denen, die mit Hilfe der Farbstoffe in Substanz selbst erhalten werden und die in den Tabellen an passender Stelle verzeichnet sind, erkennt man ohne allzugroße Schwierigkeit die betreffenden Farbstoffe.

Wenn Mischungen solcher Farbstoffe vorliegen, so können sie an der Anordnung der Absorptionsstreifen im Spektrum erkannt werden und wir verweisen daher auf das früher Gesagte.

Einen ganz besonderen Fall bilden nun weiter die Farbstoffe, die mit Hilfe von Beize auf der Faser befestigt sind. Als Beizenfarbstoffe sind hierbei nicht nur diejenigen Farbstoffe zu berücksichtigen, die auf mit Metalloxyden beladenen, sogenannten gebeizten Fasern (also auf Vorbeize) aufgefärbt werden, sondern auch alle Farbstoffe, die durch nachträgliche Metallsalzbehandlung (Bichromat, Fluorchrom, Kupfersulfat usf.) in Lacke überführt werden.

Hier sind vor allem zwei Hauptgruppen von Lacken zu unterscheiden: 1. solche, aus welchen der Farbstoff nach geeigneter Behandlung als solcher isoliert werden kann; 2. solche, bei denen eine Abscheidung des Farbstoffes in einfacher Weise nicht möglich ist.

Ein gutes Beispiel für den ersten Fall bietet das Alizarinrot (Tonerde-Kalk-Fettlack des Alizarins). Durch Behandlung mit mäßig konzentrierter Säure in der Wärme wird der rote Lack zerstört und das Alizarin in Freiheit gesetzt, was sich durch den Umschlag nach Gelb äußert. Das Alizarin läßt sich nun in bekannter Weise charakterisieren; man kann es z. B. durch Behandeln mit wässeriger Kalilauge in Lösung bringen; die rotviolette Lösung zeigt dann drei charakteristische Absorptionsstreifen bei λ 610,8, 566,5 und 527,6.

Zur zweiten Gruppe von Lacken gehören vornehmlich die Chromfarbstoffe, welche durch Vermittlung von Chrombeize fixiert wurden (Alizarinblau, Coerulein, Phenocyanine usf.) und die Chromentwickelungsfarben: Chromotrope, Säure-Alizarinfarben, Säure-Anthrazenfarben usw.), die durch Behandlung mit Bichromat entwickelt werden.

Es gelingt bei diesen Lacken nicht mehr durch Behandlung mit Säuren den Lack zu zerstören, sondern es liegt offenbar ein komplexes Molekül vor, in dem das Metall in sehr energischer Weise an das organische Radikal gebunden ist. Diese Lacke lösen sich in konzentrierter Schwefelsäure auf und man erhält beim Abziehen der erwähnten Färbungen eine Lösung, welche nicht das Spektrum des Farbstoffes selbst, sondern das Spektrum seines Chromlackes, das erheblich verschieden und mitunter auch bedeutend schärfer sein kann.

So liefert Chromotrop FB [M] in Wasser, Äthylalkohol oder Essigsäure rote Lösungen, in konzentrierter Schwefelsäure eine violettblaue Lösung, und alle zeigen ein unscharfes Absorptionsspektrum. Der Chromlack dagegen, der von der Faser mit 90%-iger Essigsäure unter Zusatz einiger Tropfen konzentrierter Salzsäure heruntergelöst werden kann, zeigt in dieser Lösung ein scharfes, aus drei Streifen bestehendes Spektrum bei λ 620,4, 575,3 und 535,7.

In konzentrierter Schwefelsäure löst sich der Chromlack mit blauer Farbe und auch diese Lösung zeigt drei scharfe Absorptionsstreifen bei λ 615,0, 570,3 und 531,7.

Die Form des Absorptionsspektrums in Schwefelsäure entspricht vollkommen derjenigen in Essigsäure, bloß die Lage der Streifen ist der verschiedenen Brechbarkeit beider Lösungsmittel entsprechend, verschoben. Ähnlich verhalten sich auch andere Chromfarbstoffe[1]).

Um diesem Umstande Rechnung zu tragen sind daher später an geeigneter Stelle die Absorptionsspektra der Chromlacke, soweit solche von den Absorptionsspektren der Farbstoffe abweichen, zusammengestellt. Bei der Untersuchung von gefärbten Fasern ist, daher dementsprechend vorzugehen.

Man wird sich z. B. in zweifelhaften Fällen durch eine einfache Probe (Schmelzen mit Soda und Kaliumnitrat) von der Gegenwart eines Chromlackes überzeugen und sich nach dem erhaltenen Resultate die weitere Untersuchung des Farbstoffes entsprechend einrichten.

Untersuchung gefärbter Gegenstände und von Nahrungs- und Genußmitteln.

Der Nahrungsmittelchemiker hat nicht selten die Aufgabe, die Färbung verschiedener Gegenstände, als Spielzeug, Wein, Liköre, Essig, Rum usw. zu untersuchen. Man muß daher vor allem auf irgendwelche Weise den Farbstoff dem Gegenstande entziehen. Das Verfahren ist verschieden, je nachdem der zu untersuchende Gegenstand fest oder flüssig ist.

Im ersten Falle zieht man den fraglichen Farbstoff in ähnlicher Weise ab wie von der Faser. Das zu verwendende Lösungsmittel wird durch eine Vorprobe ermittelt.

---

1) Siehe ein Beispiel bei Alizarinblau, I. Teil, S. 225.

Zuckerwaren, soweit dieselben in der Masse gefärbt sind, zerreibt man in einer Porzellanschale, sonst wird der Farbstoff bloß von der Oberfläche abgeschabt; man extrahiert das gewonnene Pulver mit absolutem Äthyl- oder Amylalkohol, eventuell unter Zusatz von einigen Tropfen verdünnter Salzsäure und erwärmt, wenn es nötig ist, gelinde auf dem Wasserbade.

Man kann zwar die Zuckerwaren auch in Wasser lösen und direkt spektroskopisch untersuchen, da der Zucker auf das Absorptionsspektrum keinen Einfluß hat, derselbe kann aber die eventuell nötige chemische Reaktion mit Säure oder Alkali stören.

Dagegen verwendet man die durch direkte Behandlung der Zuckerware mit Wasser erhaltene Farbstofflösung zur spektroskopischen Vorprüfung.

Kommt eine Flüssigkeit, z. B. ein Likör, Wein usw. zur Untersuchung, so beobachtet man dieselbe zuerst direkt spektroskopisch in verschieden dicken Schichten; dabei muß man feststellen, ob die Lösung neutral, sauer oder alkalisch reagiert.

Enthält die Flüssigkeit viel Zucker, so dampft man sie auf dem Wasserbade bis zur Sirupdicke ab und scheidet den Zucker durch Zusatz von absolutem Äthylalkohol ab.

Die alkoholische Lösung wird wieder von neuem auf dem Wasserbade eingedickt und nach Bedarf, wenn der Zucker noch weiter abgeschieden werden soll, nochmals mit absolutem Äthylalkohol behandelt, um den Zucker möglichst abzuscheiden.

Mitunter läßt sich der Farbstoff der Lösung durch Ausschütteln mit Amylalkohol, wenn nötig unter Zusatz von einigen Tropfen verdünnter Salzsäure entziehen; auch Äther kann bei sauren Lösungen in einigen Fällen gute Dienste leisten.

Ein anderer Weg, den Farbstoff zu isolieren, ist auch der, daß man mit der verdünnten Flüssigkeit Wolle oder Baumwolle eventuell unter Zusatz von wenig Essigsäure auf dem kochenden Wasserbade ausfärbt und nachher den Farbstoff mit einem passenden Lösungsmittel von der Faser wieder abzieht.

Bei der Untersuchung der natürlichen Fruchtsäfte oder des Weines, auf einen Zusatz von roten Azofarbstoffen, macht der direkte Nachweis insofern Schwierigkeiten, als das Absorptionsspektrum der Fruchtsäfte bzw. des Weines sich mit dem Absorptionsspektrum der verwendeten Azofarbstoffe fast decken kann.

In einem solchen Falle versetzt man die Lösung mit verdünntem Ammoniak, wodurch das Absorptionsspektrum des natürlichen Farbstoffes verändert wird, und zwar so, daß es regelmäßig ins Rot verschoben wird, während das Absorptionsspektrum des roten Azofarbstoffes, der im Grün absorbiert, unverändert bleibt.

So zeigt z. B. ein natürlicher Himbeersaft im grünen Teile des Spektrums einen breiten Absorptionsstreifen; setzt man zu dem Safte einige Tropfen von verdünntem Ammoniak hinzu, so wird der Saft graugrün, der breite Absorptionsstreifen des Himbeersaftes im Grün verschwindet und dieser Teil des Spektrums hellt sich auf; gleichzeitig entsteht ein neues Absorptionsspektrum im Rot, welches dem veränderten Farbstoffe des Himbeersaftes angehört. Wurde aber der Saft künstlich, z. B. mit Bordeaux [By], nachgefärbt, so nimmt zwar nach Zusatz von Ammoniak die Intensität der Absorption im allgemeinen ab, das Grün des Spektrums bleibt aber durch die bleibende Absorption des Bordeaux mehr oder weniger verdunkelt. Dieses Verfahren kann wohl nur bei den künstlichen Farbstoffen angewendet werden, welche durch Ammoniak unverändert bleiben.

Man kann auch so verfahren, daß der Farbstoff auf Wolle aufgefärbt und dann mit konzentrierter Schwefelsäure abgezogen wird. Übrigens können sich die Verfahren, nach denen man den Farbstoff aus einem Nahrungs- bzw. Genußmittel isoliert, mannigfaltig gestalten, was von der Geschicklichkeit und Erfahrung jedes Chemikers abhängig sein wird.

Da in diesem Buche nur künstliche Farbstoffe behandelt werden, und die Nahrungs- und Genußmittel oft auch mit natürlichen Farbstoffen gefärbt werden, so verweise ich auf meine qualitative Spektralanalyse, in welcher natürliche Farbstoffe ausführlich besprochen werden[1]).

---

1) J. Formánek, Qualitative Spektralanalyse anorg. und organ. Körper. 2. Auflage, Berlin 1905.

Tabellarische Einteilung und Beschreibung der Farbstoffe.

Wie schon auf Seite 20 erörtert wurde, sind in den nachfolgenden Tabellen einzelne Farbstoffe nach ihrem spektroskopischen Verhalten zusammengestellt und sämtliche Farbstoffe, welche g l e i c h e Form ihrer Absorptionsspektra haben, in e i n e Gruppe eingereiht. Gleichzeitig werden charakteristische Merkmale jeder einzelnen Gruppe vorausbeschrieben und in der Rubrik „Anmerkung" bzw. zum Schlusse zu jeder Gruppe eventuell nötige Bemerkungen zugefügt.

Da es sich um eine Zusammenstellung auf spektroskopischer Grundlage handelt, kommen, wie schon erwähnt, alle diejenigen Farbstoffe in eine Gruppe zusammen, welche eine gleiche Form des Absorptionsspektrums besitzen. Innerhalb der Gruppe selbst sind die Farben nach der Wellenlänge des Absorptionsstreifens oder nach dem Hauptstreifen (wenn das Absorptionsspektrum aus mehreren Streifen besteht) der wässerigen Lösung angeordnet, um die Auffindung möglichst zu erleichtern.

In der Anordnung der Farbstoffe wiegt demnach das spektroskopische Prinzip vor, immerhin wurden, soweit als möglich die chemischen Gruppen berücksichtigt.

Da, wie im ersten Teile des Buches ausführlich auseinandergesetzt wurde, eine nahe Beziehung zwischen Konstitution und Absorptionsspektrum besteht, so kommt gleichzeitig auch die chemische Verwandtschaft zum Ausdrucke und zwar so, daß z. B. die Diaminotriphenylmethanfarbstoffe vereinigt sind, ebenso findet man die Diphenylnaphthylmethanfarbstoffe nahe beieinander, ferner die Triaminotriphenylmethanfarbstoffe, die Thiazinfarben, Oxazinfarben, Alizarinfarbstoffe usw. in einzelnen Gruppen bzw. Untergruppen beisammen untergebracht, wodurch das Auffinden eines Farbstoffes bedeutend erleichtert wird.

Doch sei gleich bemerkt, daß sich die Einteilung der Farbstoffe nach diesen beiden Gesichtspunkten nicht immer streng durchführen ließ, da aus den bereits angeführten Gründen bei der Anordnung der Farbstoffe vor allem das spektroskopische Verhalten entscheidend war.

Die in den Tabellen angeführten Spektren beziehen sich auf diejenigen Handelsprodukte, von welchen angenommen werden konnte, daß es einheitliche Produkte seien.

Es ist hierbei wohl zu beachten, daß die technischen Farbstoffe keine chemische Individuen darstellen müssen, da bei deren Herstellung, sei es infolge der wechselnden Reinheit der Ausgangsprodukte, sei es auch infolge von Nebenreaktionen, analoge, homologe, isomere oder ganz verschiedene Verbindungen entstehen können.

Es ist daher nicht ausgeschlossen, daß die reine chemische Farbstoffverbindung mitunter Abweichungen vom technischen Farbstoff zeigen wird.

So sei z. B. das Methylengrün erwähnt, das bekanntlich aus Methylenblau durch Nitrieren resp. Nitrosieren hergestellt wird. Ist die Umwandlung des Methylenblaus in Methylengrün unvollständig, so erhält man ein Absorptionsspektrum, welches die charakteristische Form des Methylenblaus resp. des Methylengrüns zeigt, dessen Lage jedoch je nach dem Verhältnis der vorliegenden beiden Farbstoffe verschieden sein kann (s. S. 30).

Einheitlich sind daher vom technischen Standpunkte aus die Farbstoffe, bei denen in vorwiegender Menge eine einzige chemische Verbindung den Hauptbestandteil darstellt, wenn auch nicht ausgeschlossen ist, daß infolge von Nebenreaktionen oder infolge unreiner Ausgangsmaterialien wechselnde, aber immer geringe Mengen anderer gefärbten Verbindungen vorkommen.

Die größere oder geringere Konzentration, der Zusatz eines ungefärbten Kupierungsmittels, der salzbildende Bestandteil, an welchen der färbende Bestandteil im käuflichen Farbstoffe gebunden ist usw., sind für die Ausbildung des Spektrums belanglos, so daß oft verschiedene Marken derselben Fabrik dasselbe Absorptionsspektrum zeigen, also unter derselben Rubrik eingereiht werden.

Auch werden zur Einstellung auf Type mitunter geringere Mengen anderer Farbstoffe zugefügt, welche praktisch die Einheitlichkeit nicht aufheben.

So enthält das Neptungrün S [B] noch einen anderen grünen Farbstoff und streng genommen, sollte man es als ein Gemisch behandeln. Da aber sein Absorptionsspektrum der Type der grünen Farbstoffe Gruppe I entspricht und sich von den Spektren anderer reiner Farbstoffe in derselben Gruppe wesentlich unterscheidet, so mußte man es auch in den Tabellen anführen.

Ebenso mußten in die Tabellen, welche hauptsächlich für die Praxis bestimmt sind, doch noch gewisse Farbstoffgemische aufgenommen werden.

So sollte man z. B. das Triazolgrün G [O], weil es einen rotbraunen Farbstoff in größeren Mengen beigemischt enthält, als ein Gemisch von den Tabellen ausschließen. Da aber der rotbraune Farbstoff das Absorptionsspektrum des grünen Farbstoffes nicht beeinträchtigt und dasselbe mit keinem in den Tabellen angeführten Spektren von reinen Farbstoffen übereinstimmt, so mußte das Triazolgrün G in die Tabellen aufgenommen werden, sonst würde man den Farbstoff dort nicht finden; natürlich wird dabei in den Tabellen eine entsprechende Bemerkung gemacht.

Man muß hier nämlich auch von dem Prinzipe ausgehen, daß

jeder Farbstoff ein bestimmtes Spektrum gibt, nach welchem er erkannt werden kann.

Dagegen wurden solche Farbstoffgemische von der Aufnahme in den Tabellen ausgeschlossen, bei denen zwei oder mehrere Komponenten in größeren Mengen absichtlich aus verschiedenen Gründen gemischt wurden und man diese Komponenten in den Tabellen finden kann, wie z. B. ein Gemisch von Methylenblau und Methylviolett (Marineblau BN [B]). Derartige Farbstoffmischungen werden am Schlusse jeder Hauptgruppe in einem Verzeichnis angeführt.

Es gibt nun eine Reihe von Farbstoffen, die identisch sind, aber unter verschiedenen Namen in den Handel gebracht werden. Dieselben sind natürlich zusammen in einer und derselben Rubrik untergebracht worden, sobald aus der Form des Absorptionsspektrums und den gesamten Reaktionen geschlossen werden konnte, daß sie identisch sind.

Es ist allerdings auch der Fall eingetreten, daß zwei Handelsfarbstoffe einander sehr ähnlich waren, daß aber immerhin geringe Differenzen in der Lage des Absorptionsspektrums oder in den chemischen Reaktionen aufgetreten sind, die ohne eingehende Untersuchung nicht gestatteten, sich über Identität der beiden mit Sicherheit auszusprechen. Eine solche Variation in der Lage des Absorptionsspektrums kann, wie schon oben erwähnt wurde, von der Verunreinigung der Ausgangsprodukte oder von den Abweichungen im Verfahren herrühren.

Um die Tabellen möglichst einfach und übersichtlich zu gestalten, wurden in einigen Fällen, trotz kleiner Unterschiede mehrere Farbstoffe in einer und derselben Rubrik untergebracht, wenn auch die Annahme berechtigt war, daß es sich nur um nahe verwandte Produkte handelt. In diesen Fällen beziehen sich übrigens die angeführten Messungen stets auf den ersten Farbstoff der Rubrik.

Beim Vergleiche von Farbstoffen aus verschiedenen Fabriken ist noch folgendes zu beachten: Bei identischen Farbstoffen müssen nicht nur die direkt erhaltenen Absorptionsspektren identisch sein, sondern es müssen auch die chemischen Reaktionen vollkommen übereinstimmen. Ferner müssen die durch den Einfluß der Reagenzien veränderten Spektren ebenfalls Übereinstimmung zeigen. Nur in einem solchen Falle kann von einer Identität gesprochen werden. Daß in gewissen Fällen dieser Nachweis Schwierigkeiten bieten wird, war zu erwarten; man wird aber durch sorgfältigen Vergleich entscheiden, ob eine Abweichung im Befunde die Identität zuläßt oder ausschließt.

Sehr zweckmäßig ist es natürlich, in solchen Fällen in der Weise zu verfahren, daß man das Fadenkreuz des Fernrohrokulars auf den Absorptionsstreifen scharf einstellt, dann die Lösung wegnimmt und darauf die ungefähr gleich verdünnte Lösung des zweiten Farbstoffes vor den Spalt des Spektroskopes einsetzt. Dabei soll der Absorptionsstreifen der zweiten Lösung ungefähr so dunkel sein, wie derjenige der ersten Lösung. Sind beide Farbstoffe identisch, so muß das Fadenkreuz ebenfalls richtig auf den Absorptionsstreifen eingestellt sich vorfinden. Man wiederholt diese Versuche nicht nur in wässeriger Lösung sondern auch in anderen Lösungsmitteln, wobei sich dieselbe Übereinstimmung zeigen muß. In je mehr Fällen die Übereinstimmung vorhanden ist, um so größer ist die Sicherheit des Befundes.

Am Schlusse der Tabellen befindet sich bei jeder Hauptgruppe ein möglichst vollständiges Verzeichnis, in welchem sich nicht nur die in den Tabellen angeführten Farbstoffe vorfinden, sondern auch solche, welche sich spektroskopisch nicht gut charakterisieren lassen, ferner Farbstoffe, welche andere Farbe in der Lösung zeigen als auf der Faser und schließlich, wie schon vorher gesagt wurde, Farbstoffgemische.

Neben den Handelsnamen der Farbstoffe sind eingeklammert Abkürzungen beigefügt, welche die Fabriken bezeichnen, aus denen die Farbstoffe stammen und zwar bedeutet:

[A] Aktiengesellschaft für Anilinfabrikation in Berlin.
[B] Badische Anilin- und Sodafabrik in Ludwigshafen a. Rh.
[By] Farbenfabriken vorm. Fr. Bayer & Co. in Elberfeld.
[C] Farbenfabrik L. Cassella & Co. in Frankfurt a. M.
[CJ] Anilinfarbenfabrik Carl Jäger in Düsseldorf-Derendorf.
[D] Farbenfabrik Wülfling, Dahl & Co. in Barmen.
[DH] Farbwerke vorm. L. Durand, Huguenin & Co. in Basel.
[G] Anilinfabriken vorm. J. R. Geigy & Co. in Basel.
[H] Red Holliday Sons, Limited, in Huddersfield.
[J] Gesellschaft für chemische Industrie in Basel.
[K] Farbenfabrik Kalle & Co. in Biebrich am Rhein.
[L] Farbwerk Mülheim vorm. A. Leonhard & Co. in Mülheim a. M.
[LD] Lepetit, Dolfuß & Ganser in Susa, Italien.
[M] Farbwerke vorm. Meister, Lucius und Brüning in Höchst am Main.
[O] Chemische Fabrik Griesheim-Elektron, Frankfurt a. Main, Werk Oehler.
[OSF] Erste österreichische Sodafabrik in Hruschau, Schlesien.
[P] Société anonyme des matières colorantes et produits chimiques de St. Denis (Poirrier und G. Dalsace).
[S] Chemische Fabrik vorm. Sandoz & Co. in Basel.
[t.M] Chemische Fabriken vorm. Weiler-ter-Meer in Uerdingen a. Rhein.

Grüne Farbstoffe.

Einteilung der grünen Farbstoffe in Gruppen.

In dieser Hauptgruppe werden sämtliche Farbstoffe angeführt, welche sowohl als Substanz gelöst als auch von der Faser abgezogen, grüne oder blaugrüne Lösungen geben, oder aber in Wasser blau, in den übrigen Lösungsmitteln jedoch grün bzw. blaugrün erscheinen; diese Farbstoffe werden nach der Beschaffenheit ihres Absorptionsspektrums in sechs Gruppen eingeteilt.

Farbstoffe, welche grün färben und deren Lösungen jedoch eine andere Farbe haben als grün, findet man in den übrigen Gruppen vor, also entweder in blauen, roten, bzw. in gelben Farbstoffen; solche Farbstoffe sind aber auch zur Information im Verzeichnisse grüner Farbstoffe angeführt.

Gruppe I. In diese Gruppe gehören jene Farbstoffe, welche sowohl in Wasser als auch in Äthylalkohol, Amylalkohol, bzw. in Essigsäure gelöst, bei einer mäßigen Verdünnung der Lösung ein Absorptionsspektrum liefern, welches aus einem Absorptionsstreifen, der mit einem gleichmäßigen schwachen Schatten rechts begleitet ist, besteht. Durch starke Verdünnung der Lösung verschwindet der Schatten rechts und der Streifen erscheint als ein symmetrischer ziemlich schmaler Streifen (s. Tafel I, Gruppe I).

Farbstoffe dieser Gruppe zeichnen sich im allgemeinen dadurch aus, daß ihre Lösungen entweder mit Säure oder mit Alkali oder mit beiden entfärbt oder aber mit Alkali blau werden; einige sind in Amylalkohol löslich, andere wieder, namentlich Farbstoffe sauren Charakters, sind in Amylalkohol unlöslich.

In manchen Fällen wird man nicht sicher entscheiden können, ob man den Farbstoff dem Farbton seiner Lösung nach unter grüne oder unter blaue Farbstoffe einreihen soll. In einem solchen Falle muß man auch in der Gruppe I blauer Farbstoffe nachschauen, wenn man den Farbstoff in der Gruppe I der grünen Farbstoffe nicht findet (siehe S. 18 u. 9).

So könnte man z. B Neusolidgrün 3B [J] der Farbe seiner Lösung nach auch unter blaue Farbstoffe einreihen, da der Farbton der Lösung nicht ausgesprochen grün ist. Es sei auch bemerkt, daß dieser Farbstoff bezüglich seiner spektroskopischen Eigenschaften dem Türkisblau GL [By] sehr ähnlich ist.

Die in diese Gruppe eingereihten Farbstoffe sind hauptsächlich Triphenylmethanfarbstoffe, und zwar Diaminotriphenylmethanfarbstoffe, sowie solche Triaminotriphenylmethanfarbstoffe, deren Aminogruppe sich in Meta- oder Orthostellung zum Methankohlenstoff befindet; Lösungen letzterer Farbstoffe zeigen im Spektrum neben dem Hauptstreifen noch einen kaum merkbaren schmalen

Streifen rechts, der aber keinen ausgesprochenen Charakter eines Nebenstreifens hat, wie z. B. Echtgrün extra [By].

Außerdem gehören hierher noch Diaminodiphenylnaphthylmethan-Farbstoffe (Naphthalingrün V [M], Wollgrün BS [By] usw. und Cibagrün G [J]).

Gruppe II. In diese Gruppe gehören jene Farbstoffe, deren wässerige und alkoholische, bzw. auch die amylalkoholische und essigsaure Lösung ein Absorptionsspektrum zeigt, welches im allgemeinen aus zwei Streifen besteht, und zwar entweder aus einem starken (Hauptstreifen) und einem schwachen (Nebenstreifen) rechts oder aber aus einem Doppelstreifen, d. i. aus zwei naheliegenden, gleich oder fast gleich intensiven Absorptionsstreifen[1]) besteht (siehe Tafel I, Gruppe II). Die Absorptionsstreifen sind regelmäßig symmetrisch.

Wässerige Lösungen mancher Farbstoffe dieser Gruppe geben ziemlich verschwommene Absorptionsstreifen (Direktgrün B [J] gibt in Wasser ganz verschwommene Absorptionsstreifen), alkoholische Lösungen dagegen geben genügend scharfe und gut meßbare Absorptionsstreifen. Bei der wässerigen Lösung von Sultangrün N [H], Benzodunkelgrün GG [By], Benzogrün FF [By] usw. erscheint zuerst der zweite Streifen (rechts) stärker als der erste Streifen und erst nach genügender Verdünnung wird der erste Streifen zum Hauptstreifen und der zweite zum Nebenstreifen.

Bei frischen wässerigen Lösungen tritt mitunter die schon im ersten Teile dieses Buches, S. 25, erwähnte Erscheinung ein, daß sich das Absorptionsspektrum nach einigem Stehen etwas nach rechts oder nach links verschiebt; diese Verschiebung ist bei den diesbezüglichen Farbstoffen in den Tabellen angegeben.

Da sich die Absorptionsspektra vieler Farbstoffe dieser Gruppe im äußersten Rot befinden, so muß man den Spalt des Spektralapparates mehr als gewöhnlich öffnen, um die Streifen deutlicher beobachten zu können (siehe S. 1).

Gruppe III. Diese Gruppe bilden jene Farbstoffe, welche in wässeriger Lösung zwei oder drei, in äthyl- und amylalkoholischer Lösung aber stets drei unsymmetrische Absorptionsstreifen von verschiedener Intensität aufweisen; der erste Streifen links ist immer der stärkste (siehe Tafel I, Gruppe III). Der zweite Nebenstreifen rechts ist oft so schwach, daß er nur bei einer solchen Konzentration der Lösung sichtbar ist, bei welcher die beiden ersten Absorptionsstreifen beinahe zusammengeflossen erscheinen.

Bei einer gewissen Konzentration erscheinen der erste und der mittlere Absorptionsstreifen anscheinend als zwei symmetrische, gleich intensive Streifen und neben ihnen rechts ein kaum sichtbarer Nebenstreifen (siehe Figur); durch starke Verdünnung nimmt aber die Intensität der Streifen nach und nach ab und dieselben erscheinen dann bedeutend schmäler und gewöhnlich unsymmetrisch.

Gruppe IV. In diese Gruppe gehören jene Farbstoffe, deren wässerige Lösungen im Spektrum nur einen breiteren, symmetrischen oder unsymmetrischen Absorptionsstreifen geben, der nach rechts oder nach links verlängert sein kann (siehe Tafel I, Gruppe IV). Alkoholische Lösungen können einen oder zwei Absorptionsstreifen von verschiedener Form zeigen.

Farbstoffe dieser Gruppe geben meistens ziemlich verschwommene Absorptionsspektra, so daß ihr Dunkelheitsmaximum mitunter bedeutend undeutlich ist.

---

[1]) Diamantgrün SS [By] zeigt in wässeriger Lösung zwei Absorptionsstreifen, von denen der zweite rechts etwas intensiver zu sein scheint.

Gruppe V. In diese Gruppe werden jene Farbstoffe eingereiht, deren wässerige Lösungen im Spektrum zwei Absorptionsstreifen, und zwar einen stärkeren, gewöhnlich unsymmetrischen und sich nach rechts verlierenden Absorptionsstreifen und einen schwächeren Absorptionsstreifen links zeigen (siehe Tafel I, Gruppe V). Das Absorptionsspektrum der alkoholischen Lösung hat entweder dieselbe Form, wie das der wässerigen Lösung oder es besteht aus zwei gleichen Streifen.

Auch die in dieser Gruppe befindlichen Farbstoffe geben verschwommene Absorptionsspektra mit ziemlich undeutlichem Dunkelheitsmaximum.

Gruppe VI. Diese Gruppe bilden jene Farbstoffe, deren wässerige Lösungen keine Absorptionsstreifen, sondern nur eine einseitige Absorption entweder im Rot oder im Blauviolett, bzw. beiderseits im Spektrum geben; alkoholische Lösungen liefern jedoch einen Absorptionsstreifen.

Farbstoffe, welche sowohl in Wasser als auch in Äthylalkohol bzw. Amylalkohol nur eine einseitige Absorption im Rot oder Violett geben und infolgedessen sich für die spektroskopische Bestimmung wenig eignen, sind am Schlusse der Tabellen im Verzeichnisse angeführt.

Tabellen der grünen Farbstoffe.

Grup-

Handelsname	Eigenschaften	Wasser				Äthyl-	
		Absorption	Salzsäure	Ammoniak	Kalilauge	Absorption	Salzsäure
Cyanolecht-grün G [C]	Lösungen bläulichgrün; in Amylalkohol schwieriger löslich	**649,0**	gelb	unverändert	unverändert	**642,8**	Farbe unverändert 643,8
Alkaliecht-grün 3 G [By]	Lösungen bläulichgrün; in Amylalkohol schwieriger löslich	**645,2**	gelb	unverändert	Absorption geschwächt, entfärbt sich nach längerem Stehen teilweise, konzentriertere Lösung: **647,2** 597,9	**636,0**	Farbe unverändert 637,4
Kitongrün [J] **Kitongrün N** [J]	Lösungen bläulichgrün; in Äthylalkohol schwieriger löslich, in Amylalkohol fast unlöslich, nach Zusatz von Säure löslich	**644,1**	grün, Absorption geschwächt	unverändert	unverändert	**642,1**	unverändert
Eriogrün extra [G]	Lösungen grün; in Amylalkohol fast unlöslich, nach Zusatz von Säure löslich	**643,1**	grünlichgelb	unverändert	unverändert, entfärbt sich nach längerem Stehen teilweise	**638,0**	unverändert
Cyanolgrün 6 G [C]	wässerige Lösung grün, alkoholische und essigsaure Lösung bläulichgrün, amylalkoholische Lösung blaugrün	**642,8**	gelb	grünlichblau, Absorption geschwächt 623,9	blau, Absorption geschwächt 623,9	**636,0**	unverändert
Blaugrün S [B]	Lösungen blaugrün; in Amylalkohol unlöslich, nach Zusatz von Säure löslich	**641,8**	unverändert	unverändert, entfärbt sich nach längerem Stehen teilweise	entfärbt sich allmählich	**646,9**	unverändert
Anthracen-säuregrün [J]	konzentrierte Lösungen grün, verdünnte Lösungen bläulichgrün	**641,4**	gelb	unverändert	unverändert, entfärbt sich nach längerem Stehen	**639,0**	unverändert

alkohol		Amylalkohol				Essigsäure	Anmerkung
Ammoniak	Kalilauge	Absorption	Salzsäure	Ammoniak	Kalilauge	90%	
unverändert	unverändert	**639,7**	Farbe unverändert 644,1	Farbe unverändert 642,1	Absorption geschwächt 643,5, entfärbt sich nach längerem Stehen teilweise	**647,6**	saurer Farbstoff
unverändert	Absorption geschwächt 632,1	**634,4**	Farbe unverändert 640,4	Farbe unverändert 638,4	Absorption geschwächt 630,8 entfärbt sich nach längerem Stehen	**640,7**	enthält geringe Mengen eines gelben Farbstoffes saurer Farbstoff
unverändert	entfärbt sich allmählich	—	**643,8**	—	—	**643,8**	saurer Farbstoff
unverändert	entfärbt sich allmählich	—	**638,0**	—	—	**639,7**	saurer Farbstoff
Absorption geschwächt, entfärbt sich nach längerem Stehen	blau, 603,0 entfärbt sich nach längerem Stehen	**633,1**	grün 634,4	Farbe und Absorption geschwächt, entfärbt sich nach längerem Stehen	entfärbt sich	**638,4**	saurer Farbstoff
unverändert, entfärbt sich nach längerem Stehen teilweise	entfärbt sich	—	**647,9**	—	—	**645,2**	saurer Farbstoff
unverändert	entfärbt sich allmählich	**635,4**	Farbe unverändert 639,7	unverändert	entfärbt sich sofort, dann gelb	**639,7**	saurer Farbstoff

Grup-

Handelsname	Eigenschaften	Wasser				Äthyl-	
		Absorption	Salzsäure	Ammoniak	Kalilauge	Absorption	Salzsäure
Naphthalingrün V [M] **Naphthalingrün V** [J]	wässerige Lösung blaugrün, alkoholische Lösungen grün	**641,1**	gelb	unverändert	unverändert	**638,4**	unverändert
Echtsäuregrün BB extra [M]	Lösungen blaugrün	**638,7**	gelbgrün, der Streifen verschwindet	Farbe unverändert 633,1	Farbe unverändert 633,1	**632,4**	Farbe unverändert 633,7
Echtsäuregrün BB [M]	Lösungen blaugrün	**638,7**	gelbgrün, der Streifen verschwindet	Farbe unverändert 632,1	Farbe unverändert 632,1	**631,8**	Farbe unverändert 633,1
Alkaliechtgrün 3 B [By]	Lösungen bläulichgrün, in Äthylalkohol schwer löslich, in Amylalkohol unlöslich, nach Zusatz von Säure löslich	**636,7**	gelbgrün, Absorption geschwächt 637,7	unverändert	Absorption geschwächt, konzentriertere Lösung: **639,4**, 592,2	**628,2**	Farbe unverändert 629,8
Benzylgrün B [J] **Brillantsäuregrün 6 B** [By] **Brillantwalkgrün B** [C] **Echtsäuregrün 6 B** [O] **Erioviridin B** [G] **Nachtgrün A** [t. M] **Walkgrün BW** [L] **Patentblau AGL** [M]	Lösungen bläulichgrün; in Amylalkohol schwieriger löslich	**635,4**	mehr grün, Absorption geschwächt	anfangs unverändert, entfärbt sich nach längerem Stehen	entfärbt sich allmählich nach längerem Stehen	**641,1**	unverändert
Neptungrün SG [B] **Neptungrün SGX** [B]	Lösungen bläulichgrün, in Amylalkohol schwieriger löslich	**634,7**	Absorption geschwächt	anfangs unverändert, entfärbt sich nach längerem Stehen	anfangs unverändert, entfärbt sich nach längerem Stehen	**640,4**	unverändert

alkohol		Amylalkohol				Essigsäure 90 %	Anmerkung
Ammoniak	Kalilauge	Absorption	Salzsäure	Ammoniak	Kalilauge		
unverändert	entfärbt sich	**635,2**	Farbe unverändert 638,4	unverändert	entfärbt sich	**639,4**	saurer Farbstoff
unverändert	Farbe und Absorption geschwächt, konzentriertere Lösung: 622,3	**629,0**	Farbe unverändert 635,4	Farbe unverändert 630,8	Farbe und Absorption geschwächt, konzentriertere Lösung: 620,7	**637,0**	saurer Farbstoff
unverändert	Farbe und Absorption geschwächt, konzentriertere Lösung: 622,3	**627,8**	Farbe unverändert 633,7	Farbe unverändert 629,1	Farbe und Absorption geschwächt, konzentriertere Lösung: 619,5	**637,0**	saurer Farbstoff
unverändert	grün 625,5 entfärbt sich nach längerem Stehen, dann schwach braun	—	**630,5**	—	—	**634,1**	saurer Farbstoff
anfangs unverändert, entfärbt sich nach längerem Stehen	entfärbt sich fast (schwach gelb)	**643,8**	unverändert	anfangs unverändert, entfärbt sich nach längerem Stehen	entfärbt sich	**639,4**	**Echtsäuregrün 6 B** [O] enthält geringe Mengen eines gelben Farbstoffes **Domingogrün 3 G** [L] = **Walkgrün BW** [L] eingestellt mit einem blauen Farbstoffe, wahrscheinlich mit Domingogrün H [L] **Patentblau AGL** [M] enthält geringe Mengen eines gelben Farbstoffes saurer Farbstoff
entfärbt sich allmählich	entfärbt sich sofort	**643,1**	unverändert	entfärbt sich allmählich	entfärbt sich sofort	**638,7**	saurer Farbstoff

Grup

Handelsname	Eigenschaften	Wasser				Äthyl	
		Absorption	Salzsäure	Ammoniak	Kalilauge	Absorption	Salzsäure
Wollgrün BS extra [By] **Wollgrün BS** [By]	wässerige und essigsaure Lösung blaugrün, alkoholische und amylalkoholische Lösungen konzentriert blau, im auffallenden Lichte violett, verdünnt grünblau, in Amylalkohol ziemlich leicht löslich	**634,7**	hellgrün, Absorption geschwächt, entfärbt sich teilweise nach längerem Stehen	blau, Absorption geschwächt, konzentriertere Lösung: 616,2	wie bei Ammoniak, entfärbt sich teilweise nach längerem Stehen	**630,5**	unveränder
Cyanolgrün B [C] **Wollgrün S** [B] **Wollgrün S** [J]	wässerige und essigsaure Lösung blaugrün, alkoholischeLösungen konzentriert blau, verdünnt grünblau; in Amylalkohol schwer löslich	**634,1**	grün, Absorption geschwächt	blau, Absorption geschwächt, konzentriertere Lösung: 616,2	blau, Absorption geschwächt, konzentriertere Lösung: 616,2 entfärbt sich teilweise nach längerem Stehen	**629,5**	unveränder
Doppelgrün SF [K] **Methylgrün krist.** [A] **Methylgrün krist. I gelbl.** [By] **Methylgrün krist. I bläul.** [By]	Lösungen blaugrün, in Essigsäure schwieriger löslich, in Amylalkohol fast unlöslich, nach Zusatz von Säure löslich	**633,8**	grün, Absorption geschwächt	entfärbt sich allmählich	entfärbt sich	**639,0**	unveränder
Guineaechtgrün B [A]	wässerige Lösung blaugrün, alkoholische und essigsaure Lösungen bläulichgrün	**633,8**	grünlichgelb	unverändert	unverändert	**627,1**	Farbe unveränder 628,1
Echtlichtgrün [By]	Lösungen blaugrün, in Amylalkohol schwer löslich	**633,8**	grünlichgelb	unverändert	unverändert	**621,5**	Farbe unveränder 623,3

pe I.

alkohol		Amylalkohol				Essigsäure	Anmerkung
Ammoniak	Kalilauge	Absorption	Salzsäure	Ammoniak	Kalilauge	90 %	
blau, Absorption geschwächt, konzentriertere Lösung: 630,5 [583,2], entfärbt sich nach längerem Stehen	blau, Absorption geschwächt, entfärbt sich allmählich, konzentriertere Lösung: 589,5	**627,1**	Farbe unverändert 630,8	blau, Absorption geschwächt, konzentriertere Lösung: 630,5 **585,7** entfärbt sich nach längerem Stehen	blau, entfärbt sich, dann gelbgrün	**632,1**	saurer Farbstoff
blau, Absorption geschwächt 630,5 [583,2], entfärbt sich teilweise nach längerem Stehen	blau, Absorption geschwächt, konzentriertere Lösung: 589,5, entfärbt sich allmählich	**626,5**	Farbe unverändert 629,4	blau, Absorption geschwächt 630,5 **585,7**	blau, entfärbt sich fast und wird dann gelbgrün	**631,1**	**Wollgrün S** [B] zeigt in Wasser den Streifen bei λ 634,7, in Essigsäure bei λ 632,1 **Wollgrün S** [J] zeigt in Amylalkohol den Streifen bei λ 625,8 saurer Farbstoff
entfärbt sich	entfärbt sich sofort	—	**637,0**	—	—	**638,7**	siehe I. Teil, S. 28. basischer Farbstoff
unverändert	entfärbt sich allmählich	**624,5**	Farbe unverändert 627,8	Farbe unverändert 626,5	entfärbt sich	**631,8**	saurer Farbstoff
unverändert	unverändert, nach längerem Stehen entfärbt	**617,7**	Farbe unverändert 620,7	unverändert	Absorption geschwächt, nach längerem Stehen entfärbt	**629,1**	saurer Farbstoff

Grup-

Handelsname	Eigenschaften	Wasser				Äthyl-	
		Absorption	Salzsäure	Ammoniak	Kalilauge	Absorption	Salzsäure
Lichtgrün SF gelblich [B] **Lichtgrün 2 G extra konz.** [t. M] **Lichtgrün 2 GN extra konz.** [t. M] **Lichtgrün S** [B] **Guineagrün 2 G** [A] **Säuregrün konz. D, M** [M] **Säuregrün B, O** [M] **Säuregrün 000** [L] **Säuregrün extra** [D], [C] **Säuregrün F extra** [By] **Säuregrün G extra, GG extra** [By] **Säuregrün 2 G extra konz. in Krist.** [t. M] **Säuregrün GW** [D]	Lösungen grün, in Äthylalkohol schwieriger löslich, in Amylalkohol unlöslich, nach Zusatz von Säure löslich	**633,5**	gelblichgrün, entfärbt sich allmählich	entfärbt sich allmählich	entfärbt sich allmählich	**633,5**	unverändert
Alkaliechtgrün G [By]	Lösungen grün	**631,4**	gelbgrün, dann gelb	unverändert	unverändert	**625,0**	unverändert
Alkaliechtgrün B [By]	Lösungen grün	**631,4**	gelb	unverändert	unverändert	**624,2**	unverändert
Neusolidgrün 3 B [J] **Setoglaucin O** [G]	konzentrierte Lösungen blau, verdünnte Lösungen blaugrün	**630,8**	grün, Absorption geschwächt	anfangs unverändert, entfärbt sich nach längerem Stehen	anfangs unverändert, entfärbt sich nach längerem Stehen	**635,4**	unverändert

pe I.

alkohol		Amylalkohol				Essigsäure	Anmerkung
Ammoniak	Kalilauge	Absorption	Salzsäure	Ammoniak	Kalilauge	90 %	
entfärbt sich	entfärbt sich sofort	—	**634,1**	—	—	**633,5**	**saurer Farbstoff**, s. I. Teil, S. 103
unverändert	anfangs unverändert, entfärbt sich nach langem Stehen	**621,7**	Farbe unverändert 624,5	unverändert	Absorption geschwächt, entfärbt sich nach längerem Stehen	**630,5**	**saurer Farbstoff**
unverändert	anfangs unverändert, entfärbt sich nach langem Stehen	**621,0**	Farbe unverändert 623,9	unverändert	Absorption geschwächt, entfärbt sich nach längerem Stehen	**628,8**	**saurer Farbstoff**
anfangs unverändert, nach längerem Stehen wird fast entfärbt	entfärbt sich, dann gelblich	**637,4**	unverändert	entfärbt sich allmählich	entfärbt sich sofort	**635,4**	**basischer Farbstoff**

Grup-

Handelsname	Eigenschaften	Wasser				Äthyl-	
		Absorption	Salzsäure	Ammoniak	Kalilauge	Absorption	Salzsäure
Echtgrün extra bläul. [By]	Lösungen blaugrün, in Amylalkohol unlöslich, nach Zusatz von Säure löslich	**629,5** [580,7]	hellgrün, Absorption geschwächt 630,4 [582,0] entfärbt sich teilweise	unverändert	unverändert	**621,6** [575,7]	Farbe unverändert 623,6 [577,0]
Echtgrün CR [By]	Lösungen bläulichgrün; in Amylalkohol schwieriger löslich	**628,8**	grünlichgelb, entfärbt sich allmählich	Absorption geschwächt, entfärbt sich allmählich	entfärbt sich allmählich	**628,5** [578,2]	Farbe unverändert 629,8
Neusolidgrün 2 B [J]	konzentrierte Lösungen blau, verdünnte Lösungen blaugrün	**628,1**	Absorption geschwächt 629,4	unverändert	Absorption geschwächt 630,4	**632,1**	unverändert
Lichtgrün SF bläulich [B] **Säuregrün BB extra** [By] **Säuregrün BBN extra** [By]	Lösungen bläulichgrün, in Äthylalkohol schwieriger löslich, in Amylalkohol unlöslich, nach Zusatz von Säure löslich	**627,8**	Absorption geschwächt	entfärbt sich allmählich	entfärbt sich	**629,5**	unverändert
Walkgrün 228 [D]	wässerige und alkoholische Lösungen grünblau, essigsaure Lösung grün, in Amylalkohol schwer löslich	**627,5**	gelbgrün, Absorption geschwächt 631,5	unverändert	Absorption geschwächt 628,8	**620,1**	Farbe unverändert 621,3
Säuregrün X [H]	wässerige und alkoholische Lösungen bläulichgrün, essigsaure Lösung grün; in Amylalkohol schwer löslich, besser in der Wärme	**627,5**	gelbgrün 631,4	unverändert	unverändert	**617,7**	Farbe unverändert 619,2

alkohol		Amylalkohol				Essigsäure 90 %	Anmerkung
Ammoniak	Kalilauge	Absorption	Salzsäure	Ammoniak	Kalilauge		
Farbe unverändert 623,6 [577,0], entfärbt sich teilweise nach längerem Stehen	entfärbt sich teilweise nach längerem Stehen	—	**625,5** [577,0]	—	—	**629,1**	ein Triaminotriphenylmethanfarbstoff, dessen eine Aminogruppe sich in Metastellung befindet, daher ein kaum sichtbarer Nebenstreifen (vergleiche I. Teil, Seite 107). saurer Farbstoff
entfärbt sich allmählich teilweise	entfärbt sich	**627,8** [578,2]	Farbe unverändert 632,7	entfärbt sich allmählich teilweise	entfärbt sich sofort	**635,1**	saurer Farbstoff
Absorption geschwächt	grün, entfärbt sich, dann gelblich	**632,4**	unverändert	Absorption geschwächt 634,4	entfärbt sich	**631,1**	basischer Farbstoff
entfärbt sich	entfärbt sich sofort	—	**630,5**	—	—	**630,5**	saurer Farbstoff
unverändert	Absorption geschwächt 622,6 entfärbt sich teilweise nach längerem Stehen	**611,7**	grün, 625,5	Farbe unverändert 617,1	grün 616,2, entfärbt sich allmählich	**628,1**	in der Wärme in Amylalkohol gelöst gibt den Streifen bei λ 615,3; nach Zusatz von Salzsäure: λ 623,9 saurer Farbstoff
unverändert, entfärbt sich teilweise nach langem Stehen	Absorption geschwächt, entfärbt sich teilweise nach langem Stehen	**610,8**	Farbe unverändert 620,1	Farbe unverändert 615,6	grünlich 614,7, entfärbt sich allmählich	**626,8**	saurer Farbstoff

Grup-

Handelsname	Eigenschaften	Wasser				Äthyl-	
		Absorption	Salzsäure	Ammoniak	Kalilauge	Absorption	Salzsäure
Agalmagrün B [B] **Agalmagrün BX** [B]	Lösungen grün, in Amylalkohol fast unlöslich, nach Zusatz von Säure löslich	**626,5** schwache einseitige Absorption im Blau und Violett	gelbgrün, Absorption geschwächt	unverändert	blau 619,8	**618,3**	Farbe unverändert 619,5
Brillantgrün krist. [M], [K] **Brillantgrün Nr. 00** [O] **Brillantgrün Y** [H] **Brillantgrün S** [CJ] **Äthylgrün** [A] **Diamantgrün G** [B] **Smaragdgrün** [By], [D]	Lösungen blaugrün	**623,0**	gelb, entfärbt sich	entfärbt sich allmählich (weiße Trübung)	entfärbt sich (weiße Trübung)	**627,5**	unverändert
Echtgrün extra [By]	Lösungen blaugrün, in Amylalkohol fast unlöslich, nach Zusatz von Säure löslich	**621,0** [575,7]	grün, Absorption geschwächt 631,1 [582,0]	entfärbt sich allmählich teilweise	entfärbt sich allmählich	**621,6**	Farbe unverändert 623,6 [577,0]
Neptungrün S [B]	Lösungen blaugrün, in Essigsäure schwer löslich, in Amylalkohol unlöslich, nach Zusatz von Salzsäure löslich	**620,7**	unverändert	Absorption geschwächt, entfärbt sich nach längerem Stehen	gelbgrün, entfärbt sich nach längerem Stehen	**627,8**	unverändert
Chromgrün Pulver [By]	Lösungen blaugrün	**619,2**	grün, 624,2 entfärbt sich allmählich	entfärbt sich allmählich	entfärbt sich	**618,9**	Farbe unverändert 627,5
Guineagrün B [A] **Neusäuregrün 3 BX** [By] **Säuregrün 2 BG** [t. M.]	Lösungen bläulichgrün, in Amylalkohol schwieriger löslich	**618,3**	Absorption geschwächt, entfärbt sich allmählich	entfärbt sich allmählich	entfärbt sich allmählich	**625,8**	unverändert

alkohol		Amylalkohol				Essigsäure	Anmerkung
Ammoniak	Kalilauge	Absorption	Salzsäure	Ammoniak	Kalilauge	90 %	
unverändert	blau, Absorption geschwächt, ungefähr 600,2, entfärbt sich nach längerem Stehen	**616,5**	Farbe unverändert 619,5	unverändert	blau, Farbe und Absorption geschwächt	**624,9**	saurer Farbstoff
entfärbt sich	entfärbt sich sofort	**628,8**	unverändert	entfärbt sich allmählich	entfärbt sich sofort	**626,5**	basischer Farbstoff, s. I Teil, S. 103
entfärbt sich allmählich	entfärbt sich sofort	—	**625,5**	—	—	**629,1**	ein Triaminotriphenylmethanfarbstoff, dessen eine Aminogruppe sich in Metastellung befindet, daher ein kaum sichtbarer Nebenstreifen saurer Farbstoff
Absorption geschwächt, entfärbt sich teilweise nach längerem Stehen	gelb	—	**631,4**	—	—	**623,9**	enthält einen anderen grünen Farbstoff saurer Farbstoff
entfärbt sich	entfärbt sich sofort	**620,4**	Farbe unverändert 629,4	entfärbt sich	entfärbt sich sofort	**628,5**	Beizenfarbstoff (Chrombeize)
entfärbt sich	entfärbt sich sofort	**629,1**	unverändert	entfärbt sich	entfärbt sich sofort	**622,6**	saurer Farbstoff

Grup-

Handelsname	Eigenschaften	Wasser				Äthyl-	
		Absorption	Salzsäure	Ammoniak	Kalilauge	Absorption	Salzsäure
Neptungrün SB [B]	wässerige und essigsaure Lösung grünblau, alkoholische Lösungen blaugrün; in Amylalkohol unlöslich, nach Zusatz von Säure löslich	**617,7**	unverändert	Absorption geschwächt, entfärbt sich nach längerem Stehen	gelbgrün, entfärbt sich nach längerem Stehen	**624,5**	unverändert
Azogrün Teig [By]	Lösungen grün, in kaltem Wasser unlöslich, in warmem Wasser schwer mit blaugrüner Farbe löslich	verwaschen **617,1**	Farbe unverändert 619,2	entfärbt sich allmählich teilweise	entfärbt sich allmählich teilweise	**621,7**	Farbe und Absorption verstärkt 623,9
Acidolgrün 3 G konz. [t. M.]	Lösungen grün, in Amylalkohol schwer löslich, nach Zusatz von Säure leicht löslich	**616,9**	gelblichgrün	entfärbt sich allmählich	entfärbt sich allmählich	**623,9**	unverändert
Malachitgrün krist. [A], [B], [J] [K], [M], [CJ] **Malachitgrün A** krist. [H] **Benzalgrün** [O] **Brillantgrün** [D], [C] **Chinagrün krist.** [By] **Diamantgrün B** [B] **Neugrün** [By] **Neuviktoriagrün** [B] **Solidgrün** [L] **Solidgrün O** [C]	Lösungen blaugrün	**616,9**	hellgrün, entfärbt sich allmählich	entfärbt sich, (weiße Trübung)	entfärbt sich sofort (weiße Trübung)	**621,0**	unverändert

alkohol		Amylalkohol				Essigsäure	Anmerkung
Ammoniak	Kalilauge	Absorption	Salzsäure	Ammoniak	Kalilauge	90 %	
Absorption geschwächt, entfärbt sich nach längerem Stehen	gelb, entfärbt sich nach längerem Stehen	—	**627,1**	—	—	**620,4**	enthält geringe Mengen eines anderen grünen Farbstoffes saurer Farbstoff
entfärbt sich allmählich	gelb	**621,7**	Farbe und Absorption verstärkt 624,5	entfärbt sich allmählich	gelb	**623,9**	Beizenfarbstoff (Chrombeize)
entfärbt sich	entfärbt sich sofort	**626,8**	unverändert	entfärbt sich	entfärbt sich sofort	**621,0**	saurer Farbstoff
entfärbt sich	entfärbt sich sofort	**623,3**	unverändert	entfärbt sich	entfärbt sich sofort	**620,4**	basischer Farbstoff, s. I. Teil, S. 103

Grup-

Handelsname	Eigenschaften	Wasser: Absorption	Wasser: Salzsäure	Wasser: Ammoniak	Wasser: Kalilauge	Äthyl-: Absorption	Äthyl-: Salzsäure
Säuregrün 3 B [By]	wässerige Lösung blaugrün, alkoholische Lösung bläulichgrün, amylalkoholische und essigsaure Lösung grün; in Amylalkohol schwer löslich, nach Zusatz von Säure leicht löslich	**612,3** (unscharf)	Absorption etwas geschwächt	entfärbt sich allmählich	entfärbt sich allmählich	**618,9**	unverändert
Cibagrün G Teig [J]	In Wasser, Alkohol u. Essigsäure unlöslich; in Schwefelsäure mit grüner Farbe löslich, welche dann ins Blau umschlägt; in Xylol mit grüner Farbe löslich; im auffallenden Lichte rot	—	—	—	—	—	—

Grup-

Handelsname	Eigenschaften	Wasser: Absorption	Wasser: Salzsäure	Wasser: Ammoniak	Wasser: Kalilauge	Äthyl-: Absorption	Äthyl-: Salzsäure
Azidingrün GG [CJ]	wässerige Lösung gelblichgrün, alkoholische Lösungen grün, essigsaure Lösung bläulichgrün; in Amylalkohol erst nach Zusatz von Säure löslich	frische Lösung: **725,2** 663,7 später: **728,5** 665,5	Farbe heller, Streifen verschwinden	unverändert	gelbgrün, einseitige Absorption im Rot, Blau und Violett	**646,9** 597,1	Farbe unverändert **645,5** 596,1
Naphthamingrün AG extra [K]	wässerige und essigsaure Lösung grün, alkoholische Lösungen bläulichgrün, im auffallenden Lichte rot; in Amylalkohol schwer löslich, besser in der Wärme, nach Zusatz von Salzsäure leicht löslich	frische Lösung: **718,5** 660,0 nach einer Weile: **723,0** 663,7 einseitige Absorption im Blau u. Violett	Farbe heller, Absorptionsstreifen verschwinden	unverändert	gelblichgrün, Absorption geschwächt, konzentriertere Lösung ungefähr: 650,7, einseitige Absorption im Rot und Violett	**645,5** 596,1	unverändert

pe I.

alkohol		Amylalkohol				Essigsäure	Anmerkung
Ammoniak	Kalilauge	Absorption	Salzsäure	Ammoniak	Kalilauge	90 %	
entfärbt sich	entfärbt sich, dann gelblich	**622,3**	unverändert	entfärbt sich	entfärbt sich sofort	**616,2**	nuanciert mit Gelb saurer Farbstoff
—	—	—	—	—	—	Xylol: **619,2**	in Schwefelsäure: einseitige Absorption im Rot. Küpenfarbstoff

pe II.

alkohol		Amylalkohol				Essigsäure	Anmerkung
Ammoniak	Kalilauge	Absorption	Salzsäure	Ammoniak	Kalilauge	90 %	
unverändert	gelbgrün, ungefähr 660,0, einseitige Absorption im Rot, Blau und Violett	—	**649,0** 598,5	—	—	**647,9** 597,4	substantiver Azofarbstoff
Farbe unverändert **647,2** 597,4	gelbgrün, Absorption geschwächt, ungefähr: 658,0, einseitige Absorption im Blau und Violett	**647,6** 597,4	Farbe unverändert **649,0** 598,5	Absorption geschwächt	gelbgrün, Streifen verschwinden	**647,9** 597,4	substantiver Azofarbstoff

Grup-

Handelsname	Eigenschaften	Wasser				Äthyl-	
		Absorption	Salzsäure	Ammoniak	Kalilauge	Absorption	Salzsäure
Direkt-dunkelgrün B [J]	Lösungen bläulichgrün, in Amylalkohol nur nach Zusatz von Säure löslich	verwaschene Streifen ungefähr **696,0** 630,4	grünblau, Streifen verschwinden	grün, verwaschene Streifen ungefähr 654,5 604,5	gelblichgrün, ungefähr 650,7	**645,5** 596,1	unverändert
Benzodunkel-grün GG [By]	Lösungen grasgrün, in Amylalkohol nur in der Wärme löslich	verwaschen, ungefähr: **689,2** 622,3 einseitige Absorption im Blau u. Violett	graugrün, Streifen verschwinden	gelblich, ungefähr 619,2, einseitige Absorption im Blau und Violett	braungrün, ungefähr 619,2 582,0, einseitige Absorption im Blau und Violett	**651,5** 603,0 einseitige Absorption im Blau und Violett	unverändert
Renolgrün B extra [t. M.] **Dianilgrün BBN** [M]	Lösungen grün, in Amylalkohol mit gelbgrüner Farbe schwer löslich Lösungen bläulichgrün, in Amylalkohol fast unlöslich, nach Zusatz von Säure löslich	frische Lösung: **689,2** 627,1 nach einer Weile: **683,8** 622,3 einseitige Absorption im Violett	Farbe und Absorption geschwächt, Streifen verschwinden	gelblichgrün, ungefähr 650,7, einseitige Absorption im Blau und Violett	gelbgrün, ungefähr 645,5, einseitige Absorption im Blau und Violett	**645,5** 596,1	unverändert
Sultangrün N [H]	Lösungen bläulichgrün, in Amylalkohol fast unlöslich, nach Zusatz von Säure löslich	frische Lösung: **689,2** 627,1 später: **683,8** 622,3	Absorption geschwächt	grün, 650,7 ? 605,8	grün, 645,5	**643,8** 594,8	unverändert
Kolumbia-grün 3 B [A]	Lösungen grün, in Amylalkohol unlöslich, nach Zusatz von Säure löslich	frische Lösung: **685,0** 623,9 nach einer Weile: **678,2** 619,2	Absorption geschwächt, ungefähr 689,2 630,4	gelblichgrün, ungefähr 649,0 604,4	gelblichgrün, ungefähr 645,5	**645,5** 596,1	unverändert

alkohol		Amylalkohol				Essigsäure	Anmerkung
Ammoniak	Kalilauge	Absorption	Salzsäure	Ammoniak	Kalilauge	90 %	
Farbe unverändert **647,2** 597,4	gelbgrün, ungefähr 660,0, einseitige Absorption im Blau und Violett	—	**649,0** 598,5	—	—	**647,9** 597,4	enthält einen rotbraunen Farbstoff. direktziehender Baumwollfarbstoff
unverändert	braungrün, ungefähr 619,2 579,5	**651,5** 603,0 einseitige Absorption im Blau und Violett	Farbe unverändert **654,4** 604,4	Farbe unverändert **653,3** 603,9	olivgrün, ungefähr 630,4 582,0	**654,4** ? 603,0	direktfärbender Baumwollfarbstoff
Farbe unverändert **647,2** 597,4	gelbgrün, Absorption geschwächt, ungefähr 658,0, einseitige Absorption im Blau und Violett	**647,6** 597,4	Farbe unverändert **649,0** 598,5	—	—	**647,9** 597,4	**Dianilgrün B BN** nuanciert mit Blau **Renolgrün G** [t. M.] ist ein Gemisch aus einem grünen und gelben Farbstoff. Es gibt in wässeriger Lösung Streifen bei λ 677,0 und 620,7; äthyl-, amylalkoholische und essigsaure Lösung geben dieselben Spektra wie Renolgrün B direktziehender Baumwollfarbstoff
grün, **645,5** 596,1	gelblichgrün, Streifen ungefähr 600,0	—	**647,2** 597,4	—	—	**646,9** 596,1	direktziehender Baumwollfarbstoff
Farbe unverändert **647,2** 597,4	gelbgrün, Absorption geschwächt, ungefähr 658,0, einseitige Absorption im Blau und Violett	—	**649,0** 598,5	—	—	**647,9** 597,4	direktfärbender Baumwollfarbstoff

Grup-

Handelsname	Eigenschaften	Wasser				Äthyl-	
		Absorption	Salzsäure	Ammoniak	Kalilauge	Absorption	Salzsäure
Osfanil-dunkelgrün B [OSF]	wässerige Lösung dunkelgrün, übrige Lösungen grasgrün; in Amylalkohol auch nach Zusatz von Säure unlöslich	verwaschen **683,0** 620,7	Stich in's Blau, Streifen verschwinden	Farbe dunkler, ungefähr 670,5 616,0, einseitige Absorption im Blau und Violett	Farbe dunkler, ungefähr 622,5, einseitige Absorption im Rot, Blau und Violett	**653,0** 603,0	unverändert
Diphenyl-grün G [G] **Kolumbia-grün B** [A]	Lösungen grasgrün; in Amylalkohol fast unlöslich, nach Zusatz von Säure löslich	frische Lösung: **683,0** 622,3 nach einer Weile: **679,0** 619,8	Absorption geschwächt, ungefähr 689,2 630,4	gelblichgrün, ungefähr 652,6 607,2	gelblichgrün, ungefähr 647,2	**645,5** 596,1	unverändert
Direktgrün B [L]	Lösungen grün; in Amylalkohol fast unlöslich, nach Zusatz von Säure löslich	frische Lösung: verwaschene Streifen **679,0** 620,7 nach kurzem Stehen: **676,2** 617,7	Absorption geschwächt, Streifen verschwinden	gelblichgrün, ungefähr 645,5, einseitige Absorption im Blau und Violett	gelbgrün, ungefähr 647,2, einseitige Absorption im Blau und Violett	**645,5** 596,1	unverändert
Diphenyl-grün 3 G [G]	Lösungen grasgrün, in Amylalkohol fast unlöslich, nach Zusatz von Säure löslich	frische Lösung: **677,0** 619,2 später: **675,0** 617,7	bläulichgrün, ungefähr 691,5 632,1	unverändert	gelblichgrün, ungefähr 654,4, einseitige Absorption im Blau und Violett	**649,0** 598,8	unverändert
Azidingrün BB [CJ]	wässerige Lösung grün, alkoholische und essigsaure Lösungen bläulichgrün; in Amylalkohol erst nach Zusatz von Säure löslich	**677,0** 619,2	bläulich, Streifen verschwinden	gelblichgrün, ungefähr 650,7	gelbgrün, ungefähr 650,7	**645,5** 596,1	unverändert

alkohol		Amylalkohol				Essigsäure	Anmerkung
Ammoniak	Kalilauge	Absorption	Salzsäure	Ammoniak	Kalilauge	90 %	
unverändert	gelbgrün, ungefähr 622,5 582,0, einseitige Absorption im Rot, Blau und Violett	—	—	—	—	**656,3** ?	direktfärbender Baumwollazofarbstoff
Farbe unverändert **647,2** 597,4	gelbgrün, Absorption geschwächt, ungefähr 658,0	—	**649,0** 598,5	—	—	**647,9** 597,4	direktfärbender Baumwollazofarbstoff
Farbe unverändert **647,2** 597,4	gelbgrün, ungefähr 658,0, einseitige Absorption im Blau und Violett	—	**649,0** 598,5	—	—	**647,9** 597,4	direktfärbender Baumwollazofarbstoff
Farbe unverändert **650,7** 598,8	gelbgrün, ungefähr 663,7, einseitige Absorption im Blau und Violett	—	**654,4** 603,0	—	—	**652,6** 601,6	direktfärbender Baumwollazofarbstoff
Farbe unverändert **647,2** 597,4	gelbgrün, ungefähr 660,0	—	**649,0** 598,5	—	—	**647,9** 597,4	direktfärbender Baumwollazofarbstoff

Grup-

Handelsname	Eigenschaften	Wasser: Absorption	Wasser: Salzsäure	Wasser: Ammoniak	Wasser: Kalilauge	Äthyl-: Absorption	Äthyl-: Salzsäure
Diamingrün B [C]	Lösungen grasgrün, in Amylalkohol unlöslich, nach Zusatz von Säure löslich	frische Lösung: **675,0** 617,7 später: **673,0** 616,2	allmählich blau, ungefähr **691,5** 628,8	gelblichgrün, ungefähr 650,7 ? 607,2	gelbgrün, ungefähr 642,0, einseitige Absorption im Blau und Violett	**643,8** 594,8	unverändert
Dianilgrün G [M]	wässerige Lösung grasgrün, in Äthylalkohol unlöslich, nach Zusatz von Säure mit grünblauer Farbe löslich, in Amylalkohol auch nach Zusatz von Säure unlöslich	**673,0** 616,2	gelblichgrün, Streifen verschwinden	unverändert	Absorption geschwächt, ungefähr 627,1	—	**640,4** 592,2, einseitige Absorption im Violett
Eboligrün T [L]	Lösungen grün, in Äthylalkohol und Essigsäure schwer löslich, in Amylalkohol auch nach Zusatz von Säure unlöslich	ungefähr **665,5** 611,7 einseitige Absorption im Blau u. Violett	gelbgrün, Streifen verschwinden	blau, ungefähr 605,8, einseitige Absorption im Violett	braungrün, ungefähr 600,0, einseitige Absorption im Violett	**656,3** 604,4 einseitige Absorption im Blau u. Violett	unverändert
Direktgrün B [J]	wässerige Lösung grün, alkoholische Lösungen und essigsaure Lösung bläulichgrün; in Amylalkohol fast unlöslich, nach Zusatz von Säure löslich	ganz verwaschene Streifen anfangs **665,5** **613,0** später: **669,0** **617,5**	undeutliche Absorption im Orangegelb einseitige Absorption im Rot, Blau und Violett	gelbgrün 645,5 [707,0]	gelbgrün, ungefähr 645,5, einseitige Absorption im Rot, Blau und Violett	**645,5** 596,1	unverändert
Diamingrün G [C]	Lösungen grün, in Amylalkohol unlöslich, nach Zusatz von Säure etwas löslich; essigsaure Lösung bläulichgrün	**665,5** 611,7	Farbe heller, Absorption geschwächt, ungefähr 681,0 623,9	Farbe unverändert, ungefähr 663,7 610,2	gelbgrün, ungefähr 638,5, einseitige Absorption im Blau und Violett	**642,8** 594,3	unverändert

alkohol		Amylalkohol				Essigsäure	Anmerkung
Ammoniak	Kalilauge	Absorption	Salzsäure	Ammoniak	Kalilauge	90 %	
Farbe unverändert **645,5** 596,1	gelbgrün, ungefähr 654,4	—	**647,2** 597,4	—	—	**645,5** 594,8	direktfärbender Baumwollazofarbstoff
—	—	—	—	—	—	**642,1** 592,2	direktfärbender Baumwollazofarbstoff
blaugrün, ungefähr 613,2	braun, ungefähr 605,8	—	—	—	—	**650,7** 597,4	direktfärbender Baumwollazofarbstoff
Farbe unverändert **647,2** 597,4	gelbgrün, ungefähr 658,0, einseitige Absorption im Blau und Violett	—	**649,0** 598,5	—	—	**647,9** 597,4	nuanciert mit Blau direktfärbender Baumwollazofarbstoff
unverändert	gelbgrün, Absorption geschwächt, ungefähr 645,5, einseitige Absorption im Rot, Blau und Violett	—	**645,8** 595,0	—	—	**643,8** 594,8	direktfärbender Baumwollazofarbstoff

Grup-

Handelsname	Eigenschaften	Wasser: Absorption	Wasser: Salzsäure	Wasser: Ammoniak	Wasser: Kalilauge	Äthyl-: Absorption	Äthyl-: Salzsäure
Direktgrün TO [J]	Lösungen bläulichgrün; in Amylalkohol erst nach Zusatz von Säure löslich	**663,7** 610,2	blaugrün, Streifen verschwinden	grün **647,2** 600,2	rotbraun, ungefähr 601,6, einseitige Absorption im Rot, Blau und Violett	**642,1** 593,5	unverändert
Direktgrün G [L]	Lösungen grün, alkoholische Lösungen fluoreszieren schwach braunrot; in Amylalkohol auch nach Zusatz von Säure wenig löslich	frische Lösung: **660,0** 610,2 [714,0] nach kurzem Stehen: **661,8** 611,7	Farbe und Absorption geschwächt, Streifen verschwinden	unverändert	gelblichgrün, Absorption geschwächt	**645,5** 596,1 einseitige Absorption im Violett	unverändert
Diamantgrün SS [By]	wässerige Lösung grünlichblau, alkoholische Lösungen und essigsaure Lösung blaugrün	**658,1** **605,8**	hellgrün, Streifen verschwinden	blau, Absorption geschwächt	violettblau, Absorption geschwächt, konzentriertere Lösung: ungefähr 606,0	**644,8** 595,6	unverändert
Triazolgrün G [O]	wässerige Lösung grün, alkoholische Lösungen und essigsaure Lösung bläulichgrün; in Äthylalkohol schwer löslich, in Amylalkohol unlöslich, nach Zusatz von Säure löslich	anfangs **677,0** **625,5** dann **658,0** 604,4	bläulichgrün, Streifen schärfer **679,4** 622,3	unverändert, Streifen verwaschen	braun, ungefähr 617,7 ? 582,0, einseitige Absorption im Rot, Blau und Violett	**637,4** 589,5 einseitige Absorption im Blau und Violett	Farbe unverändert **636,4** 588,3
Diamingrün CL [C]		anfangs **683,0** 625,5 dann **670,4** 610,2	bläulich grün, Streifen verschwinden	Streifen undeutlich	braungrün 617,7		
Benzogrün FF [By]	Lösungen grün, in Äthylalkohol auch nach Zusatz von Säure wenig löslich, in Amylalkohol auch nach Zusatz von Säure unlöslich, in Essigsäure wenig löslich	**650,0** 594,8 einseitige Absorption im Violett	gelbgrün, Streifen verschwinden	blaugrün, ungefähr 601,5	dunkelgrün, ungefähr 601,5	—	**643,8** 592,2

alkohol		Amylalkohol				Essigsäure	Anmerkung
Ammoniak	Kalilauge	Absorption	Salzsäure	Ammoniak	Kalilauge	90 %	
Farbe unverändert **643,8** 594,8	braun, ungefähr 605,8, einseitige Absorption im Rot, Blau und Violett	—	**644,8** 594,3	—	—	**642,4** 593,5	enthält einen rotbraunen Farbstoff direktfärbender Baumwollfarbstoff
Farbe unverändert **643,8** 594,8	gelblichgrün, ungefähr 660,0	—	**647,9** 597,4, einseitige Absorption im Violett	—	—	**645,5** 594,8 einseitige Absorption im Violett	gemischt mit einem blauen und gelben Farbstoffe direktfärbender Baumwollfarbstoff
unverändert	blau, Absorption geschwächt, konzentriertere Lösung: ungefähr 613,0	**647,2** 597,2	Farbe unverändert **648,3** 598,3	unverändert	blau, Absorption geschwächt, konzentriertere Lösung: ungefähr 622,3	**647,9** 597,4	Chromentwicklungsfarbstoff für Wolle
unverändert	braun, ungefähr 617,7 578,2, einseitige Absorption im Rot, Blau und Violett braungrün 617,7	—	**641,4** 592,7	—	—	**639,0** 590,1	**Triazolgrün G** enthält einen rotbraunen Farbstoff direktfärbender Baumwollfarbstoff
—	—	—	—	—	—	ungefähr **639,0** 588,3	direktfärbender Baumwollfarbstoff

Grup-

Handelsname	Eigenschaften	Wasser				Äthyl-	
		Absorption	Salzsäure	Ammoniak	Kalilauge	Absorption	Salzsäure
Chloramingrün B [S]	wässerige Lösung grün, alkoholische und essigsaure Lösung bläulichgrün, im auffallenden Lichte rot; in Amylalkohol schwer löslich	**610,2** 578,3 [677,0] einseitige Absorption im Blau und Violett	braunrot, einseitige Absorption im Rot, Blau und Violett	Farbe und Absorption verstärkt 607,2, einseitige Absorption im Blau und Violett	braungrün, Absorption verstärkt, ungefähr 618,0, einseitige Absorption im Blau und Violett	**638,0** 590,9 einseitige Absorption im Violett	unverändert
Brillantalizarinviridin F Teig [By]	Lösungen bläulichgrün, in Amylalkohol schwer löslich; in Schwefelsäure mit blauer Farbe löslich	**672,3** 616,2	Farbe unverändert, Absorption geschwächt **679,0** 622,3	hellgrün, Streifen verschwinden	hellgrün, Streifen verschwinden	**671,9** 611,7	unverändert
Methylengrün extra [S] **Methylengrün B** [B] **Methylengrün extra gelb. konz.** [M] **Methylengrün extra konz.** [t. M.]	Lösungen blaugrün, fluoreszieren schwach rot; in Amylalkohol schwer löslich	**660,0** 607,2	unverändert	anfangs unverändert, entfärbt sich teilweise nach längerem Stehen	entfärbt sich allmählich, dann schwach violett	**655,2** 603,6	unverändert

Grup-

Handelsname	Eigenschaften	Wasser				Äthyl-	
		Absorption	Salzsäure	Ammoniak	Kalilauge	Absorption	Salzsäure
Alizarinemeraldol G [By]	wässerige Lösung blaugrün, in Äthyl- und Amylalkohol auch nach Zusatz von Säure fast unlöslich, in Essigsäure wenig löslich, in Schwefelsäure mit roter Farbe löslich	**692,9** **640,4** 588,1	unverändert	Farbe heller, Absorption geschwächt 681,0	Farbe heller, Absorption geschwächt 679,0	—	—

pe II.

alkohol		Amylalkohol				Essigsäure	Anmerkung
Ammoniak	Kalilauge	Absorption	Salzsäure	Ammoniak	Kalilauge	90 %	
grün 639,0 591,2, einseitige Absorption im Violett	gelbgrün, Absorption geschwächt, ungefähr 627,0 ? 582,0 einseitige Absorption im Blau und Violett	**640,7** 592,2	unverändert	unverändert	gelbgrün, Absorption geschwächt 633,7 ? 587,0, einseitige Absorption im Blau und Violett	**637,4** 592,2	direktziehender Baumwolltrisazofarbstoff der Farbstoff ist nicht rein, er zeigt noch einen schwachen Absorptionsstreifen bei 677,0, welcher dem Hauptfarbstoff nicht angehört.
Farbe unverändert **679,0** 619,8	blaugrün **686,6** 625,5	**673,0** 613,2	Farbe unverändert **675,0** 616,2	Farbe unverändert **681,4** 622,3	blaugrün, ungefähr 685,0 623,9	**675,0** 616,2	in Schwefelsäure: **673,0**, 610,8 Beizenfarbstoff (Chrombeize)
anfangs unverändert, entfärbt sich teilweise nach längerem Stehen	entfärbt sich, dann schwach violett	**657,4** 605,5	unverändert	anfangs unverändert, entfärbt sich teilweise nach längerem Stehen	rosarot, dann entfärbt sich allmählich	**656,3** 604,4	basischer Farbstoff, s. Seite 51

pe III.

—					—	**678,6** **620,7** 574,5	in Schwefelsäure: **525,0**, 490,0, 458,4 saurer Farbstoff

Handelsname	Eigenschaften	Wasser				Äthyl-	
		Absorption	Salzsäure	Ammoniak	Kalilauge	Absorption	Salzsäure
Alizarin-brillantgrün G [C] **Alizarin-direktgrün** G [M]	wässerige Lösung bläulichgrün, alkoholische und essigsaure Lösungen grünblau; in Äthyl- und Amylalkohol nur in der Wärme löslich; in Schwefelsäure mit grüner Farbe löslich	verwaschen, ungefähr **673,0** **616,8**	Farbe unverändert. ungefähr 681,0 620,7	Farbe unverändert, 668,5 616,0	Streifen undeutlich	**645,8** **591,4** 546,5	unverändert
Alizarin-viridin FF Pulver [By]	Lösungen grün, in Amylalkohol schwieriger löslich; in Schwefelsäure mit grüner Farbe löslich	**665,5** **608,7** 562,9 einseitige Absorption im Violett	Farbe unverändert **670,4** 611,7	blaugrün **665,5** 607,2	wie bei Ammoniak	**658,1** **603,0** 557,0 einseitige Absorption im Violett	Farbe unverändert **657,0** 601,6 555,0
Anthrachinongrün GXNO [B]	wässerige und alkoholische Lösungen blaugrün, essigsaure Lösung bläulichgrün; in Amylalkohol auch nach Zusatz von Säure wenig löslich	**658,1** 605,8	Farbe und Absorption geschwächt, zwei undeutliche Streifen	unverändert	Farbe und Absorption geschwächt, Streifen undeutlich	**657,8** **602,5** 557,0 zweiter Nebenstreifen kaum sichtbar	Farbe unverändert **656,3** 601,3 ? 555,8
Alizarincyaningrün E Pulver [By] **Alizarincyaningrün G extra** Pulver [By]	Lösungen bläulichgrün, in Wasser schwieriger löslich, in Äthyl- und Amylalkohol leicht löslich; in Schwefelsäure mit graublauer Farbe löslich	**658,1** **601,3** 558,1	Farbe unverändert **660,0** 602,1	unverändert	Farbe unverändert **660,0** 602,1	**650,7** **596,4** 552,2 zweiter Nebenstreifen sehr schwach	unverändert
Alizarincyaningrün K Pulver [By]	Lösungen bläulichgrün; in Amylalkohol schwieriger löslich; in Schwefelsäure mit grünlichblauer Farbe löslich	**656,3** **600,2** 557,0	Farbe unverändert **660,0** 602,1	unverändert	Farbe unverändert **660,0** 602,1	**650,7** **596,4** 552,2 zweiter Nebenstreifen sehr schwach	unverändert

alkohol		Amylalkohol				Essigsäure	Anmerkung
Ammoniak	Kalilauge	Absorption	Salzsäure	Ammoniak	Kalilauge	90 %	
unverändert	unverändert	**651,5** **598,5** 552,6	Farbe unverändert **647,6** 593,5	Farbe unverändert **654,4** 599,3	wie bei Ammoniak	**647,9** **594,0** 552,6	in **Schwefelsäure:** **637,0**, 582,0, 537,1, einseitige Absorption im Blau und Violett saurer Chromentwicklungsfarbstoff
bläulichgrün **661,8** 605,8	bläulichgrün, verwaschene Streifen: **687,8** 622,3	verwaschen: **661,8** **608,7** ? einseitige Absorption im Violett	blaugrün **657,0** 602,2	blaugrün **667,4** 607,2	bläulichgrün **707,2** 643,8	**656,3** **601,9** 555,9	in **Schwefelsäure:** ungefähr 598,3, 635,4 Beizenfarbstoff (Chrombeize) **Alizarinviridin DG Teig** [By], siehe Seite 90
unverändert	gelbgrün, Streifen verschwinden	—	**661,8** **604,7** ?	—	—	**663,3** 605,8 ? 558	in **Schwefelsäure** graublau: **631,1**, 577,5, 534,3 saurer Farbstoff
unverändert	Farbe unverändert **652,6** 597,4 553,7	**658,1** **602,5** 555,9 zweiter Nebenstreifen sehr schwach	Farbe unverändert **652,6** 597,4 552,6	unverändert	Farbe unverändert **655,2** 600,2 554,8	**650,7** **597,4** 552,6	in **Schwefelsäure:** ungefähr 652,6, 592,7 saurer Farbstoff (auch für Chrombeize)
unverändert	Farbe unverändert **658,1** 601,6 557,0	**658,1** **602,5** 555,9	Farbe unverändert **652,6** 597,4 552,6	unverändert	Farbe unverändert, verwaschene Streifen ungefähr 665,5 604,4	**650,7** **597,4** 552,6	in **Schwefelsäure:** 648,0, 590,7, einseitige Absorption im Blau und Violett saurer Farbstoff (auch für Chrombeize), siehe I. Teil, S. 209

Grup-

Handelsname	Eigenschaften	Wasser Absorption	Wasser Salzsäure	Wasser Ammoniak	Wasser Kalilauge	Äthyl- Absorption	Äthyl- Salzsäure
Phenocyanin B [DH] **Phenocyanin VS** [DH] **Philochromin B** [M]	wässerige Lösung grün, alkoholische Lösung bläulichgrün, amylalkoholische und essigsaure Lösung blau	ungefähr **670,0** einseitige Absorption im Violett	violett, verwaschene Streifen ungefähr 561,5 604,5, einseitige Absorption im Violett	blau, ungefähr 603,0	wie bei Ammoniak	ungefähr **601,5** einseitige Absorption im Violett	blau, ungefähr 613,8 566,0
Chromatgrün G [C]	wässerige Lösung bläulichgrün, in Äthylalkohol auch nach Zusatz von Säure wenig löslich, in Amylalkohol auch nach Zusatz von Säure unlöslich, in Essigsäure unlöslich	**624,0** einseitige Absorption im Rot	Farbe heller, Absorption geschwächt	Farbe unverändert, undeutlicher Streifen im Orangegelb, einseitige Absorption im Rot	blaugrün, einseitige Absorption im Rot	—	**680,2** 625,5, einseitige Absorption im Rot
Amidoschwarzgrün B [M] **Naphtholschwarzgrün G** [C]	wässerige Lösung grünblau, alkoholische Lösung grün, amylalkoholische und essigsaure Lösung blau; in Amylalkohol erst nach Zusatz von Säure löslich	ungefähr **603,0** einseitige Absorption im Rot	blau, ungefähr 609,3 573.2	unverändert	violett, Absorption geschwächt, ungefähr 594,8 ? 553,7	ungefähr **611,7** einseitige Absorption im Rot und Violett	blau 610,2 570,7

Grup-

Handelsname	Eigenschaften	Wasser Absorption	Wasser Salzsäure	Wasser Ammoniak	Wasser Kalilauge	Äthyl- Absorption	Äthyl- Salzsäure
Benzodunkelgrün B [By] **Diaminschwarzgrün N** [C] **Direktdunkelgrün S** [J] **Renoldunkelgrün N extra** [t. M.]	wässerige und essigsaure Lösung grün, äthyl- und amylalkoholische Lösung blaugrün, im auffallenden Lichte rot; in Amylalkohol schwer löslich	ungefähr 647,2 **597,4** einseitige Absorption im Violett	violett, Streifen verschwinden	graublau, ungefähr 603,0, einseitige Absorption im Rot und Violett	braunrot, ungefähr 611,7 574,5, einseitige Absorption im Rot und Violett	ungefähr 627,1 **588,3** einseitige Absorption im Violett	unverändert

pe IV.

alkohol		Amylalkohol				Essigsäure	Anmerkung
Ammoniak	Kalilauge	Absorption	Salzsäure	Ammoniak	Kalilauge	90 %	
blau, ungefähr 569,5 669,0	blau, ungefähr 594,5, einseitige Absorption im Rot	ungefähr **600,0**	ungefähr 618,0 567,5	ungefähr 567,0 669,0	violett, ungefähr 591,0 [477,0], einseitige Absorption im Rot	**557,0** **606,3**	Beizenfarbstoff (Chrombeize)
—	—	—	—	—	—	—	saurer Chromentwicklungsfarbstoff
unverändert	violett **597,9** 555,9	—	**615,3** 575,7	—	—	**612,9** 570,7 [490,5 459,0]	saurer Farbstoff

pe V.

Ammoniak	Kalilauge	Absorption	Salzsäure	Ammoniak	Kalilauge	Essigsäure 90 %	Anmerkung
graugrün, Streifen unverändert	grauviolett **611,7** 572,0	ungefähr 630,4 **591,0** einseitige Absorption im Violett	unverändert	unverändert	blau bzw. grün 619,2 579,5	**723,0** 665,5	Direktdunkelgrün S [J] ist nuanciert mit Gelb direktziehender Baumwollazofarbstoff

Grup-

Handelsname	Eigenschaften	Wasser: Absorption	Wasser: Salzsäure	Wasser: Ammoniak	Wasser: Kalilauge	Äthyl-: Absorption	Äthyl-: Salzsäure
Direktgrün CO [L] **Kolumbiagrün** [A]	wässerige, konzentrierte Lösung blau, verdünnt grün, alkoholische und essigsaure Lösung grün; in Äthylalkohol und Essigsäure schwer löslich, in Amylalkohol auch nach Zusatz von Säure unlöslich	ungefähr 650,7 **594,8** einseitige Absorption im Violett	Farbe heller, einseitige Absorption im Rot	bläulichgrün, ungefähr 611,7, einseitige Absorption im Blau und Violett	wie bei Ammoniak	ungefähr 630,5 **588,3** einseitige Absorption im Blau und Violett	unverändert

Grup-

Handelsname	Eigenschaften	Wasser: Absorption	Wasser: Salzsäure	Wasser: Ammoniak	Wasser: Kalilauge	Äthyl-: Absorption	Äthyl-: Salzsäure
Phenocyanin V [DH]	wässerige Lösung gelbgrün, alkoholische Lösungen grün, essigsaure Lösung braungelb	einseitig im Rot, Blau und Violett	Farbe und Absorption geschwächt	blau, Absorption verstärkt, verdünnt ungefähr: 610,0, einseitige Absorption im Rot	wie bei Ammoniak	ungefähr **684,0** einseitige Absorption im Blau u. Violett	Farbe und Absorption geschwächt
Katigengrün 2 B	wässerige Lösung bläulichgrün, alkoholische Lösung grün, essigsaure Lösung violettblau; in Äthylalkohol schwer löslich, in Amylalkohol erst nach Zusatz von Säure mit blauer Farbe löslich	einseitige Absorption im Rot und Orangegelb	blau, Absorption geschwächt, konzentriertere Lösung: ungefähr 573,0	unverändert	hellblau	**656,6**	violettblau, ungefähr 579,5
Pyrolgrün B [L] **Thiogengrün GL extra** [M]	wässerige Lösung grün, alkoholische Lösung bläulichgrün, in Äthylalkohol schwer löslich, in Amylalkohol und Essigsäure unlöslich	Einseitige Absorption im Rot und Orangegelb	blau	unverändert	unverändert	**654,5**	blau
Katigengrün 4 B [By] **Thiogengrün BL** [M]	Lösungen blaugrün, in Äthylalkohol und Essigsäure schwer löslich, in Amylalkohol unlöslich	einseitige Absorption im Rot und Orangegelb	blau	unverändert	blau	**652,6**	violett, der Streifen verschwindet

pe V.

alkohol		Amylalkohol				Essigsäure	Anmerkung
Ammoniak	Kalilauge	Absorption	Salzsäure	Ammoniak	Kalilauge	90 %	
unverändert	gelbgrün, ungefähr 620,7, einseitige Absorption im Blau und Violett	—	—	—	—	ungefähr: **711,5** 630,5 585,5	**Direktgrün CO** enthält einen gelben Farbstoff. direktziehender Baumwolltrisazofarbstoff

pe VI.

Ammoniak	Kalilauge	Absorption	Salzsäure	Ammoniak	Kalilauge	90 %	Anmerkung
blaugrün, Absorption verstärkt, verdünnt 684,0	blau, Absorption verstärkt, verdünnt 597,5	ungefähr **679,0**	Farbe und Absorption geschwächt	allmählich blaugrün, Streifen ungefähr 679,0	blau, Absorption verstärkt, verdünnt einseitige Absorption im Rot und Orangegelb	einseitige Absorption im Blau und Violett	Beizenfarbstoff (Chrombeize)
unverändert	rot, trübt sich	—	ungefähr **584,5**	—	—	ungefähr **574,5** einseitige Absorption im Blau und Violett	Schwefelfarbstoff
unverändert	rosarot	—	—	—	—	—	Schwefelfarbstoff
unverändert	rotviolett	—	—	—	—	undeutlicher Streifen	**Kaligengrün 4 B** löst sich in Amylalkohol nach Zusatz von Säure mit violett-blauer Farbe, Absorption nicht charakteristisch. Schwefelfarbstoff

Übersicht der grünen Farbstoffe.

Blaue Farbstoffe.

Einteilung der blauen Farbstoffe in Gruppen.

Unter blaue Farbstoffe werden solche Farbstoffe eingereiht, welche in Substanz gelöst oder von der Faser, von einem Gegenstand usw. abgezogen entweder rein blaue, grünlichblaue, grünblaue oder blauviolette und violette Lösungen liefern.

Die große Gruppe der blauen Farbstoffe zerfällt in die acht folgenden Gruppen und mehrere Untergruppen (siehe Tafel II und III).

Gruppe I. In diese Gruppe gehören jene Farbstoffe, welche in Wasser, Äthylalkohol und Amylalkohol bezw. in Essigsäure gelöst, bei mäßiger Verdünnung der Lösung ein Absorptionsband liefern, welches von einem gleichmäßigen und schwachen Schatten rechts begleitet ist. Dieser schwache Schatten kommt jedoch bei stark verdünnten Lösungen nicht zum Vorschein und man beobachtet im Spektrum nur einen symmetrischen Absorptionsstreifen (siehe Tafel II, Gruppe I).

Die Absorptionsstreifen sind ziemlich schmal und nur selten verwaschen (Cyanin B [M]).

Im allgemeinen werden die Lösungen dieser Farbstoffe mit Säure versetzt gelb oder grün; mit Kalilauge versetzt bleiben die Lösungen entweder unverändert (dabei kann eine Verschiebung des Absorptionsspektrums stattfinden) oder sie entfärben sich, bezw. sie werden gelb.

Diese Gruppe bilden Diaminotriphenylmethanfarbstoffe, ferner solche Triaminotriphenylmethanfarbstoffe, deren eine Aminogruppe in Orthostellung zum Methankohlenstoff sich befindet und schließlich Diaminodiphenylnaphthylmethanfarbstoffe.

Gruppe Ia. In diese Gruppe gehören:

1. Jene Farbstoffe, deren wässerige und äthylalkoholische Lösungen ein Absorptionsband mit einem gleichmäßigen schwachen Schatten rechts liefern, der in stark verdünnten Lösungen als ein symmetrischer ziemlich schmaler Streifen erscheint (Tafel II, Gruppe Ia, Zeile 1), die amylalkoholische Lösung gibt jedoch zwei Absorptionsstreifen, von denen der eine oder der andere intensiver sein kann (Tafel II, Gruppe Ia, Zeile 2 und Gruppe IIa, Zeile 3) oder aber zeigt die amylalkoholische Lösung einen verwaschenen Doppelstreifen (Tafel II, Gruppe Ia, Zeile 3),

2. Jene Farbstoffe, deren wässerige Lösung einen Absorptionsstreifen (Tafel II, Gruppe Ia, Zeile 1), die äthylalko-

holische und amylalkoholische Lösung jedoch zwei Absorptionsstreifen von den eben beschriebenen Formen geben (Gruppe Ia, Zeile 2 und 3).

Die Absorptionsstreifen sind bei einigen Farbstoffen ziemlich scharf, bei den anderen Farbstoffen verwaschen.

Im allgemeinen wird die wässerige Lösung dieser Farbstoffe mit Säure teilweise entfärbt, äthyl- und amylalkoholische Lösungen werden, mit Kalilauge versetzt, rosarot, nur die Lösung von Echtsäureviolett 10 B [By] wird durch Kalilauge entfärbt.

Diese Gruppe bilden Triphenylmethan- und Diphenylnaphthylmethanfarbstoffe.

Gruppe II. In diese Gruppe gehören jene Farbstoffe, deren wässerige, äthylalkoholische und amylalkoholische bezw. auch essigsaure Lösungen ein Absorptionsspektrum liefern, welches aus einem stärkeren Streifen (Hauptstreifen) und einem schwächeren Streifen (Nebenstreifen) rechts besteht.

Diese Gruppe bildet drei Abteilungen und zwar sind es:

1. Solche Farbstoffe, deren Absorptionsstreifen bei starker Verdünnung der Lösung schmal und unsymmetrisch, d. i. nach rechts verlängert erscheinen (Tafel II, Gruppe II, Zeile 1).

Der Nebenstreifen ist regelmäßig so schwach, daß er nur bei einer konzentrierten Lösung sichtbar ist und bei großer Verdünnung der Lösung nicht erscheint.

Hierher gehören Thiazin- und Oxazinfarbstoffe, deren Lösungen regelmäßig rot fluoreszieren.

2. Solche Farbstoffe, deren Absorptionsstreifen etwas breiter und symmetrisch sind, wobei der Nebenstreifen ungefähr gleich breit oder nur wenig breiter ist als der Hauptstreifen und meistens eine geringere Intensität hat (Tafel II, Gruppe II, Zeile 2).

3. Solche Farbstoffe, deren Absorptionsstreifen auch symmetrisch sind, der Nebenstreifen aber in wässeriger Lösung bedeutend breiter als der Hauptstreifen ist und seine Intensität erreicht mitunter beinahe die Intensität des Hauptstreifens, wie man es z. B. bei der wässerigen Lösung des Benzylvioletts 5 B [J] oder Säurevioletts 7 B [B] beobachten kann (Tafel II, Gruppe II, Zeile 3).

Äthyl- und amylalkoholische Lösungen zeigen wieder einen schmäleren Nebenstreifen (Tafel II, Gruppe II, Zeile 2), der aber immer noch breiter sein kann als der Hauptstreifen.

Die zweite und dritte Abteilung bilden blaue und violette Triaminotriphenylmethanfarbstoffe bezw. Diphenylnaphthylmethanfarbstoffe.

Die Farbstoffe dieser Gruppe zeichnen sich im allgemeinen dadurch aus, daß ihre Lösungen mit Säure versetzt, entweder unverändert bleiben und zwar Lösungen der Oxazin- und Thiazinfarbstoffe, äthyl- und amylalkoholische Lösungen der Triphenylmethanfarbstoffe, wobei eine Verschiebung des Absorptionsspektrums stattfinden kann, oder durch Säure grün werden (wässerige Lösungen der Triphenylmethanfarbstoffe); durch Kalilauge werden äthyl- und amylalkoholische Lösungen sämtlicher Farbstoffe dieser Gruppe entfärbt.

Gruppe IIa. Diese Gruppe bildet zwei Abteilungen und zwar sind es:

1. Diejenigen Farbstoffe, deren wässerige Lösungen neben einem stärkeren symmetrischen Absorptionsstreifen (Hauptstreifen) noch einen schwachen Absorptionsstreifen (Nebenstreifen) rechts liefern, der mitunter so schwach sein kann, daß er nur bei einer konzentrierten Lösung sichtbar ist (Tafel II, Gruppe IIa, Zeile 1).

Die äthyl- und amylalkoholische Lösung gibt auch zwei Absorptionsstreifen, die Form des Absorptionsspektrum ist aber eine andere als bei der wässerigen Lösung; bei der äthylalkoholischen Lösung beobachtet man einen verwaschenen Doppelstreifen, der meistens den Eindruck eines ganz verwaschenen Absorptionsstreifen macht und dessen Dunkelheitsmaximum fast vollständig undeutlich ist (Tafel II, Gruppe IIa, Zeile 2).

Bei der amylalkoholischen Lösung treten die Streifen wieder schärfer auf und regelmäßig ist der rechte Streifen stark, der linke schwach (Tafel II, Gruppe IIa, Zeile 3), seltener findet man eine umgekehrte Anordnung der Streifen.

Farbstoffe dieser Gruppe haben im allgemeinen die Eigenschaft, daß ihre äthyl- und amylalkoholische Lösungen durch Kalilauge violett oder rosarot werden.

Hierher wurden hauptsächlich Diphenylnaphthylmethanfarbstoffe eingereiht.

2. Die zweite Abteilung bilden jene Farbstoffe, deren wässerige Lösungen neben einem stärkeren unsymmetrischen Absorptionsstreifen einen schwachen Absorptionsstreifen rechts, äthylalkoholische und amylalkoholische Lösungen aber zwei verwaschene Streifen von gleicher oder fast gleicher Intensität geben.

Gruppe IIb. In diese Gruppe werden jene Farbstoffe eingereiht, deren wässerige Lösungen ein Absorptionsspektrum geben, welches aus einem stärkeren Streifen (Hauptstreifen) und einem schwachen Streifen (Nebenstreifen) rechts besteht und deren äthyl- und amylalkoholische Lösungen sowie die essigsaure Lösung bloß ein Absorptionsband mit einem gleichmäßigen schwachen Schatten rechts ähnlich wie bei der Gruppe I liefern.

Farbstoffe dieser Gruppe zerfallen in zwei Abteilungen und zwar sind es:

1. Solche Farbstoffe, deren Absorptionsstreifen bei genügender Verdünnung der Lösung unsymmetrisch, d. i. sich allmählich nach rechts verlierend erscheinen, sie sind bei einigen Farbstoffen schmal und ziemlich scharf, bei den anderen Farbstoffen verwaschen (Tafel II, Gruppe IIb, Zeile 1 und 2).

Das in diese Gruppe eingereihte Cresylblau 2 BS (L) zeigt in amylalkoholischer stark verdünnter Lösung statt eines Streifens zwei ganz schmale, dicht aneinander gelegene Streifen, welche jedoch bei einer konzentrierteren Lösung als ein Streifen erscheinen.

Bei diesen Farbstoffen beobachtet man auch die für die Erkennung dieser Untergruppe wichtige Erscheinung, daß die konzentriertere wässerige Lösung zuerst neben einem intensiven Absorptionsstreifen einen schwächeren Streifen links zeigt (Tafel II, Gruppe IIb, Zeile 1, punktierte Kurve). Durch weitere Verdünnung der Lösung wird aber der linke Absorptionsstreifen intensiver als der rechte (vergleiche auch I. Teil dieses Buches S. 23 und 24).

Diese Abteilung bilden Oxazin- und Thiazinfarbstoffe; ihre äthyl- und amylalkoholische Lösungen werden meistens durch Kalilauge rosarot bezw. orangegelb.

2. Solche Farbstoffe, deren Absorptionsstreifen symmetrisch und breiter sind (Tafel II, Gruppe II b, Zeile 3 und 2).

Bei den Farbstoffen dieser Abteilung findet die oben beschriebene Umwandlung des Absorptionsspektrums nicht statt, sondern man sieht sowie bei einer konzentierteren als auch bei einer stark verdünnten Lösung dieselbe Form des Absorptionsspektrums.

Die Farbstoffe dieser Untergruppe sind Triphenyl- und Diphenylnaphthylmethanfarbstoffe; ihre äthyl- und amylalkoholische Lösungen werden im allgemeinen durch Kalilauge entfärbt oder rosarot gefärbt.

Gruppe III. In diese Gruppe gehören jene Farbstoffe, deren wässerige Lösungen auch bei starker Verdünnung neben einem stärkeren Streifen (Hauptstreifen) einen schwachen Streifen (Nebenstreifen) links aufweisen (Tafel III, Gruppe III, Zeile 1); äthyl- und amylalkoholische Lösungen zeigen dagegen nur einen Absorptionsstreifen, der bei konzentrierteren Lösungen die Form der Gruppe I hat (Tafel III, Gruppe III, Zeile 2).

Diese Gruppe bildet zwei Abteilungen und zwar sind es:

1. Solche Farbstoffe, deren Absorptionsstreifen unsymmetrisch sind.

Hierher gehören Oxazin- und Thiazinfarbstoffe, deren alkoholische Lösungen durch Kalilauge rot werden.

2. Solche Farbstoffe, deren Absorptionsstreifen symmetrisch sind.

Bei den wässerigen Lösungen einiger Farbstoffe dieser Untergruppe hebt sich der Nebenstreifen so wenig hervor, daß er kaum sichtbar ist und das Absorptionsspektrum stellt einen Absorptionsstreifen mit einem schwachen Schatten links dar. Durch starke Verdünnung der Lösung verschwindet dieser Schatten und es tritt nur ein symmetrischer Streifen auf.

Diese Untergruppe bilden Triphenylmethan- und Diphenylnaphthylmethanfarbstoffe, deren Lösungen mit Ausnahme von Framblau G [By] durch Kalilauge entfärbt werden.

Gruppe III a. In diese Gruppe gehören jene Farbstoffe, deren wässerige Lösungen neben einem stärkeren Streifen (Hauptstreifen) einen schwachen Streifen (Nebenstreifen) links aufweisen (Tafel III, Gruppe III a, Zeile 1), äthyl- und amylalkoholische Lösungen zeigen aber neben einem stärkeren Streifen (Hauptstreifen) einen schwächeren Streifen (Nebenstreifen) rechts (Tafel III, Gruppe III a, Zeile 2); der Nebenstreifen ist oft so schwach, daß er nur bei einer konzentrierteren Lösung sichtbar ist. Die Absorptionsstreifen sind bei allen Lösungen symmetrisch.

Essigsaure Lösungen geben regelmäßig das Absorptionsspektrum von derselben Form wie alkoholische Lösungen.

Bei den wässerigen Lösungen einiger Farbstoffe ist der Nebenstreifen links manchmal so schwach, daß er bei großer Verdünnung der Lösung unsichtbar ist, wie z. B. bei Benzylviolett 4 B [J], manchmal so stark, daß er von der Intensität des Hauptstreifens wenig abweicht, wie z. B. bei Alkaliviolett 4 B [B].

Mitunter hebt sich der Nebenstreifen so wenig hervor, daß er eher wie ein mit dem Hauptstreifen verbundener Schatten als ein Streifen aussieht (Formylviolett S 4 B [C], Guineaviolett R [A]); verdünnt man die Lösung stark, so verschwindet dieser Schatten links und es tritt nur ein symmetrischer Absorptionsstreifen auf.

Diese Gruppe bilden hauptsächlich Triphenylmethanfarbstoffe, deren Lösungen durch Kalilauge entfärbt werden.

Gruppe IIIb. Diese Gruppe bilden jene Farbstoffe, deren wässerige Lösungen neben einem etwas breiteren symmetrischen oder nach rechts allmählich abnehmenden Absorptionsstreifen noch einen schwächeren Absorptionsstreifen links bilden (Tafel III, Gruppe IIIb, Zeile 1); äthyl- und amylalkoholische Lösungen zeigen jedoch eine andere Form des Absorptionsspektrums und zwar entweder zwei Absorptionsstreifen von gleicher oder verschiedener Intensität, oder aber nur einen verwaschenen Absorptionsstreifen.

In diese Gruppe eingereihte Farbstoffe sind Diphenylnaphthylmethanfarbstoffe, Oxazinfarbstoffe und Azofarbstoffe.

Gruppe IV. In diese Gruppe gehören jene Farbstoffe, deren wässerige Lösungen neben einem stärkeren Absorptionsstreifen (Hauptstreifen) zwei schwache Absorptionstreifen (Nebenstreifen) rechts zeigen (Tafel III, Gruppe IV, Zeile 1).

Nach dem Absorptionsspektrum der alkoholischen Lösung zerfallen die Farbstoffe dieser Gruppe wieder in zwei Abteilungen und zwar sind es:

1. Solche Farbstoffe, deren wässerige Lösungen die eben beschriebene Form des Absorptionsspektrums liefern, deren äthyl- und amylalkoholische Lösungen aber einen verwaschenen, nach rechts allmählich abnehmenden Absorptionsstreifen zeigen.

Diese Untergruppe bilden Oxazinfarbstoffe.

2. Solche Farbstoffe, deren nicht nur wässerige sondern auch äthyl- und amylalkoholische Lösungen neben einem stärkeren unsymmetrischen Absorptionsstreifen (Hauptstreifen) zwei schwächere Absorptionsstreifen (Nebenstreifen) geben.

Diese Untergruppe bilden Anthrachinonfarbstoffe.

Bei wässerigen und meistens auch bei den alkoholischen Lösungen der Farbstoffe dieser Gruppe ist der Nebenstreifen gewöhnlich so schwach, daß er nur bei einer solchen Konzentration der Lösung sichtbar ist, bei welcher die beiden ersten Absorptionsstreifen fast zusammenfließen (siehe die punktierte Kurve).

Gruppe IVa. Diese Gruppe bilden jene Farbstoffe, deren wässerige Lösungen neben einem stärkeren Absorptionsstreifen (Hauptstreifen) je einen schwachen Absorptionsstreifen (Nebenstreifen) zu beiden Seiten des stärkeren Streifens zeigen (Tafel III, Gruppe IVa, Zeile 1); äthyl- und amylalkoholische Lösungen zeigen auch drei Absorptionsstreifen, von denen entweder der mittlere oder aber der erste Streifen der stärkste ist.

Bei den wässerigen als auch bei den alkoholischen Lösungen ist der rechte Absorptionsstreifen mitunter so schwach, daß er nur bei konzentrierteren Lösungen sichtbar ist.

In diese Gruppe eingereihte Farbstoffe sind: 1. Oxazinfarbstoffe, deren Lösungen durch Kalilauge bezw. durch Ammoniak gelb oder orangegelb werden und 2. Alizarinfarbstoffe.

Gruppe V. Diese Gruppe bilden jene Farbstoffe, welche in Wasser, Äthyl- und Amylalkohol gelöst, nur einen breiteren Absorptionsstreifen liefern. Dieser Streifen kann entweder symmetrisch oder unsymmetrisch sein d. i. nach rechts bezw. nach links von seinem Dunkelheitsmaximum verlängert sein (Tafel III, Gruppe V, Zeile 1, 2 und 3) und ist gewöhnlich mehr oder weniger verschwommen.

Farbstoffe dieser Gruppe zerfallen in drei Abteilungen und zwar sind es:

1. Triphenylmethanfarbstoffe, deren wässerige Lösungen nach Zusatz von Ammoniak oder Kalilauge zuerst violett oder rot werden und sich dann allmählich entfärben und deren alkoholische Lösungen nach Zusatz von Ammoniak sich direkt entfärben, nach Zusatz von Kalilauge zuerst rot werden und sich dann allmählich entfärben.

Frische wässerige Lösungen einiger Farbstoffe dieser Untergruppe (Alkaliblau, Wasserblau) geben anfangs ganz verschwommene Absorptionsstreifen, welche sich allmählich nach rechts verschieben und nach kurzem Stehen der Lösung jedoch schärfer werden. Gleichzeitig tritt im Grün ein ganz schwacher Absorptionsstreifen auf, der mitunter nur bei einer konzentrierteren Lösung sichtbar ist (siehe Tafel IX, Zeile 31).

Alkoholische Lösungen von Farbstoffen dieser Abteilung zeigen mitunter Absorptionsstreifen, welche bei starker Verdünnung der Lösung wie ein Doppelstreifen aussehen, dessen Dunkelheitsmaximum aber vollständig verschwommen erscheint. In solchen Fällen wurde die Mitte des Streifens gemessen, worauf sich auch die Angaben in den Tabellen beziehen.

2. Oxazin-, Thiazin- und Azinfarbstoffe (Induline), deren Lösungen nach Zusatz von Kalilauge oder Ammoniak meistens violett oder rot werden, sich aber nicht entfärben.

In diese Abteilung wurde auch der Pyroninfarbstoff Violamin 3B [M] eingereiht.

3. Azofarbstoffe, deren Lösungen im allgemeinen nach Zusatz von Ammoniak oder Kalilauge teils unverändert bleiben, teils die Farbe verändern.

Gruppe VI. In diese Gruppe gehören jene Farbstoffe, welche nur in der wässerigen Lösung einen breiteren, symmetrischen oder unsymmetrischen Absorptionsstreifen geben (Tafel III, Gruppe VI, Zeile 1, 2 und 3), deren äthyl- und amylalkoholische Lösungen jedoch andere Formen des Absorptionsspektrums geben und zwar entweder zwei gleiche Absorptionsstreifen (Doppelstreifen), oder neben einem stärkeren Streifen (Hauptstreifen) einen schwachen Streifen (Nebenstreifen) rechts (Naphtindon BB [C]) oder sogar drei Streifen von verschiedener Intensität (Alizarinirisol R [By], Indulin B [t. M.], Nigrosin 3B [K] usw.).

Diese Gruppe bildet drei Abteilungen und zwar gehören in die erste Abteilung Azin-, Oxazin- und Thiazinfarbstoffe, in die zweite Abteiluug Azofarbstoffe und in die dritte Abteilung Alizarinfarbstoffe.

Gruppe VII. In diese Gruppe gehören jene Farbstoffe, deren wässerige Lösungen einen Doppelstreifen, d. i. zwei nahe aneinander liegende Absorptionsstreifen von gleicher oder fast gleicher Intensität zeigen, äthyl- und amylalkoholische Lösungen aber verschieden gestaltete Absorptionsspektra liefern.

Diese Gruppe bildet zwei Abteilungen und zwar sind es:

1. Jene Farbstoffe, welche in äthyl- und amylalkoholischer Lösung entweder einen Doppelstreifen wie die wässerige Lösung zeigen oder aber neben einem stärkeren Absorptionsstreifen (Hauptstreifen) einen schwächeren Absorptionsstreifen (Nebenstreifen) rechts geben (Sulfonsäuregrün B [By], Chrompatentgrün [K], Echtneutralviolett B [C] usw. und

2. jene Farbstoffe, deren äthyl- und amylalkoholische Lösungen nur einen unsymmetrischen Absorptionstreifen liefern (Methylindon R [C], Viktoriaviolett 4 BS [M]).

In diese Gruppe gehören Oxazin-, Thiazin-, Azinfarbstoffe, schließlich Azofarbstoffe und Alizarinfarbstoffe.

Gruppe VIII. In diese Gruppe wurden jene Farbstoffe eingereiht, welche sich wegen der unregelmäßig geformten Absorptionsspektra, die aus mehreren Streifen bestehen, in die vorangehenden Gruppen nicht einreihen ließen wie z. B. Irisblau [B]; es sind vielmehr Farbstoffe, welche Nebenprodukte enthalten (vergleiche Seite 15 und I. Teil dieses Buches Seite 14).

Tabellen der blauen Farbstoffe.

Grup

Handelsname	Eigenschaften	Wasser				Äthyl	
		Absorption	Salzsäure	Ammoniak	Kalilauge	Absorption	Salzsäure
Brillant-seidenblau 10 B [A]	Lösungen konzentriert blau, verdünnt grünblau	**658,9**	gelbgrün, der Streifen verschwindet	Absorption geschwächt 660,0, entfärbt sich teilweise	wie bei Ammoniak	**659,2**	unverände
Brillant-seidenblau 7 B [A]	Lösungen konzentriert blau, verdünnt grünlichblau	**652,6**	grün, Absorption geschwächt 653,3	Farbe und Absorption geschwächt, entfärbt sich nach längerem Stehen	654,5, wie bei Ammoniak	**654,5**	unveränder
Erioglaucin supra [G] **Erioglaucin X konz.** [G]	konzentrierte Lösungen blau, verdünnt grünlichblau; essigsaure Lösung von Erioglaucin supra grün, von Erioglaucin X grünlichblau	**639,0** Erioglaucin X: **638,4**	gelb, der Streifen verschwindet, Erioglaucin X: grün, Absorption geschwächt	unverändert	unverändert	**628,8**	Farbe unverändert 630,4
Xylenblau VS konz. [S]	wässerige und alkoholische Lösungen grünlichblau, essigsaure Lösung grün; in Amylalkohol schwieriger löslich	**638,7**	gelb, der Streifen verschwindet	unverändert	unverändert	**627,5**	Farbe unverändert 629,1
Patentblau V [M] **Patentblau N** [M] **Patentblau extra** [M] **Brillant-säureblau V** [By] **Neptunblau BG** [B] **Säureblau G** [t. M.] **Tetracyanol V** [C] **Tetracyanol SF** [C]	wässerige Lösung grünlichblau, alkoholische Lösungen grünblau, essigsaure Lösung grün; Patentblau extra in Amylalkohol leicht löslich, Patentblau V und N in Amylalkohol schwieriger löslich	**638,0**	gelb, der Streifen verschwindet	Farbe unverändert 628,8	Farbe unverändert 628,8	**628,5**	Farbe unverändert 630,1

alkohol		Amylalkohol				Essigsäure	Anmerkung
Ammoniak	Kalilauge	Absorption	Salzsäure	Ammoniak	Kalilauge	90 %	
Farbe unverändert 660,0, entfärbt sich allmählich teilweise	grün 661,1, entfärbt sich nach längerem Stehen	**660,4**	Farbe unverändert 661,8	661,8, entfärbt sich nach längerem Stehen	grün, entfärbt sich	**658,0**	saurer Farbstoff
unverändert	grün 657,4, entfärbt sich allmählich, dann rötlich	**655,9**	Farbe unverändert 657,4	658,0, entfärbt sich nach längerem Stehen	grün, entfärbt sich	**654,8**	saurer Farbstoff
Farbe unverändert 629,4	Farbe unverändert 631,1, entfärbt sich nach längerem Stehen	**627,5** Erioglaucin X: **627,8**	Farbe unverändert 630,4	Farbe unverändert 630,4	Farbe und Absorption geschwächt 628,8, entfärbt sich allmählich	**636,1**	saurer Farbstoff, siehe I. Teil, S. 115
Farbe unverändert 628,2	Farbe unverändert 629,5, entfärbt sich nach längerem Stehen	**626,5**	Farbe unverändert 629,1	Farbe nnverändert 630,1	Farbe und Absorption geschwächt 627,1, entfärbt sich allmählich	**635,4**	saurer Farbstoff
Farbe unverändert 626,8	Farbe unverändert 621,0, entfärbt sich teilweise nach längerem Stehen	**627,1**	Farbe unverändert 631,1	Farbe unverändert 626,5	Farbe und Absorption geschwächt 620,7, entfärbt sich nach längerem Stehen, dann grün	**635,4**	saurer Farbstoff, siehe I. Teil, S. 115

Handelsname	Eigenschaften	Wasser				Äthyl	
		Absorption	Salzsäure	Ammoniak	Kalilauge	Absorption	Salzsäure
Xylenblau AS [S]	Lösungen grünlichblau, in Amylalkohol schwieriger löslich	**638,0**	grün, Absorption geschwächt	unverändert	unverändert	**628,5**	Farbe unverändei 630,1
Patentblau A [M] **Brillantsäureblau A** [By] **Neptunblau BX** [B] **Tetracyanol A** [C]	wässerige und alkoholische Lösungen grünlichblau, essigsaure Lösung grünblau; in Amylalkohol schwieriger löslich; Neptunblau BX in Amylalkohol nur schwer löslich	**636,4**	grün, Absorption geschwächt	Farbe unverändert 627,1	Farbe unverändert 627,1	**628,2**	Farbe unverändei 630,1
Kitonblau N [J]	Lösungen grünlichblau	**634,4**	grünblau, Absorption unverändert	unverändert	unverändert	**626,5**	Farbe unverändei 627,1
Setopalin [G]	konzentrierte Lösungen blau, verdünnt grünblau; leicht löslich	**631,5** [582,0]	gelb	unverändert	unverändert	**625,5** [577,0]	unverändei
Türkisblau G [By] **Türkisblau GL extra** [By]	wässerige Lösung konzentriert blau, verdünnt grünlichblau, alkoholische und essigsaure Lösung konzentriert grünlichblau, verdünnt grünblau	**630,4**	grün, Absorption geschwächt 631,1	anfangs unverändert, entfärbt sich teilweise nach längerem Stehen und trübt sich	Farbe und Absorption geschwächt, entfärbt sich und trübt sich nach kurzem Stehen	**636,4**	ändert sic nicht

pe I.

alkohol		Amylalkohol				Essigsäure 90 %	Anmerkung
Ammoniak	Kalilauge	Absorption	Salzsäure	Ammoniak	Kalilauge		
unverändert	Farbe und Absorption geschwächt 630,8, entfärbt sich nach längerem Stehen	**628,2**	Farbe unverändert 631,8	Absorption geschwächt 629,8	grün, Absorption geschwächt 630,5, entfärbt sich allmählich	**636,0**	saurer Farbstoff
Farbe unverändert 626,8	Farbe unverändert 621,0, entfärbt sich teilweise nach längerem Stehen	**626,8**	Farbe unverändert 631,1	Farbe unverändert 626,5	Farbe und Absorption geschwächt 620,7, entfärbt sich nach längerem Stehen, dann gelblich	**634,4**	saurer Farbstoff, siehe I. Teil, S. 115
unverändert	Absorption geschwächt 628,2, entfärbt sich nach längerem Stehen	**622,6**	Farbe unverändert 626,5	unverändert	entfärbt sich	**632,1**	saurer Farbstoff
unverändert	anfangs unverändert, entfärbt sich teilweise nach längerem Stehen	**624,5** [577,0]	Farbe unverändert 627,1	unverändert	Farbe und Absorption geschwächt 625,5, entfärbt sich nach längerem Stehen	**630,8** [579,5]	basischer Farbstoff
Absorption geschwächt, entfärbt sich nach längerem Stehen	entfärbt sich sofort, dann schwach gelblich	**638,4**	unverändert	Absorption geschwächt, entfärbt sich nach längerem Stehen	entfärbt sich sofort, dann schwach gelblich	**636,0**	basischer Farbstoff

Handelsname	Eigenschaften	Wasser				Äthy	
		Absorption	Salzsäure	Ammoniak	Kalilauge	Absorption	Salzsäur
Cyanin B [M]	Lösungen blau, in Amylalkohol schwieriger löslich	**630,4**	gelb	violettblau 621,3	violettblau 621,3	**619,5**	Farbe unveränd 620,7
Neupatentblau GA [By]	Lösungen grünlichblau, in Amylalkohol auch beim Erwärmen schwer löslich	**630,1**	grün, Absorption geschwächt	unverändert	unverändert	**616,2**	Farbe unveränd 618,3
Erioglaucin extra [G] **Erioglaucin A** [G] **Kitonblau B** [J]	konzentrierte Lösungen blau, verdünnt grünlichblau, essigsaure Lösung grünblau; in Amylalkohol schwieriger löslich	**629,8**	grün, Absorption geschwächt	unverändert	unverändert	**626,1**	unveränd
Melitablau [L] **Glaukol L** [L]	konzentrierte Lösungen blau, verdünnt grünlichblau; in Amylalkohol unlöslich, beim Erwärmen nur gering löslich, nach Zusatz von Säure löslich; Glaukol L löst sich beim Erwärmen in Amylalkohol nur gering mit violettblauer Farbe	**629,4**	grün, Absorption geschwächt 630,4	anfangs unverändert, entfärbt sich teilweise nach längerem Stehen	anfangs unverändert, entfärbt sich teilweise nach längerem Stehen	**625,2**	unveränd
Türkisblau BB [By]	wässerige Lösung blau, alkoholische und essigsaure Lösungen grünlichblau; in Amylalkohol schwieriger löslich	**626,5**	grün, Absorption geschwächt	Absorption geschwächt	grünblau, entfärbt sich nach kurzer Zeit und trübt sich	**633,4**	unveränd

alkohol		Amylalkohol				Essigsäure	Anmerkung
Ammoniak	Kalilauge	Absorption	Salzsäure	Ammoniak	Kalilauge	90 %	
unverändert	entfärbt sich, dann hellgrün. konzentriertere Lösung: scharfer Streifen 620,7	in der Kälte gelöst **623,9** in der Wärme gelöst **622,3**	Farbe unverändert 627,1 in der Wärme gelöst: 625,5	unverändert	grün 620,0, entfärbt sich	**623,9**	**Cyanin B** gibt verwaschene, etwas nach rechts verzogene Absorptionsstreifen saurer Farbstoff
Farbe unverändert 617,7	grünblau 620,7, entfärbt sich allmählich	**613,8**	Farbe unverändert 617,7	Absorption geschwächt 616,2, entfärbt sich teilweise	entfärbt sich allmählich	**625,5**	saurer Farbstoff
unverändert	grün, Absorption geschwächt, entfärbt sich nach längerem Stehen	**625,8**	Farbe unverändert 629,8	unverändert	entfärbt sich	**629,5**	saurer Farbstoff, siehe I. Teil, S. 115
unverändert	grün, Absorption geschwächt, entfärbt sich allmählich (schwach gelb lich)	—	Melitablau **624,9**, mehr Säure: **627,1**, Glaukol **625,5**, mehr Säure: **628,5**	—	—	**628,8**	**Glaukol L** enthält einen violetten Farbstoff. In Amylalkohol erwärmt: violettblaue Lösung, ein Streifen bei 609,3 saurer Farbstoff
blaugrün, Absorption geschwächt 635,0, entfärbt sich nach längerem Stehen	entfärbt sich, dann schwach gelblich	**635,1**	unverändert	grün, Absorption geschwächt 638,4, entfärbt sich allmählich	entfärbt sich, dann schwach gelblich	**632,1**	basischer Farbstoff

Grup

Handelsname	Eigenschaften	Wasser				Äthyl	
		Absorption	Salzsäure	Ammoniak	Kalilauge	Absorption	Salzsäure
Neupatentblau B [By]	wässerige Lösungen konzentriert blau; verdünnt: wässerige Lösung blau, übrige Lösungen grünlichblau; in Amylalkohol schwer löslich	**624,5**	grün, Absorption geschwächt 625,5	unverändert	unverändert	**614,4**	Farbe unveränder 615,0
Biebricher Säureblau [K]	wässerige und alkoholische Lösungen grünlichblau, essigsaure Lösung grünblau; in Amylalkohol schwieriger löslich	**622,3** [575,7]	grün, Absorption geschwächt 631,1	unverändert	unverändert	**623,3**	grünblau 628,5
Ketonblau 4 BN [M]	wässerige Lösung blau, alkoholische Lösungen und essigsaure Lösung grünlichblau; in Amylalkohol fast unlöslich, nach Zusatz von Säure löslich	**620,7**	grünlichblau 622,6, nach längerem Stehen gelbgrün, der Streifen verschwindet	Farbe unverändert 619,2	Farbe und Absorption etwas geschwächt 619,2	**616,5**	unveränder
Neupatentblau 4 B [By]	Lösungen grünlichblau, in Amylalkohol schwer löslich	**618,0**	gelbgrün	unverändert	Farbe und Absorption geschwächt 619,5	**608,4**	unveränder
Eriocyanin A [G] **Echtwollblau** [G]	konzentrierte Lösungen violettblau, verdünnt blau, essigsaure Lösung grünblau: Eriocyanin A in Amylalkohol schwieriger löslich als Echtwollblau	**614,1**	grün, Absorption geschwächt 635,4	unverändert	unverändert	**608,1**	unveränder

alkohol		Amylalkohol				Essigsäure	Anmerkung
Ammoniak	Kalilauge	Absorption	Salzsäure	Ammoniak	Kalilauge	90 %	
unverändert	unverändert	**610,5**	Farbe unverändert 617,1	Farbe unverändert 613,8	Absorption geschwächt 613,8, entfärbt sich nach kurzem Stehen, dann schwach rötlich	**621,0**	saurer Farbstoff
unverändert	grün, entfärbt sich allmählich	**623,6**	grünblau, 633,1	unverändert	grün, entfärbt sich	**635,1**	saurer Farbstoff
unverändert	gelb	—	**617,7**	—	—	**621,3**	saurer Farbstoff
unverändert	grün, Absorption geschwächt, konzentriertere Lösung: 616,5	**604,1**	Farbe unverändert 609,9	Farbe unverändert 606,4	gelbgrün 615,0	**614,4**	reines Neupatentblau 4 B gibt Streifen: in Wasser 614,7, in Äthylalkohol 605,5, in Amylalkohol 601,9, in Essigsäure 611,7. saurer Farbstoff
unverändert	anfangs unverändert, entfärbt sich nach längerem Stehen	**607,8**	Farbe unverändert 612,6	Farbe unverändert 609,6	entfärbt sich allmählich, dann gelblich	**632,4**	saurer Farbstoff, siehe I. Teil, S. 112

Grup-

Handelsname	Eigenschaften	Wasser: Absorption	Wasser: Salzsäure	Wasser: Ammoniak	Wasser: Kalilauge	Äthyl-: Absorption	Äthyl-: Salzsäure
Cyanol extra [C] **Cyanol FF** [C]	wässerige Lösung blau, alkoholische Lösungen und essigsaure Lösung grünlichblau	**613,2**	gelbgrün	Stich ins Violett 605,5	Stich ins Violett 605,5	**610,2**	Farbe unverändert 611,7
Guineaecht-violett 10 B [A] **Kitonecht-violett 10 B** [J]	wässerige und alkoholische Lösungen blau mit violettem Stich, essigsaure Lösung grünlichblau; in Amylalkohol schwieriger löslich	**612,9**	grün, Absorption geschwächt 635,4	Farbe und Absorption geschwächt	Farbe und Absorption geschwächt	**606,1**	Farbe unverändert 607,2
Brillantfirn-blau [J] **Firnblau** [J] **Setocyanin O** [G]	wässerige Lösung blau, alkoholische Lösungen und essigsaure Lösung grünblau; in Wasser allmählich löslich	**612,3**	grün, Absorption geschwächt	hellgrün, Streifen verschwindet, trübt sich allmählich	gelb, trübt sich allmählich	**620,7**	unverändert
Chromviolett Teig [By]	wässerige und essigsaure Lösung grün, alkoholische Lösungen violett	**610,2**	gelbgrün, Absorption geschwächt 615,3	violett 570,5 [519,5], entfärbt sich allmählich	wie bei Ammoniak	**593,5** [482,5]	grün 614,7

Grup-

Handelsname	Eigenschaften	Wasser: Absorption	Wasser: Salzsäure	Wasser: Ammoniak	Wasser: Kalilauge	Äthyl-: Absorption	Äthyl-: Salzsäure
Neutralblau R [M]	wässerige Lösung blau, alkoholische Lösungen und essigsaure Lösung grünlichblau	**627,1** konzentriertere Lösung: [509,0]	entfärbt sich teilweise	unverändert	entfärbt sich teilweise	verwaschen **627,1**	unverändert

pe I.

alkohol		Amylalkohol				Essigsäure 90 %	Anmerkung
Ammoniak	Kalilauge	Absorption	Salzsäure	Ammoniak	Kalilauge		
unverändert	gelb	**610,5**	unverändert	Farbe unverändert 614,7	gelb	**611,7**	saurer Farbstoff
unverändert	Farbe und Absorption geschwächt 607,2, entfärbt sich nach längerem Stehen	**606,1**	Stich ins Grün 611,7	unverändert	entfärbt sich allmählich, dann grünlich-gelb	verwaschener Streifen **630,8**	saurer Farbstoff konzentriertere alkoholische und amylalkoholische Lösung von **Kitonechtviolett 10 B** zeigt einen sehr schwachen Streifen bei 560,5, siehe I. Teil, S. 114
grün, Absorption geschwächt, entfärbt sich teilweise nach längerem Stehen	gelb	**623,9**	Farbe unverändert 625,5	grün, Absorption geschwächt 625,5, entfärbt sich teilweise nach längerem Stehen	gelb	**616,5**	basischer Farbstoff
entfärbt sich allmählich	rotviolett 565,0, entfärbt sich nach längerem Stehen	**583,2**	grün 614,7	entfärbt sich allmählich	rot 562,5, entfärbt sich nach längerem Stehen	**615,0**	Beizenfarbstoff (Chrombeize)

pe Ia.

unverändert	rot	verwaschen **592,2** 632,0?	Farbe unverändert 629,4	unverändert	rot	**620,1**	saurer Farbstoff

Grup-

Handelsname	Eigenschaften	Wasser				Äthyl-	
		Absorption	Salzsäure	Ammoniak	Kalilauge	Absorption	Salzsäure
Neutralblau 3 R [M]	Lösungen blau	**627,1** konzentriertere Lösung: [514,5]	entfärbt sich teilweise	unverändert	entfärbt sich teilweise	**594,8**	unverändert
Wollblau R extra [By] **Wollblau SR extra** [By] **Säureblau R** [S]	wässerige Lösung blau, alkoholische Lösungen und essigsaure Lösung grünlichblau; in Amylalkohol allmählich löslich	**626,5**	Farbe und Absorption geschwächt 628,2	anfangs unverändert, entfärbt sich allmählich teilweise	628,2, entfärbt sich nach längerem Stehen teilweise	**624,5**	unverändert
Brillantwollblau B extra [By]	Lösungen blau, in Wasser schwieriger löslich	**625,5** konzentriertere Lösung: [517,0]	Farbe und Absorption geschwächt, entfärbt sich teilweise	anfangs unverändert, entfärbt sich teilweise nach längerem Stehen	Farbe und Absorption geschwächt, entfärbt sich teilweise	verwaschen, ungefähr **619,5** 582,5?	Farbe unverändert 621,7
Neutralwollblau R [K]	Lösungen blau; in Amylalkohol schwer löslich, nach Zusatz von Säure leicht löslich	**624,5**	grünlichblau, Farbe und Absorption geschwächt 627,0	unverändert	entfärbt sich teilweise, schwach violett	verwaschen, ungefähr **623,3**	Farbe unverändert 624,5
Chromblau Teig [By]	wässerige und alkoholische Lösungen grünlichblau, essigsaure Lösung blaugrün; in Wasser schwieriger löslich	**618,3**	grün, Absorption geschwächt 625,5	blau 607,2 [543,5]	blau 613,2 [545,5]	**608,4** [546,5]	blaugrün, Absorption verstärkt 625,0
Säureviolett 6 BN [B], [J] **Säureviolett** 6 BNO [J] **Säureviolett** 6 B [H]	Lösungen blau (siehe I. Teil, S. 114)	**618,3**	Farbe und Absorption geschwächt	anfangs unverändert, entfärbt sich teilweise nach längerem Stehen	wie bei Ammoniak	**606,3** 556,0?	Farbe unverändert 608,7 556,0?

pe Ia.

alkohol		Amylalkohol				Essigsäure 90 %	Anmerkung
Ammoniak	Kalilauge	Absorption	Salzsäure	Ammoniak	Kalilauge		
unverändert	rot	verwaschen **594,0** 633,7?	Farbe unverändert 629,4 597,4?	unverändert	rot	**595,3** Schatten links und rechts	saurer Farbstoff
Absorption etwas geschwächt	rosarot, entfärbt sich nach längerem Stehen teilweise	verwaschene Streifen **622,9** **585,7**	Farbe unverändert 626,1	Absorption geschwächt 623,9	rosarot	**626,5**	**Wollblau SR extra** nuanciert mit einem grünen Farbstoffe **Säureblau R** nuanciert mit einem violetten Farbstoffe saurer Farbstoff
Farbe und Absorption geschwächt	rosarot	verwaschen, ungefähr 650,7 **595,3**	Farbe unverändert 624,0	Farbe und Absorption geschwächt	rosarot	verwaschen **622,3**	saurer Farbstoff
Absorption geschwächt 624,5	rosarot	verwaschen, ungefähr 641,0 **592,2**	Farbe unverändert 628,2	Farbe und Absorption geschwächt	rosarot	verwaschen **624,2**	saurer Farbstoff
unverändert	violett, entfärbt sich nach längerem Stehen	**607,2** 551,0	blaugrün, Absorption verstärkt 625,0	unverändert	rotviolett, entfärbt sich teilweise nach längerem Stehen	**624,0** [483,0]	Paste auf dem Wasserbade abgedampft und wieder gelöst Beizenfarbstoff (Chrombeize)
entfärbt sich allmählich teilweise	rosarot, entfärbt sich allmählich	**603,9** [561,5]?	Farbe unverändert 610,2 [561,4]	entfärbt sich allmählich teilweise	rosarot, entfärbt sich allmählich	**612,6** 545,5	wässerige Lösung zeigt noch einen stärkeren Streifen bei 528,5, einen schwächeren bei 498,5, welche einem fremden Produkte angehören **Säureviolett 6 B**[H] enthält noch einen roten Farbstoff beigemischt saurer Farbstoff

Grup-

Handelsname	Eigenschaften	Wasser				Äthyl-	
		Absorption	Salzsäure	Ammoniak	Kalilauge	Absorption	Salzsäure
Intensivblau [By] **Echtsäureblau B** [By]	wässerige Lösung konzentriert violettblau, verdünnt blau; alkoholische und essigsaure Lösungen blau; Echtsäureblau B in Amylalkohol fast unlöslich	**617,1** konzentriertere Lösung: 534,0	entfärbt sich teilweise, dann schwach grünlich	unverändert	anfangs unverändert, entfärbt sich nach längerem Stehen	**618,7** 588,0	unverändert
Echtsäureviolett 10 B [By]	wässerige Lösung blau, alkoholische Lösungen grünlichblau, essigsaure Lösung grünblau; in Äthylalkohol schwieriger löslich; in Amylalkohol schwer löslich	**611,7**	grün 636,0	unverändert	anfangs unverändert, entfärbt sich nach längerem Stehen teilweise	**603,9**	Farbe unverändert 605,5
Säureviolett 8 B extra [By]	wässerige und alkoholische Lösungen violettblau, essigsaure Lösung grünblau; in Amylalkohol schwieriger löslich	**611,1**	grün 634,1	unverändert	unverändert	**602,7** 546,5	unverändert

Grup-

Erste

Handelsname	Eigenschaften	Absorption	Salzsäure	Ammoniak	Kalilauge	Absorption	Salzsäure
Thioninblau GO [M]	Lösungen konzentriert grünlichblau, verdünnt grünblau; wässerige Lösung fluoresziert schwach, alkoholische Lösungen fluoreszieren stärker rot, in Amylalkohol schwieriger löslich	**670,7** 612,9	unverändert	unverändert	unverändert	**659,3** 604,1	unverändert

pe Ia.

alkohol		Amylalkohol				Essigsäure	Anmerkung
Ammoniak	Kalilauge	Absorption	Salzsäure	Ammoniak	Kalilauge	90 %	
unverändert	rosarot, entfärbt sich allmählich	**616,2** 564,7	Farbe unverändert 610,2 559,2	Farbe unverändert 610,2 559,2	rosarot, entfärbt sich teilweise	**614,1**	saurer Farbstoff
Farbe unverändert 605,5	607,0, entfärbt sich allmählich teilweise	**600,7** 547,5	unverändert	Farbe unverändert 604,4	entfärbt sich allmählich	ungefähr **632,7**	saurer Farbstoff, siehe I. Teil, S. 113
unverändert	entfärbt sich allmählich	**597,9** 548,5	Farbe unverändert 601,6 548,5	unverändert	entfärbt sich allmählich	**633,7** 594,8	saurer Farbstoff

pe II.

Abteilung.

Ammoniak	Kalilauge	Absorption	Salzsäure	Ammoniak	Kalilauge	Essigsäure 90 %	Anmerkung
unverändert	entfärbt sich allmählich, dann schwach violett, konzentriertere Lösung allmählich blau, anfangs Streifen **649,0** 607,0 **525,0**, dann rotviolett 553,5	**660,2** 604,5	unverändert	unverändert	entfärbt sich allmählich, dann schwach violett, konzentriertere Lösung allmählich blau, anfangs Streifen **649,0** 607,0 **525,0**, dann rotviolett 553,5	**660,0** 604,0	basischer Thiazinfarbstoff, siehe I. Teil, S. 152

Grup-

Handelsname	Eigenschaften	Wasser				Äthyl-	
		Absorption	Salzsäure	Ammoniak	Kalilauge	Absorption	Salzsäure
Methylenblau krist. [M] **Methylenblau B** [B] **Methylenblau blau BB** [A], [By], [C], [H], [L], [t. M.] **Methylenblau DBB** [M] **Methylenblau G** [J] **Methylen-indigo O** [M]	Lösungen: konzentriert grünlichblau, verdünnt grünblau mit schwacher roter Fluoreszenz; Methylenblau krist. [M] in Amylalkohol schwer löslich	**667,8** 609,3	unverändert	unverändert	unverändert	**657,6** 602,1	unverändert
Thiokarmin R [C]	Lösungen: konzentriert grünlichblau, verdünnt grünblau, wässerige Lösung fluoresziert schwach, die übrigen Lösungen stärker rot; in Amylalkohol auch in der Wärme schwer löslich	**665,9** 613,0 (Nebenstreifen sehr schwach)	unverändert	unverändert	unverändert	**659,5** 604,4 (Nebenstreifen sehr schwach)	unverändert
Capriblau GON [By] **Capriblau GN** [L]	Lösungen: konzentriert grünlichblau, verdünnt grünblau, fluoreszieren nicht	**665,5** 606,7	entfärbt sich teilweise	unverändert	unverändert	**657,4** 600,7	ändert sich nicht
Rhodulin-reinblau 2B [By]	wässerige Lösung konzentriert violettblau, verdünnt grünlichblau, alkoholische und essigsaure Lösung grünlichblau, fluoreszieren stark rot; in Amylalkohol schwieriger löslich	**624,5** 573,5	unverändert	blau, Absorption geschwächt	rosarot	**620,4** 570,5 (Nebenstreifen sehr schwach)	unverändert

pe II.

alkohol		Amylalkohol				Essigsäure	Anmerkung
Ammoniak	Kalilauge	Absorption	Salzsäure	Ammoniak	Kalilauge	90 %	
unverändert	entfärbt sich dann rötlich, konzentriertere Lösung blauviolett, anfangs **645,0** 602,5 **520,7**, nach längerem Stehen karminrot, verwaschener Streifen 547,5	**658,5** 603,0	unverändert	unverändert	entfärbt sich, konzentriertere Lösung blauviolett, Streifen wie bei Äthylalkohol	**658,5** 603,0	basischer Thiazinfarbstoff, siehe I. Teil, S. 145 u. 152
unverändert	entfärbt sich allmählich, konzentriertere Lösung violett, **649,0** 607,0 **526,5**, einseitige Absorption im Violett, dann rotviolett, Streifen 556,0	**661,2** 605,8 (Nebenstreifen sehr schwach)	unverändert	unverändert	entfärbt sich, Lösung schwach violett	**658,1** 602,0 (Nebenstreifen sehr schwach)	saurer Thiazinfarbstoff
ändert sich nicht	entfärbt sich, konzentriertere Lösung grün, allmählich blau, ungefähr 652,5, verschiebt sich dann ungefähr auf 666,0	**658,9** [637,0] 602,1	unverändert	unverändert	entfärbt sich, konzentriertere Lösung gelbgrün 634,4, einseitige Absorption im Grün, Blau und Violett	**658,9** 600,2	basischer Oxazinfarbstoff, vergl. I. Teil, S. 178
rosarot	rosarot	**621,3** [600,0] 571,5	unverändert	rosarot	rosarot	**619,5** 571,5? (Nebenstreifen undeutlich)	basischer Oxazinfarbstoff

Grup-

Handelsname	Eigenschaften	Wasser Absorption	Wasser Salzsäure	Wasser Ammoniak	Wasser Kalilauge	Äthyl- Absorption	Äthyl- Salzsäure
Lauthsches Violett [Thionin-chlorid]	wässerige und essigsaure Lösung violettblau, alkoholische Lösungen blau, fluoreszieren sämtlich rot	**602,5** 559,5	unverändert	violett, Absorption geschwächt	rot, Streifen verschwinden	**605,5** [588,5] 560,3	unverändert
Irisviolett extra [B]	wässerige und essigsaure Lösungen violett, fluoreszieren schwach rot, alkoholische Lösungen rotviolett, fluoreszieren stark rot	**590,6** 548,5	unverändert	unverändert	unverändert	**580,2** 536,0	unverändert

Zweite

Handelsname	Eigenschaften	Wasser Absorption	Wasser Salzsäure	Wasser Ammoniak	Wasser Kalilauge	Äthyl- Absorption	Äthyl- Salzsäure
Kristall-violett 10 B [C]	Lösungen violettblau	**600,2** 551,5	grün 628,8	unverändert	anfangs unverändert, entfärbt sich nach längerem Stehen	**599,7** 557,0	unverändert
Äthylviolett [J]	Lösungen blauviolett	**596,9** 546,5	gelbgrün, schwacher Streifen 640,4, entfärbt sich nach längerem Stehen	Farbe und Absorption geschwächt	Farbe und Absorption geschwächt, entfärbt sich nach längerem Stehen	**596,4** 551,5	unverändert
Methylviolett 6 B [B], [By], [M] **Methylviolett 10 B** [t. M.] **Kristallviolett 6 B** [A] **Kristall-violett** [B] **Kristall-violett O** [M] **Kristallviolett 5 BO** [J] **Benzylviolett 7 B** [CJ] **Benzylviolett** [t. M.] **Violett C** [P]	Lösungen violett	**591,0** 540,5	blau, mehr Säure: grün 631,0, entfärbt sich allmählich	entfärbt sich teilweise	entfärbt sich allmählich	**592,2** 546,5	unverändert

pe II.

alkohol		Amylalkohol				Essigsäure	Anmerkung
Ammoniak	Kalilauge	Absorption	Salzsäure	Ammoniak	Kalilauge	90 %	
violett, Absorption geschwächt	rot, Streifen verschwinden	**608,8** [592,2] 563,0	unverändert	violett, Absorption geschwächt	rot, Streifen verschwinden	**598,8** [583.5] 554,8	dieser Farbstoff kommt in den Handel als ein Gemisch mit Methylenblau unter dem Namen **Gentianin** [G] basischer Thiazinfarbstoff, s. I. Teil, S. 2, 42, 143 u. 150
unverändert	unverändert	**581,0** 537,1	Farbe unverändert **583,8** 539,5	unverändert	unverändert	**582,3** 537,7	basischer Azinfarbstoff, vergl. I. Teil, S. 193

Abteilung.

Ammoniak	Kalilauge	Absorption	Salzsäure	Ammoniak	Kalilauge	Essigsäure 90 %	Anmerkung
unverändert	entfärbt sich allmählich	**600,5** 559,2	Farbe unverändert **603,5** 560,3	unverändert	entfärbt sich allmählich	**598,3** ? 558,0 (Nebenstreifen sehr schwach)	basischer Farbstoff
Farbe und Absorption geschwächt	entfärbt sich	**597,4** 554,8	Farbe unverändert **599,1** 554,8	Farbe und Absorption geschwächt	entfärbt sich	**595,8** 552,6 (Nebenstreifen sehr schwach)	basischer Farbstoff, siehe I. Teil, S. 107 u. 121
entfärbt sich allmählich teilweise	entfärbt sich	**593,2** 548,5	Farbe unverändert **595,0** 548,5	entfärbt sich allmählich teilweise	entfärbt sich	**591,7** 546,5	basischer Farbstoff, siehe I. Teil, S. 107, 108 u. 121

Grup-

Handelsname	Eigenschaften	Wasser Absorption	Wasser Salzsäure	Wasser Ammoniak	Wasser Kalilauge	Äthyl- Absorption	Äthyl- Salzsäure
Methylviolett 2 B [A], [B], [M], [t. M.] **Methylviolett B extra extra** [A] **Methylviolett BBN** [S] **Methylviolett B # O** [C] **Methylviolett BO** [L] **Methylviolett 4 BO** [O] **Methylviolett bläulich, rötlich** [CJ] **Brillantviolett 6 B** [J] **Dahlia B** [D]	Lösungen violett	**587,0** 535,7	blau, mehr Säure: grün 625,5	entfärbt sich teilweise	entfärbt sich allmählich	**586,5** 541,5	unverändert
Methylviolett B [By] **Methylviolett B extra** [t.M.] **Methylviolett 2 B** [H] **Brillantviolett 8B** [J] **Violett 300 XE** [P]	Lösungen violett	**585,7** 534,8	blau, mehr Säure: blaugrün 623,9, entfärbt sich nach längerem Stehen	entfärbt sich teilweise nach längerem Stehen	entfärbt sich allmählich	**585,0** 540,5	unverändert

Dritte

Handelsname	Eigenschaften	Wasser Absorption	Wasser Salzsäure	Wasser Ammoniak	Wasser Kalilauge	Äthyl- Absorption	Äthyl- Salzsäure
Säureviolett 7 B [B], [J] **Säureviolett 6 B** [A]	wässerige Lösung violettblau, alkoholische Lösungen und essigsaure Lösung blau; in Amylalkohol schwieriger löslich	**607,5** 544,5	blau, Absorption geschwächt, mehr Säure: grün 640,4	entfärbt sich allmählich	entfärbt sich allmählich	**603,0** 553,7	unverändert
Säureviolett 7 BN [M]	wässerige Lösung violetttblau, alkoholische Lösungen und essigsaure Lösung blau; in Wasser allmählich, in Amylalkohol schwer löslich	**603,0** 547,5	auch nach Zusatz von mehr Säure blau, das Spektrum verschiebt sich nach links	entfärbt sich allmählich	entfärbt sich allmählich	**597,4** 552,6 (Nebenstreifen sehr schwach)	unverändert

pe II.

alkohol		Amylalkohol				Essigsäure 90 %	Anmerkung
Ammoniak	Kalilauge	Absorption	Salzsäure	Ammoniak	Kalilauge		
entfärbt sich teilweise	entfärbt sich	**586,5** 544,5	Farbe unverändert **588,3** 544,5	entfärbt sich teilweise	entfärbt sich	**586,5** 543,5	basischer Farbstoff
entfärbt sich teilweise nach längerem Stehen	entfärbt sich	**585,0** 543,5	Farbe unverändert **588,3** 543,5	entfärbt sich teilweise nach längerem Stehen	entfärbt sich	**585,0** 541,5	basischer Farbstoff
Abteilung.							
entfärbt sich allmählich	entfärbt sich sofort	**603,5** 558,1	Farbe unverändert **605,5** 558,1	entfärbt sich allmählich	entfärbt sich sofort	**603,0** 554,8 (Nebenstreifen schwach)	saurer Farbstoff, siehe I. Teil, S. 116
entfärbt sich allmählich	entfärbt sich sofort	**598,3** 557,0 (Nebenstreifen sehr schwach)	Farbe unverändert **599,3** 557,0 (Nebenstreifen sehr schwach)	entfärbt sich allmählich	entfärbt sich sofort	**597,9** 554,8	saurer Farbstoff, siehe I Teil, S. 116

Grup-

Handelsname	Eigenschaften	Wasser Absorption	Wasser Salzsäure	Wasser Ammoniak	Wasser Kalilauge	Äthyl- Absorption	Äthyl- Salzsäure
Säureviolett 5 BF [M]	Lösungen blauviolett, in Amylalkohol schwer löslich	**597,4** 534,8	blau, mehr Säure: grünlichblau 627,1	Absorption geschwächt, entfärbt sich teilweise	entfärbt sich allmählich	**594,8** 545,5	unverändert
Säureviolett 5 BS [S]	Lösungen violettblau; in Amylalkohol schwieriger löslich	**597,0** schwacher Schatten links 535,7 (Nebenstreifen schwach)	blau, mehr Säure: grünlichblau 627,1	unverändert	Absorption geschwächt, entfärbt sich nach längerem Stehen	**593,5** 546,5	Farbe unverändert **594,6** 546,5
Benzylviolett 5B [J]	Lösungen violett, in Amylalkohol schwieriger löslich	**594,0** 535,7	blau, mehr Säure: grünlichblau 626,0, entfärbt sich teilweise nach längerem Stehen	Farbe und Absorption geschwächt	Farbe und Absorption geschwächt, entfärbt sich nach längerem Stehen	**592,4** 545,5	Farbe unverändert **593,5** 546,5
Säureviolett 3 BN [B]	Lösungen violett, in Amylalkohol schwer löslich	**593,8** 529,4	blau, mehr Säure: grünblau 620,7, entfärbt sich teilweise	Farbe und Absorption geschwächt, entfärbt sich teilweise	entfärbt sich allmählich	**592,2** 541,5	unverändert
Viktoriablau 4 R [B], [t.M.]	wässerige Lösung violettblau, alkoholische Lösungen und essigsaure Lösung blau; in Wasser schwieriger löslich	**593,5** 538,5	blau, mehr Säure: grünlichblau 630,5	Absorption geschwächt, entfärbt sich nach längerem Stehen	entfärbt sich allmählich	**594,0** 546,5	unverändert
Säureviolett 7 B [L] **Säureviolett N** [M]	Lösungen violett, in Amylalkohol schwieriger löslich	**593,5** 536,0	blau, mehr Säure: grünblau 627,8	entfärbt sich teilweise	entfärbt sich allmählich	**591,0** 543,5	unverändert

alkohol		Amylalkohol				Essigsäure	Anmerkung
Ammoniak	Kalilauge	Absorption	Salzsäure	Ammoniak	Kalilauge	90 %	
Farbe und Absorption geschwächt, entfärbt sich teilweise	entfärbt sich	**594,8** 548,5	Farbe unverändert **597,2** 548,5	entfärbt sich allmählich	entfärbt sich sofort	**594,0** 545,5	saurer Farbstoff, siehe I Teil, S. 141
Farbe und Absorption geschwächt, entfärbt sich teilweise	entfärbt sich, Lösung schwach rötlich	**594,0** 549,5	Farbe unverändert **597,4** 549,5	entfärbt sich teilweise	entfärbt sich, Lösung schwach rötlich	**594,0** 546,5	der Farbstoff ist nicht rein, die Lösung zeigt einen mit dem Hauptstreifen verbundenen Schatten links saurer Farbstoff
Farbe und Absorption geschwächt	entfärbt sich	**593,5** 547,5	Farbe unverändert **595,9** 548,5	Farbe und Absorption geschwächt	entfärbt sich sofort	**592,2** 544,5	saurer Farbstoff
unverändert	entfärbt sich	**590,9** 544,5	Farbe unverändert **593,0** 544,5	unverändert	entfärbt sich	**592,2** 539,5	saurer Farbstoff
entfärbt sich allmählich	entfärbt sich, dann rötlich	**594,8** 549,5	Farbe unverändert **597,4** 549,5	entfärbt sich allmählich	entfärbt sich, dann rötlich	**594,0** 548,5 (Nebenstreifen sehr schwach)	basischer Farbstoff
entfärbt sich teilweise	entfärbt sich	**591,0** 546,5	Farbe unverändert **594,3** 547,5	entfärbt sich teilweise	entfärbt sich	**591,0** 543,5	saurer Farbstoff

Grup-

Handelsname	Eigenschaften	Wasser				Äthyl-	
		Absorption	Salzsäure	Ammoniak	Kalilauge	Absorption	Salzsäure
Säureviolett 4 BN [J]	wässerige Lösung violett, alkoholische Lösungen und essigsaure Lösung blauviolett; in Amylalkohol schwieriger löslich	**592,2** 533,0	grünblau 627,8	entfärbt sich teilweise nach längerem Stehen	entfärbt sich allmählich	**591,0** 543,5	unverändert
Alkaliviolett R [B]	Lösungen violett, in Amylalkohol schwieriger löslich	**590,1** 524,0	blau, mehr Säure: grün 619,8	Farbe und Absorption geschwächt	entfärbt sich allmählich	**587,0** 539,5	unverändert

Grup-

Erste

Handelsname	Eigenschaften	Absorption	Salzsäure	Ammoniak	Kalilauge	Absorption	Salzsäure
Säureblau B [S] **Wollblau G extra** [A]	wässerige Lösung blau, alkoholische Lösungen und essigsaure Lösung grünlichblau; Säureblau B in Wasser schwieriger löslich; in Amylalkohol schwer löslich	**628,8** 577,0 (Nebenstreifen sehr schwach)	Farbe und Absorption geschwächt	unverändert	violettblau, Absorption geschwächt, entfärbt sich nach längerem Stehen	verwaschene Streifen, Maximum undeutlich un gefähr **622,3** **591,0**	verwaschener Streifen 624,0
Wollblau N extra konz. [By]	wässerige Lösung blau, alkoholische Lösungen und essigsaure Lösung grünlichblau	**620,7** 574,5 (Nebenstreifen sehr schwach)	blaugrün, Absorption geschwächt 623,9	unverändert	violettblau, Absorption geschwächt, entfärbt sich teilweise nach längerem Stehen	verwaschene Streifen ungefähr **619,8** **585,7**	verwaschener Streifen 622,3
Viktoriablau B [B], [By], [H], [J], [M]	wässerige Lösung blau, alkoholische Lösungen und essigsaure Lösung grünlichblau; in Wasser schwieriger löslich	**619,2** 567,0	entfärbt sich teilweise, der Farbstoff schlägt sich nieder	rosarot	rosarot	verwaschene Streifen ungefähr **624,5** **587,0**	unverändert

pe II.

alkohol		Amylalkohol				Essigsäure	Anmerkung
Ammoniak	Kalilauge	Absorption	Salzsäure	Ammoniak	Kalilauge	90 %	
entfärbt sich teilweise nach längerem Stehen	entfärbt sich	**591,0** 546,5	Farbe unverändert **594,3** 547,5	entfärbt sich teilweise nach längerem Stehen	entfärbt sich	**591,0** 543,5	saurer Farbstoff
Absorption geschwächt	entfärbt sich	**587,0** 541,5	Farbe unverändert **588,5** 541,5	Absorption geschwächt	entfärbt sich	**587,0** 538,5	saurer Farbstoff

pe IIa.

Abteilung.

Ammoniak	Kalilauge	Absorption	Salzsäure	Ammoniak	Kalilauge	Essigsäure 90 %	Anmerkung
Absorption geschwächt, ungefähr 617,5	rosarot	658,1 **591,0**	verwaschene Streifen ungefähr 628,8 592,0	unverändert	rosarot	ungefähr **624,0**	saurer Farbstoff
unverändert	rosarot	652,6 **582,0**	verwaschene Streifen ungefähr 625,5 588,3	unverändert	rosarot	**620,7**	saurer Farbstoff
blauviolett	rosarot	642,8 **587,0**	Farbe unverändert 637,0 **588,3**	violett	rosarot	ungefähr **618,5**	basischer Farbstoff, siehe I. Teil, S. 140

Grup-

Handelsname	Eigenschaften	Wasser				Äthyl-	
		Absorption	Salzsäure	Ammoniak	Kalilauge	Absorption	Salzsäure
Brillantviktoriablau RB [J]	Lösungen blau	**618,6** 564,3	grünlichgelb, konzentriertere Lösung: grüngelb 674,0, einseitige Absorption im im Blau und Violett	entfärbt sich, dann schwach violett	entfärbt sich, dann schwach rötlich	628,8 **575,7**	unverändert
Viktoriareinblau B [B]	Lösungen blau	**617,7** 562,9	gelbgrün, konzentriertere Lösung: 636,4, einseitige Absorption im Violett	entfärbt sich nach längerem Stehen	entfärbt sich, dann rötlich	**628,8** **572,5**	unverändert
Viktoriablau R [B], [J] **Neuviktoriablau B** [By]	Lösungen blau; in Wasser schwer löslich	**614,7** 558,0	grün 634,4	Absorption geschwächt	entfärbt sich, dann schwach rötlich	**630,1** **568,2**	unverändert

Zweite

Handelsname	Eigenschaften	Wasser Absorption	Wasser Salzsäure	Wasser Ammoniak	Wasser Kalilauge	Äthyl- Absorption	Äthyl- Salzsäure
Chromazurin S [S]	wässerige Lösung blau mit roter Fluoreszenz, alkoholische Lösungen violett mit starker roter Fluoreszenz, essigsaure Lösung blauviolett mit schwacher roter Fluoreszenz; in Amyalkohol schwieriger löslich	**618,9** 568,2	rosarot, Fluoreszenz verschwindet, entfärbt sich allmählich, konzentriertere Lösung: ungefähr 584,5 **539,5** 498,5	unverändert	unverändert	ungefähr **586,5** 544,5	rot, Fluoreszenz verschwindet, konzentriertere Lösung: ungefähr 589,6 **543,5** 506,5
Amethystviolett [K]	Lösungen violett, wässerige und essigsaure Lösung fluoresziert schwach, alkoholische Lösungen fluoreszieren stark rot	**589,0** 545,5	blauviolett, Streifen unverändert	unverändert	unverändert	**582,0** **558,0**	unverändert

pe IIa.

alkohol		Amylalkohol				Essigsäure	Anmerkung
Ammoniak	Kalilauge	Absorption	Salzsäure	Ammoniak	Kalilauge	90 %	
unverändert	rosarot	633,7 **577,5**	Farbe grünlichblau **634,4** 575,7	unverändert	rosarot	verwaschen, ungefähr **621,3** 575,7	basischer Farbstoff
unverändert	rosarot, entfärbt sich nach längerem Stehen	633,7 **574,0**	Absorption geschwächt **634,4** 572,0	unverändert	rosarot, entfärbt sich nach längerem Stehen	ungefähr **621,3** 575,7	basischer Farbstoff
unverändert	orangegelb	**633,7** **567,0**	Farbe unverändert **635,4** **568,2**	unverändert	orangegelb	ungefähr **625,5** 569,5	basischer Farbstoff, siehe I. Teil, Seite 140

Abteilung.

rotviolett, ungefähr 589,5 547,5	wie bei Ammoniak	ungefähr **579,5** **543,5**	blau, dann rot, Fluoreszenz verschwindet, ungefähr 592,0 **545,5** 508,0	Farbe unverändert, ungefähr 584,5 547,5	entfärbt sich allmählich teilweise, Fluoreszenz verschwindet	**644,8** **621 0** schwache Streifen: 590,4 542,5 502,5	Gallocyaninfarbstoff siehe I. Teil, Seite 90
unverändert	Farbe und Absorption geschwächt **579,5** 538,5	**582,2** **560,7** [539,5]	Farbe unverändert 585,0 562,5	unverändert	Farbe und Absorption geschwächt 578 2 537,0	ungefähr **583,2** 547,5	basischer Safraninfarbstoff, vergl. auch I. Teil, S. 193

Grup-

Handelsname	Eigenschaften	Wasser Absorption	Wasser Salzsäure	Wasser Ammoniak	Wasser Kalilauge	Äthyl- Absorption	Äthyl- Salzsäure
Triazolviolett B [O]	wässerige Lösung blau, in Äthyl- und Amylalkohol auch nach Zusatz von Säure fast unlöslich, in Essigsäure nur sehr wenig mit roter Farbe löslich	**677,8** 612,3	unverändert	Absorption geschwächt **666,3** 601,6	violettblau [665,0] 543,5	—	—

Grup-

Erste

Handelsname	Eigenschaften	Wasser Absorption	Wasser Salzsäure	Wasser Ammoniak	Wasser Kalilauge	Äthyl- Absorption	Äthyl- Salzsäure
Neumethylenblau GG [C]	wässerige Lösung grünlichblau, alkoholische Lösungen und essigsaure Lösung grünblau; sämtliche Lösungen fluoreszieren rot; in Amylalkohol schwieriger löslich	**662,9** 604,4	unverändert	Farbe und Absorption geschwächt, entfärbt sich nach längerem Stehen	Farbe und Absorption geschwächt, entfärbt sich nach längerem Stehen, schwach grünlich	**657,4**	unverändert
Nilblau A [B]	Lösungen konzentriert grünlichblau, verdünnt grünblau; in Amylalkohol schwer löslich; wässerige Lösung fluoresziert schwach rot, alkoholische Lösungen und essigsaure Lösung fluoreszieren stark rot	**644,5** 592,2	Absorption geschwächt, allmählich grün; entfärbt sich fast vollständig nach längerem Stehen	rosarot, entfärbt sich teilweise nach längerem Stehen	wie bei Ammoniak	**632,1**	unverändert
Neumethylenblau F [By]	wässerige Lösung blau mit schwacher roter Fluoreszenz; alkoholische und essigsaure Lösungen grünlichblau mit stärkerer Fluoreszenz	**642,1** 589,5	Farbe und Absorption geschwächt	unverändert	rosarot	**631,1**	unverändert

pe IIa.

alkohol		Amylalkohol				Essigsäure	Anmerkung
Ammoniak	Kalilauge	Absorption	Salzsäure	Ammoniak	Kalilauge	90 %	
—	-	—	—	—	—	ungefähr **498,5**	der Farbstoff enthält einen roten Farbstoff direktfärbender Baumwollfarbstoff

pe IIb.

Abteilung.

entfärbt sich allmählich	entfärbt sich allmählich, dann schwach bläulich	**659,0**	unverändert	entfärbt sich allmählich, dann orangegelb	orangegelb	ungefähr **656,3**	basischer Oxazinfarbstoff, siehe I. Teil, Seite 184
rosarot	rosarot	ungefähr **631,1**	unverändert	rosarot, schwacher Streifen 505,0	wie bei Ammoniak	**639,4**	basischer Oxazinfarbstoff, siehe I. Teil, Seite 183
unverändert	rosarot	**631,1**	unverändert	violettblau, Absorption geschwächt	rosarot	verwaschen **634,4**	basischer Thiazinfarbstoff

Grup-

Handelsname	Eigenschaften	Wasser: Absorption	Wasser: Salzsäure	Wasser: Ammoniak	Wasser: Kalilauge	Äthyl-: Absorption	Äthyl-: Salzsäure
Toluidinblau [B]	wässerige Lösung blau, fluoresziert schwach rot, alkoholische Lösungen und essigsaure Lösung grünblau, fluoreszieren stark rot	**640,4** 588,3	Absorption geschwächt, entfärbt sich teilweise nach längerem Stehen	Farbe und Absorption geschwächt	violett, Streifen verschwinden	**630,8**	unverändert
Cresylblau 2 BS [L] **Brillant-cresylblau 2 B** [L]	wässerige Lösung blau, alkoholische Lösungen und essigsaure Lösung grünlichblau, sämtliche Lösungen fluoreszieren schwach rot; in Amylalkohol schwieriger löslich	verwaschen **631,8** 579,5	Farbe und Absorption geschwächt	entfärbt sich fast vollständig, schwach grünlich [634,0]	orangegelb, entfärbt sich nach längerem Stehen	**628,5**	unverändert

Zweite

Handelsname	Eigenschaften	Wasser: Absorption	Wasser: Salzsäure	Wasser: Ammoniak	Wasser: Kalilauge	Äthyl-: Absorption	Äthyl-: Salzsäure
Säureblau G [S]	wässerige Lösung blau, alkoholische Lösungen und essigsaure Lösung grünlichblau; in Wasser und Amylalkohol schwieriger löslich	**636,4** 582,0 (Nebenstreifen sehr schwach)	entfärbt sich teilweise, Lösung schwach grünblau	unverändert	Absorption geschwächt, konzentriertere Lösung: 640,4 [583,3]	ungefähr **625,0**	Farbe unverändert 627,0
Wollblau 2 B [A]	Lösungen blau, in Amylalkohol schwer löslich	verwaschen **617,7** 559,2	blau, mehr Säure: grünblau 644,5	unverändert	Absorption geschwächt, entfärbt sich teilweise nach längerem Stehen	**617,7**	unverändert
Wollblau R [A]	Lösungen blau, in Amylalkohol schwer löslich	**615,9** 558,0	grünlichblau, mehr Säure grünblau 643,8	Farbe und Absorption geschwächt	entfärbt sich allmählich teilweise	**616,8**	unverändert

pe IIb.

alkohol		Amylalkohol				Essigsäure	Anmerkuug
Ammoniak	Kalilauge	Absorption	Salzsäure	Ammoniak	Kalilauge	90 %	
violett, Absorption geschwächt, konzentriertere Lösung: 632,5 520,5	rosarot, konzentriertere Lösung: 519,5	**632,1**	unverändert	violettblau, nach längerem Stehen rotviolett 632,5, konzentriertere Lösung: 520,5	rosarot, konzentriertere Lösung: 519,5	**632,7**	basischer Thiazinfarbstoff, siehe I. Teil, Seite 161
orangegelb	orangegelb, konzentriertere Lösung: ungefähr 486,0	**630,1** 608,0	unverändert	orangegelb	orangegelb, konzentriertere Lösung: ungefähr 486,0	**628,8**	basischer Oxazinfarbstoff, vergl. I. Teil, Seite 178

Abteilung.

Ammoniak	Kalilauge	Absorption	Salzsäure	Ammoniak	Kalilauge	Essigsäure 90 %	Anmerkuug
unverändert	rosarot	ungefähr **597,5**	Farbe unverändert, ungefähr 624,0	unverändert	rosarot	ungefähr **626,0**	nuanciert mit einem grünen Farbstoff saurer Farbstoff
Absorption geschwächt, entfärbt sich teilweise nach längerem Stehen	entfärbt sich allmählich	**619,8**	unverändert	Absorption geschwächt, entfärbt sich teilweise nach längerem Stehen	entfärbt sich	**618,6**	das im Handel befindliche Wollblau 2 B ist ein Gemisch aus Wollblau 2 B und einem grünen Farbstoff. Dasselbe gibt folgende Absorptionstreifen: in Wasser 617,7 u. 559,2, in Alkohol 618,3, in Amylalkohol 622,0, in Essigsäure 619,2 (s. S. 30) saurer Farbstoff
anfangs unverändert, entfärbt sich teilweise nach längerem Stehen	entfärbt sich allmählich	**617,7**	unverändert	entfärbt sich teilweise	entfärbt sich	**616,2**	saurer Farbstoff

Grup-

Erste

Handelsname	Eigenschaften	Wasser				Äthyl-	
		Absorption	Salzsäure	Ammoniak	Kalilauge	Absorption	Salzsäure
Nilblau BB [B]	wässerige Lösung konzentriert blau, verdünnt grünlichblau mit schwacher roter Fluoreszenz, alkoholische Lösungen und essigsaure Lösung konzentriert grünlichblau, verdünnt grünblau mit starker roter Fluoreszenz; in Wasser schwieriger löslich	655,9 **600,2**	Absorption geschwächt, entfärbt sich allmählich, Salpetersäure: rotviolett **509,0**, der Farbstoff schlägt sich allmählich nieder	rosarot, konzentriertere Lösung ungefähr 488,5	wie bei Ammoniak	**653,7**	unverändert
Neumethylenblau N [C]	wässerige Lösung konzentriert blau, verdünnt grünlichblau, alkoholische Lösungen und essigsaure Lösung konzentriert grünlichblau, verdünnt grünblau; sämtliche Lösungen fluoreszieren stark rot	636,4 **588,0**	unverändert	unverändert	violett, entfärbt sich allmählich, konzentriertere Lösung violett mit orangegelber Fluoreszenz, Streifen ungefähr 513,0	**631,1**	unverändert
Neumethylenblau FR [By]	wässerige Lösung blau mit schwacher roter Fluoreszenz, alkoholische Lösungen und essigsaure Lösung grünlichblau mit stärkerer roter Fluoreszenz	verwaschen 637,4 **586,2**	unverändert	unverändert	rosarot	**628,2** [579,5]	unverändert

pe III.

Abteilung.

alkohol		Amylalkohol				Essigsäure	Anmerkung
Ammoniak	Kalilauge	Absorption	Salzsäure	Ammoniak	Kalilauge	90 %	
rosarot, konzentriertere Lösung ungefähr 511,5	wie bei Ammoniak	**654,8**	unverändert	rosarot, konzentriertere Lösung ungefähr 508,0	wie bei Ammoniak	**653,3**	basischer Oxazinfarbstoff
entfärbt sich, Lösung schwach violettblau, Absorption geschwächt	rosarot, konzentriertere Lösung ungefähr 534,0	**632,4** [614,0] [582,0]	unverändert	entfärbt sich, Lösung schwach violettblau, Absorption geschwächt	rosarot, konzentriertere Lösung ungefähr 534,0	**628,2**	basischer Thiazinfarbstoff
Absorption geschwächt	rosarot	**628,2** [579,5]	unverändert	blau, Absorption geschwächt	rosarot	**631,1**	basischer Thiazinfarbstoff

Grup-

Zweite

Handelsname	Eigenschaften	Wasser Absorption	Wasser Salzsäure	Wasser Ammoniak	Wasser Kalilauge	Äthyl- Absorption	Äthyl- Salzsäure
Framblau G [By]	wässerige Lösung violettblau, alkoholische Lösungen und essigsaure Lösung blau, im auffallenden Lichte rotviolett	642,5 **571,3** (Nebenstreifen sehr schwach)	anfangs unverändert, dann 643,8, sehr schwach **588,0**, dann schlägt sich der Farbstoff nieder	unverändert	anfangs unverändert, dann 643,8, **588,0** (Nebenstreifen sehr schwach)	**592,5**	Farbe unverändert 594,8
Wollblau 5 B [A]	Lösungen blau	616,2 **561,8**	grün 645,5	Absorption geschwächt	Absorption geschwächt, entfärbt sich nach längerem Stehen	**617,7**	unverändert
Säurereinblau R [G]	wässerige Lösung violettblau, alkoholische Lösungen und essigsaure Lösung blau; in Amylalkohol schwer löslich	verwaschen 602,7 **553,7**	grün 633,1	unverändert	Farbe und Absorption geschwächt	verwaschen **602,1**	unverändert
Brillantwalkblau B [C]	wässerige Lösung violettblau, alkoholische Lösungen blau, essigsaure Lösung grünlichblau; in Amylalkohol schwer löslich, leicht in der Wärme	605,8 **553,7** (Nebenstreifen sehr schwach)	grün 633,1	unverändert	Farbe und Absorption geschwächt, entfärbt sich nach längerem Stehen	verwaschen **600,2**	unverändert, mehr Säure grünblau **639,0** 593,5
Wollblau RX [A]	wässerige Lösung violettblau, alkoholische Lösungen und essigsaure Lösung blau; in Amylalkohol schwer löslich, nach Zusatz von Säure leicht löslich	597,5 **546,5** (Nebenstreifen kaum sichtbar)	blau, mehr Säure grünblau 634,4	unverändert	violett, Absorption geschwächt, entfärbt sich nach längerem Stehen	**594,8**	unverändert

pe III.

Abteilung.

alkohol		Amylalkohol				Essigsäure	Anmerkung
Ammoniak	Kalilauge	Absorption	Salzsäure	Ammoniak	Kalilauge	90 %	
unverändert	rosarot, konzentriertere Lösung 593,5 **548,5** 512,0	**592,7**	Farbe unverändert 596,4	unverändert	rosarot	**596,0**	saurer Farbstoff
Farbe und Absorption geschwächt, entfärbt sich teilweise nach längerem Stehen	entfärbt sich allmählich	**619,2**	unverändert	Farbe und Absorption geschwächt, entfärbt sich teilweise nach längerem Stehen	entfärbt sich sofort	**615,6**	saurer Farbstoff
unverändert	entfärbt sich allmählich	verwaschen **605,3**	Farbe unverändert 605,8	unverändert	entfärbt sich	**600,2** [640,8]	saurer Farbstoff
unverändert	entfärbt sich allmählich	verwaschen **603,0**	unverändert, mehr Säure grünblau **639,0** 594,8	unverändert	entfärbt sich	**639,4** 590,7	saurer Farbstoff
unverändert	violett, entfärbt sich	**593,7**	Farbe unverändert 597,4	unverändert	entfärbt sich	**593,7** [635,4]	nuanciert mit einem grünlichblauen Farbstoff **Wollblau 2 BX** [A] ist ein Gemisch saurer Farbstoff

Grup-

Handelsname	Eigenschaften	Wasser: Absorption	Wasser: Salzsäure	Wasser: Ammoniak	Wasser: Kalilauge	Äthyl-: Absorption	Äthyl-: Salzsäure
Formylviolett S4B [C] **Guineaviolett S4B** [A] **Säureviolett 4BS** [L] **Säureviolett 6Bkonz.** [t. M.] **Säureviolett IV** [H]	wässerige Lösung violett, alkoholische Lösungen und essigsaure Lösung violettblau; in Amylalkohol schwer löslich, nach Zusatz von Säure leicht löslich	599,7 **543,0** (Nebenstreifen sehr schwach); entfärbt sich nach längerem Stehen	blau, mehr Säure blaugrün 636,4	unverändert	Absorption geschwächt, entfärbt sich teilweise nach längerem Stehen	**595,9** 549,5	unverändert
Guineaviolett 4B [A]	wässerige Lösung violett, alkoholische Lösungen und essigsaure Lösung blauviolett; in Amylalkohol schwer löslich, nach Zusatz von Säure leicht löslich	595,6 **542,1** (Nebenstreifen sehr schwach)	blau, mehr Säure blaugrün 634,1	anfangs unverändert, entfärbt sich teilweise nach längerem Stehen	entfärbt sich allmählich	**594,0** 548,5	unverändert
Säureviolett 6BNS [S] **Säureviolett 7BS** [S]	wässerige Lösung violettblau, alkoholische Lösungen und essigsaure Lösung blau; in Amylalkohol schwieriger löslich	605,8 **541,5**	blau, mehr Säure auch blau, Absorption geschwächt 634,4	Absorption geschwächt, entfärbt sich teilweise nach längerem Stehen	wie bei Ammoniak	**596,1** 550,5	unverändert
Benzylviolett 4B [J]	wässerige Lösung violett, alkoholische Lösungen und essigsaure Lösung blauviolett; in Amylalkohol schwieriger löslich	594,3 **540,9** (Nebenstreifen sehr schwach)	blau, mehr Säure blaugrün 633,7, entfärbt sich nach längerem Stehen	Absorption geschwächt	Absorption geschwächt, entfärbt sich nach längerem Stehen	**592,7** 546,5	unverändert
Säureviolett 5B [G]	wässerige Lösung violett, alkoholische Lösungen und essigsaure Lösung violettblau; in Amylalkohol schwer löslich, nach Zusatz von Säure leicht löslich	593,3 **540,5**	blau, mehr Säure grünblau 632,7	anfangs unverändert, entfärbt sich teilweise nach längerem Stehen	Absorption geschwächt, entfärbt sich allmählich	**593,5** 548,0	unverändert

pe IIIa.

alkohol		Amylalkohol				Essigsäure 90 %	Anmerkung
Ammoniak	Kalilauge	Absorption	Salzsäure	Ammoniak	Kalilauge		
unverändert	entfärbt sich allmählich	**596,6** 551,1	Farbe unverändert **597,6** 551,5	unverändert	entfärbt sich sofort	**593,7** 548,5 [644,8]	saurer Farbstoff, siehe I. Teil, Seite 111
Absorption geschwächt	entfärbt sich	**596,1** 550,0	unverändert	Absorption geschwächt	entfärbt sich	**592,4** 547,5	saurer Farbstoff, siehe I. Teil, Seite 111
entfärbt sich allmählich	entfärbt sich sofort	**596,1** 553,7	Farbe unverändert **598,8** 554,8	entfärbt sich allmählich	entfärbt sich sofort	**595,9** 549,5	Säureviolett 7BS nuanciert mit einem grünen und roten Farbstoff saurer Farbstoff
Absorption geschwächt	entfärbt sich	**594,0** 548,5	Farbe unverändert **595,3** 549,5	Absorption geschwächt	entfärbt sich sofort	**592,2** 546,5	saurer Farbstoff
entfärbt sich allmählich teilweise	entfärbt sich	**594,8** 549,5	Farbe unverändert **595,9** 550,5	entfärbt sich allmählich teilweise	entfärbt sich sofort	**592,2** 546,5	nuanciert mit einem grünen Farbstoff saurer Farbstoff

Grup-

Handelsname	Eigenschaften	Wasser				Äthyl-	
		Absorption	Salzsäure	Ammoniak	Kalilauge	Absorption	Salzsäure
Guineaviolett R [A]	wässerige Lösung rotviolett, alkoholische Lösungen und essigsaure Lösung blauviolett; in Amylalkohol schwer löslich, nach Zusatz von Säure leicht löslich	591,4? **538,0** (Nebenstreifen sehr schwach)	blau, mehr Säure grün 632,4, entfärbt sich allmählich	unverändert	Farbe und Absorption geschwächt, entfärbt sich nach längerem Stehen	**591,7** 546,0	unverändert
Alkaliviolett 4BNoo [B]	wässerige und essigsaure Lösung blau, alkoholische Lösungen violettblau	601,6 **537,5**	grün 633,0	Absorption geschwächt	Absorption geschwächt	**595,9** 549,5	unverändert
Alkaliviolett 6 B [B]	wässerige Lösung blauviolett, alkoholische Lösungen und essigsaure Lösung blau; in Wasser schwieriger löslich	613,2 **534,8**	blaugrün 633,1	Absorption geschwächt	Absorption geschwächt, entfärbt sich nach längerem Stehen	**600,5** 550,0	Farbe unverändert **601,3** 550,5
Säureviolett RN [G]	wässerige Lösung rotviolett, alkoholische Lösungen und essigsaure Lösung blauviolett; in Amylalkohol schwer löslich, nach Zusatz von Säure leicht löslich	587,0 **534,8** (Nebenstreifen sehr schwach)	blau, mehr Säure grün Absorption geschwächt 627,1	Farbe und Absorption geschwächt	entfärbt sich allmählich	**587,0** 541,5	unverändert
Neutralviolett O [M]	Lösungen violettblau	600,2 **534,0**	blau, mehr Säure auch blau 627,0	Absorption geschwächt	Absorption geschwächt, entfärbt sich nach längerem Stehen	**593,5** 545,5	unverändert

alkohol		Amylalkohol				Essigsäure	Anmerkung
Ammoniak	Kalilauge	Absorption	Salzsäure	Ammoniak	Kalilauge	90%	
unverändert	entfärbt sich	**593,0** 548,0	Farbe unverändert **594,3** 548,5	unverändert	entfärbt sich	verwaschen **589,5** 544,5	saurer Farbstoff
Absorption geschwächt	entfärbt sich allmählich	**596,3** 551,5	Farbe unverändert **598,8** 552,6	Absorption geschwächt	entfärbt sich sofort	**594,6** 549,5	saurer Farbstoff
Absorption geschwächt, entfärbt sich allmählich teilweise	entfärbt sich	**600,2** 552,6	Farbe unverändert **603,5** 551,5	Absorption geschwächt, entfärbt sich allmählich teilweise	entfärbt sich sofort	**599,3** 549,5	saurer Farbstoff
unverändert	rot, entfärbt sich	**588,5** 543,5	Farbe unverändert **590,0** 543,5	unverändert	entfärbt sich	**585,2** 539,5	saurer Farbstoff
Farbe und Absorption geschwächt, entfärbt sich teilweise nach längerem Stehen	entfärbt sich	**594,0** 549,5	Farbe unverändert **596,9** 547,5	entfärbt sich allmählich teilweise	entfärbt sich sofort	**593,3** 544,5	saurer Farbstoff

Grup-

Handelsname	Eigenschaften	Wasser Absorption	 Salzsäure	 Ammoniak	 Kalilauge	Äthyl- Absorption	 Salzsäure
Alkaliviolett 4 B [B]	wässerige Lösung violett, alkoholische Lösungen und essigsaure Lösung blauviolett; in Wasser schwieriger löslich	592,2 **526,7**	blau, mehr Säure grünlichblau 620,7	Absorption geschwächt	Absorption geschwächt, entfärbt sich allmählich	**589,5** 542,0	Farbe unverändert **590,0** 542,5
Alkaliviolett R O [B]	wässerige Lösung violett, alkoholische Lösungen und essigsaure Lösung violettblau	590,4 **524,5**	blau, mehr Säure grünblau 619,8	unverändert	entfärbt sich nach längerem Stehen	**587,5** 540,5	unverändert

Grup-

Handelsname	Eigenschaften	Wasser Absorption	 Salzsäure	 Ammoniak	 Kalilauge	Äthyl- Absorption	 Salzsäure
Nachtblau [B], [J]	wässerige Lösung blau, alkoholische und essigsaure Lösung grünlichblau	627,8 **568,2**	grün, Streifen verschwinden	violettrot	violettrot	undeutliche Absorption im Orangegelb [624,0] [591,0]	unverändert
Cresylechtviolett B B [L]	wässerige Lösung violett, alkoholische Lösungen und essigsaure Lösung blau, fluoreszieren rot	600,5 **552,2**	rotviolett, ungefähr 600,5 542,5	entfärbt sich fast, schwach orangegelb	wie bei Ammoniak	**616,2** **596,9** [569,5]	unverändert
Acetylenblau 6 B [J]	Lösungen blau, in Äthyl- und Amylalkohol auch nach Zusatz von Säure unlöslich	645,5 **589,5**	Farbe unverändert, ungefähr 671,0 603,0	unverändert	blauviolett, ungefähr 606,0 563,5	—	—
Triazolblau B B [O]	wässerige Lösung blau; in Äthyl- und Amylalkohol auch nach Zusatz von Säure unlöslich; in Essigsäure fast unlöslich	645,5 **585,7**	Absorption geschwächt	unverändert	unverändert	—	—

pe IIIa.

alkohol		Amylalkohol				Essigsäure	Anmerkung
Ammoniak	Kalilauge	Absorption	Salzsäure	Ammoniak	Kalilauge	90 %	
Absorption geschwächt, entfärbt sich teilweise nach längerem Stehen	entfärbt sich	**590,1** 546,5	Farbe unverändert **594,8** 548,5	Absorption geschwächt, entfärbt sich teilweise nach längerem Stehen	entfärbt sich	**589,5** 540,5	saurer Farbstoff
unverändert	rot, entfärbt sich	**587,8** 542,5	Farbe unverändert **589,5** 543,5	Absorption geschwächt, entfärbt sich teilweise	orangerot, entfärbt sich	**587,5** 538,0 (Nebenstreifen sehr schwach)	saurer Farbstoff

pe IIIb.

Ammoniak	Kalilauge	Absorption	Salzsäure	Ammoniak	Kalilauge	Essigsäure 90 %	Anmerkung
unverändert	rosarot	647,2 **594,8**	unverändert	unverändert	rosarot	ungefähr **620,7**	basischer Diphenylnaphtylmethanfarbstoff
orangerot, konzentriertere Lösung 488,5	wie bei Ammoniak	**620,7** **600,0** [572,0]	unverändert	orangerot, konzentriertere Lösung 488,5	wie bei Ammoniak	**606,0** **591,0**	basischer Oxazinfarbstoff
		—	—	—	—	633,8 **584,5** 539,5	direktfärbender Baumwoll-Azofarbstoff
	—	—	—	—	—	—	direktfärbender Baumwoll-Azofarbstoff

Grup-

Handelsname	Eigenschaften	Wasser				Äthyl-	
		Absorption	Salzsäure	Ammoniak	Kalilauge	Absorption	Salzsäure
Acetylenblau 3 B [J]	wässerige Lösung blau, essigsaure Lösung violett; in Äthylalkohol nur nach Zusatz von Säure mit violetter Farbe löslich; in Amylalkohol auch nach Zusatz von Säure unlöslich	643,8 **578,2**	Farbe unverändert, ungefähr 562,5	Absorption geschwächt	violettrot, Streifen verschwinden	—	ungefähr 613,2 **569,5**
Grup-							
Erste							
Correine R R [D H] **Bleu 1900 poudre double** [D H] **Coelestinblau B** [By]	wässerige Lösung konzentriert rotviolett, verdünnt blau, alkoholische Lösungen blau, essigsaure rotviolett Lösung	**654,5** **600,2** 552,6	rotviolett 592,2 (sehr schwach) **548,5** 511,2	violett, Farbe und Absorption geschwächt	violettblau, ungefähr 537,5	ungefähr **630,5**	violett 607,2 **559,2** 519,5
Prune pur [S]	wässerige Lösung konzentriert rotviolett, verdünnt blau, alkoholische Lösungen blau, essigsaure Lösung rotviolett	**650,8** **594,8** 547,5	violettrot 587,0 (sehr schwach **544,5** 504,8	violett, Streifen verschwinden, konzentriertere Lösung: ungefähr 533,0	wie bei Ammoniak	ungefähr **611,7**	violettrot 594,8 **549,5** 510,5
Zweite							
Anthrachinonblau S R Teig [B]	Lösungen grünlichblau; in Wasser schwer löslich	undeutliche Streifen	unverändert	unverändert	unverändert	**714,0** **652,5** 598,8 (sehr schwach)	unverändert
Alizaringrün X [B]	wässerige Lösung grünlichblau, in Äthylalkohol nur nach Zusatz von Säure mit roter Farbe löslich, in Amylalkohol auch nach Zusatz von Säure unlöslich, in Essigsäure gering mit roter Farbe löslich	verwaschen, ungefähr **712,0** **650,8** 591,0?	rot, Streifen verschwinden	blau, Spektrum undeutlich	grün, ungefähr 694,0	—	undeutliche Streifen im Grün

pe IIIb.

alkohol		Amylalkohol				Essigsäure	Anmerkung
Ammoniak	Kalilauge	Absorption	Salzsäure	Ammoniak	Kalilauge	90 %	
—	—	—	—	—	—	ungefähr **573,0**	direkt färbender Baumwollazofarbstoff

pe IV.

Abteilung.

Ammoniak	Kalilauge	Absorption	Salzsäure	Ammoniak	Kalilauge	Essigsäure 90 %	Anmerkung
violett, Farbe und Absorption geschwächt, ungefähr 523,0	rotviolett, Farbe und Absorption geschwächt ungefähr 513,0	un gefähr **625,5**	violett, 611,7 **563,6** 523,1	violett, Farbe und Absorption geschwächt ungefähr 519,5	rot, Farbe und Absorption geschwächt, ungefähr 509,5	603,0 **557,0** 517,7	Oxazin-Beizenfarbstoff (Chrombeize) siehe I. Teil, Seite 168
violett, Farbe und Absorption geschwächt, ungefähr 498,0	violettrot, entfärbt sich teilweise	ungefähr **608,7**	rotviolett 600,2 **552,6** 513,6	violett, Farbe und Absorption geschwächt	violettrot, entfärbt sich teilweise	591,0 **546,5** 508,0	Oxazin-Beizenfarbstoff (Chrombeize) siehe I. Teil, Seite 168

Abteilung.

Ammoniak	Kalilauge	Absorption	Salzsäure	Ammoniak	Kalilauge	Essigsäure 90 %	Anmerkung
unverändert	Farbe unverändert **717,0** 656,3 601,6	**723,0** **658,2** 601,6 (sehr schwach)	unverändert	unverändert	unverändert	ungefähr **698,3** 643,8 591,0?	In Schwefelsäure: kein charakter. Spektrum In Schwefelsäure-Borsäure grün mit schwach. roter Fluoreszenz: 639,4, 583,8, 538,5 einseit. Absorp. im Blau und Violett saurer Farbstoff
—	—	—	—	—	—	undeutlicher Streifen im Grün	In Schwefelsäure: violettblau, 623,3, 579,5, 539,0 In Schwefelsäure-Borsäure blau, kein charakteristisches Spektrum Beizenfarbstoff (Chrombeize)

Grup-

Handelsname	Eigenschaften	Wasser				Äthyl-	
		Absorption	Salzsäure	Ammoniak	Kalilauge	Absorption	Salzsäure
Alizarinastrol G [By]	wässerige Lösung grünblau, alkoholische Lösungen und essigsaure Lösung grünlichblau; in Äthylalkohol schwieriger löslich, in Amylalkohol unlöslich, nach Zusatz von Säure löslich	verwaschen, ungefähr **661,9** **608,7** 565,8?	blau, entfärbt sich teilweise	unverändert	Farbe unverändert **667,8** 611,7	**664,1** **609,9** 564,0	Farbe unverändert **660,4** 606,7 561,4
Anthrachinonblaugrün BXO [B] **Anthrachinonblaugrün BX** [B]	wässerige Lösung konzentriert blaugrün, verdünnt grünlichblau, alkoholische Lösungen und essigsaure Lösung grünlichblau; in Äthyl- und Amylalkohol auch nach Zusatz von Säure gering löslich; in Essigsäure gering löslich	**654,5** **601,0** 557,0 (zweiter Nebenstreifen sehr schwach)	Farbe unverändert, Streifen verwaschen **658,2** 603,5 559,2	unverändert	Farbe unverändert **658,2** 603,5 559,2	—	**649,7** 596,1 551,5

Grup-

Erste

Handelsname	Eigenschaften	Wasser: Absorption	Wasser: Salzsäure	Wasser: Ammoniak	Wasser: Kalilauge	Äthyl-: Absorption	Äthyl-: Salzsäure
Muscarine pure [DH]	wässerige Lösung violettblau, alkoholische Lösungen und essigsaure Lösung blau; in Amylalkohol schwieriger löslich	verwaschen 630,5 **577,5** 536,6	unverändert	entfärbt sich allmählich	entfärbt sich, dann gelb	638,7 **585,8** 542,5	unverändert
Neublau B [J]	wässerige Lösung violettblau, alkoholische Lösungen und essigsaure Lösung blau; fluoreszieren schwach rot	623,9 **574,5** 534,8	blau, 672,3 622,3 **574,5** 534,8	violett, allmählich gelb, entfärbt sich nach längerem Stehen	violett, dann gelb, entfärbt sich nach längerem Stehen	629,8 **576,2** 535,7	Farbe unverändert 670,4 627,5 **576,2** 535,7

pe IV.

alkohol		Amylalkohol				Essigsäure	Anmerkung
Ammoniak	Kalilauge	Absorption	Salzsäure	Ammoniak	Kalilauge	90 %	
unverändert	Absorption geschwächt	—	**664,1** **609,0** 564,0	—	—	**664,8** 610,5 564,7	In Schwefelsäure: violett, verwaschene Streifen 620,7, 564,7, 519,5, einseitige Absorption im Violett In Schwefelsäure-Borsäure grünlichblau mit roter Fluoreszenz: 636,4, 581,8, 535,7, einseitige Absorption im Blau und Violett saurer Anthrachinon-Farbstoff
—	—	—	**653,3** **598,8** 553,0	—	—	**657,8** 601,6 554,8	In Schwefelsäure: violettblau, 623,9, 573,3, 530,3 In Schwefelsäure-Borsäure blau mit roter Fluoreszenz: 619,2, 568,5, 524,8, 486,7, einseitige Absorption im Blau und Violett saurer Anthrachinon-Farbstoff

pe IVa.

Abteilung.

violett, entfärbt sich allmählich, dann gelb	gelb	**649,0** **593,0** 548,5	Farbe unverändert 643,8 **589,5** 545,5	violett, entfärbt sich allmählich, dann gelb	gelb	636,4 **583,3** 541,5	basischer Oxazinfarbstoff, siehe I. Teil, Seite 180
violett, sodann gleich orangegelb	orangegelb	633,7 **579,5** 537,5	Farbe unverändert 673,0 628,8 **579,5** 537,5	violett, sodann gleich orangegelb	orangegelb	673,0 627,0 **577,0** 535,7	basischer Oxazinfarbstoff

Grup-

Handelsname	Eigenschaften	Wasser				Äthyl-	
		Absorption	Salzsäure	Ammoniak	Kalilauge	Absorption	Salzsäure
Neublau R kryst. [By] **Neublau R extra** [By] **Neublau D** [By] **Echtblau R** [A] **Echtneublau 3 R krist.** [M] **Baumwollblau R** [B] **Naphtolblau R** [D]	Lösungen violett	622,3 **573,2** 533,4	unverändert	allmählich gelb	gelb	624,5 **575,2** 534,8	Farbe unverändert 623,3 **574,0** 533,0
							Zweite
Alizarincyanol B [C] **Alizarindirektblau B** [M]	Lösungen blau; in kalten Wasser schwer löslich, in Äthylalkohol schwieriger löslich, in Amylalkohol auch nach Zusatz von Säure wenig löslich	643,8 **591,0** 549,5 (sehr schwach)	unverändert	unverändert	unverändert	634,4 **585,8** 543,5 (sehr schwach)	unverändert
Alizarinsaphirol B [By]	Lösungen blau; in Äthylalkohol gering löslich, in Amylalkohol und Essigsäure unlöslich	642,8 **589,5** 548,5 (sehr schwach)	violettblau, Absorption geschwächt, 625,5 **577,5** 536,5 (sehr schwach)	grünlichblau, Streifen verwaschen 635,5 588,5	grünlichblau, Absorption geschwächt 687,0 **625,5** 578,3 ?	**649,0** **593,5** 546,5 ? (sehr schwach)	unverändert
Alizarinreinblau B [By]	Lösungen blau; in Wasser und Amylalkohol schwer löslich	643,1 **588,3** 549,5 (sehr schwach)	unverändert	unverändert	unverändert	**632,8** **583,3** 544,5 (sehr schwach)	unverändert
Alizarindirektblau EB [M]	Lösungen blau; in Äthylalkohol gering löslich; in Amylalkohol auch nach Zusatz von Säure gering löslich	641,0 **587,0** 545,5 (sehr schwach)	violettblau, Absorption geschwächt, undeutlicher Streifen im Orangegelb	grünlichblau, ungefähr 610,0	grünlichblau, ungefähr 620,7	**637,0** **588,3** 542,5 (sehr schwach)	unverändert

alkohol		Amylalkohol				Essigsäure	Anmerkung
Ammoniak	Kalilauge	Absorption	Salzsäure	Ammoniak	Kalilauge	90 %	
gelb	gelb	frische Lösung 628,8 **578,2** 536,6	Farbe unverändert 625,5 **575,7** 534,8	gelb	gelb	624,5 **575,7** 534,8	amylalkoholische Lösung nach längerem Stehen 641,0, **548,5**, 539,5 basischer Oxazinfarbstoff, siehe I. Teil, Seite 181

Abteilung.

alkohol		Amylalkohol				Essigsäure	Anmerkung
Ammoniak	Kalilauge	Absorption	Salzsäure	Ammoniak	Kalilauge	90 %	
unverändert	unverändert	—	638,0 **588,3** 546,5 (sehr schwach)	—	—	640,4 **589,5** 547,5 (sehr schwach)	In kaltem Wasser gelöst: **677,0**, 614,7, 565.8. In Schwefelsäure violett: kein charakt Spektrum In Schwefelsäure-Borsäure violettblau mit roter Fluoreszenz: 615,3, **564,7**, 522,2, einseit. Absorpt. im Blau u. Violett saurer Farbstoff
—	—	—	—	—	—	—	In Schwefelsäure: gelb. einseitige Absorption in Blau und Violett. In Schwefelsäure-Borsäure blau mit roter Fluoreszenz: **636,4**, 580,8, 535,7. saurer Farbstoff
unverändert	Farbe unverändert 634,0 584,5 545,5	**642,0** **589,5** 549,5	Farbe unverändert **632,8** 583,3 543,5	Farbe unverändert **638,0** 587,0 546,5	wie bei Ammoniak	**631,0** 582,0 540,5	In Schwefelsäure blau: verwaschene Streifen ungefähr 613,2, 565,4, 541,5 In Schwefelsäure-Borsäure grün mit roter Fluoreszenz: **633,8**, 580,8, 535,3, einseit. Absorp. im Blau und Violett saurer Farbstoff
unverändert	Absorption geschwächt	—	ungefähr **649,0** 595,0 544,5	—	—	ungefähr 642,0 **593,5** 550,5	In Schwefelsäure gelb, kein charakteristisches Spektrum In Schwefelsäure-Borsäure blau mit roter Fluoreszenz: 643,1, **604,1**, 560,3. saurer Farbstoff

Grup-

Handelsname	Eigenschaften	Wasser: Absorption	Wasser: Salzsäure	Wasser: Ammoniak	Wasser: Kalilauge	Äthyl-: Absorption	Äthyl-: Salzsäure
Alizarin-coelestol R [By]	Lösungen blau, äthylalkoholische Lösung fluoresziert schwach rot: in Amylalkohol auch nach Zusatz von Säure fast unlöslich; essigsaure Lösung violett	633,8 **579,5** 539,5 (sehr schwach)	violett, Streifen verschwinden, konzentriertere Lösung: ungefähr 593,5 549,5 **490,0**	Farbe unverändert 583,2 [635,5]	grünlichblau 649,0 **596,0** 552,6? (sehr schwach)	**632,0** **582,0** 539,5 Streifen verwaschen	unverändert
Cyananthrol RX, R, R A [B]	Lösungen blau, in Amylalkohol schwieriger löslich	verwaschen 622,6 **575,8** 537,5 (sehr schwach)	violettblau, Absorption geschwächt 625,5 **577,0** 538,5 (sehr schwach)	unverändert	unverändert	**623,3** **577,0** 535,7	unverändert
							Grup-
							Erste
Reinblau [O], [t. M.] **Wasserblau 6B** [A]	Lösungen blau, in Äthyl- und Amylalkohol erst nach Zusatz von Säure löslich	ungefähr **609,0**	unverändert	entfärbt sich	rot, entfärbt sich allmählich	—	ungefähr **618,0**
Helvetiablau [G] **Brillantblau extra grünlich** [By] **Methylblau** [t. M.] **Methylblau OO** [A] **Methylblau f. Baumwolle** [O] **Wasserblau OO** [K]	Lösungen blau, in Amylalkohol erst nach Zusatz von Säure löslich	ungefähr **607,0**	Farbe unverändert, ungefähr 580,5	entfärbt sich	rot, entfärbt sich allmählich	ungefähr **619,0**	unverändert

pe IVa.

alkohol		Amylalkohol				Essigsäure	Anmerkung
Ammoniak	Kalilauge	Absorption	Salzsäure	Ammoniak	Kalilauge	90 %	
unverändert	grünlichblau, Absorption geschwächt, ungefähr **675,0** 616,2	—	—	—	—	ungefähr 593,5 **552,5** 540,0 514,5	In Schwefelsäure: grünlichgelb, einseitige Absorption im Blau und Violett In Schwefelsäure-Borsäure blau mit roter Fluoreszenz: **612,6**, 565,1, 524,5 saurer Anthrachinonfarbstoff
unverändert	unverändert	**629,1** **582,0** 539,5	Farbe unverändert **624,0** 577,5 536,6	Farbe unverändert **627,1** 580,5 538,5	wie bei Ammoniak	**620,0** 574,5 534,0	In Schwefelsäure: rotviolett, verwaschene Streifen 596,0, **550,5**, 508 3 In Schwefelsäure-Borsäure violettblau mit roter Fluoreszenz: **611,7**, 563,0, 520,0, einseitige Absorp. im Blau u. Violett saurer Anthrachinonfarbstoff

pe V.

Abteilung.

—	-	ungefähr **612,0**	—	—	—	**603,0**	saurer Triphenylmethanfarbstoff
entfärbt sich	rot, entfärbt sich allmählich	—	ungefähr **627,0**	—	—	ungefähr **615,0**	saurer Triphenylmethanfarbstoff, siehe I. Teil, S. 117

Grup-

Handelsname	Eigenschaften	Wasser				Äthyl-	
		Absorption	Salzsäure	Ammoniak	Kalilauge	Absorption	Salzsäure
Baumwolllichtblau O wasserl. [M]	Lösungen blau, in Äthylalkohol gering löslich, in Amylalkohol unlöslich, nach Zusatz von Säure löslich	ungefähr **606,0**	Farbe und Absorption verstärkt	violett, entfärbt sich	rot, entfärbt sich allmählich	—	ungefähr **617,5**
Wasserblau I. N [B] **Baumwollblau fein** [D]	Lösungen blau, in Äthylalkohol gering löslich, in Amylalkohol unlöslich, nach Zusatz von Säure löslich	ungefähr **604,5**	Farbe und Absorption verstärkt, ungefähr 578,0	violett, entfärbt sich	rot, entfärbt sich allmählich	—	ungefähr **604,5**
Brillantbaumwollblau N extra grünlich [By] **Methylwasserblau konz. extra** [B]	Lösungen blau, in Äthylalkohol gering löslich, in Amylalkohol unlöslich, nach Zusatz von Säure besser löslich	ungefähr **603,0**	Farbe und Absorption verstärkt, ungefähr 578,0	blauviolett, entfärbt sich	rot, entfärbt sich allmählich	—	ungefähr **606,0**
Seidenblau T konz. [M] **Chinablau gelbl.** [A]	Lösungen blau, in Amylalkohol erst nach Zusatz von Säure löslich	ungefähr **603,0**	Farbe und Absorption verstärkt	blauviolett, entfärbt sich allmählich	rot, entfärbt sich allmählich nach längerem Stehen	ungefähr **603,5**	Farbe unverändert, ungefähr 613,0
Gentianblau 6 B [A] **Lichtblau spritl. superf.** [M] **Opalblau spritl.** [C]	Lösungen blau, in Wasser unlöslich	—	—	—	—	ungefähr **597,5**	unverändert
Spritblau 4 B [L]	Lösungen blau, in Wasser unlöslich	—	—	—	—	ungefähr **595,0**	unverändert
Wasserblau grünlich I. [By]	Lösungen grünlichblau, in Äthyl- und Amylalkohol erst nach Zusatz von Säure löslich	ungefähr **574,5**	unverändert	entfärbt sich allmählich	violett, entfärbt sich	—	ungefähr **601,5**

pe V.

alkohol		Amylalkohol				Essigsäure	Anmerkung
Ammoniak	Kalilauge	Absorption	Salzsäure	Ammoniak	Kalilauge	90 %	
—	—	—	undeutlicher Streifen im Orangegelb	—	—	ungefähr **613,0**	saurer Farbstoff
—	—	—	ungefähr **606,0**	—	—	ungefähr **608,5**	saurer Farbstoff
—	—	—	ungefähr **608,5**	—	—	ungefähr **614,5**	saurer Triphenylmethanfarbstoff
entfärbt sich	rot, entfärbt sich allmählich nach längerem Stehen	—	ungefähr **607,0**	—	—	ungefähr **611,7**	saurer Farbstoff
violett, entfärbt sich allmählich	rot, entfärbt sich teilweise nach längerem Stehen	ungefähr **600,0**	unverändert	violett, entfärbt sich allmählich teilweise	rot, entfärbt sich teilweise nach längerem Stohon	ungefähr **592,0**	basischer Triphenylmethanfarbstoff
violett, entfärbt sich	rot, entfärbt sich allmählich nach längerem Stehen	ungefähr **595,0**	unverändert	violett, entfärbt sich allmählich	rot, entfärbt sich teilweise nach längerem Stehen	ungefähr **592,0**	basischer Triphenylmethanfarbstoff, siehe I. Teil, S. 117
—	—	—	ungefähr **595,0**	—	—	ungefähr **596,0**	saurer Farbstoff

Grup-

Handelsname	Eigenschaften	Wasser				Äthyl-	
		Absorption	Salzsäure	Ammoniak	Kalilauge	Absorption	Salzsäure
Wasserblau rötlich I. [B]	Lösungen rötlichblau, in Äthylalkohol nur in der Wärme löslich, in Amylalkohol erst nach Zusatz von Säure löslich	ungefähr **572,0**	unverändert	violett, entfärbt sich allmählich	rotviolett, entfärbt sich allmählich	ungefähr **578,0**	blau, Absorption verstärkt ungefähr 584,5
Wasserblau G [By]	wässerige Lösung blau, alkoholische und essigsaure Lösung grünlichblau; in Amylalkohol erst nach Zusatz von Säure löslich	ungefähr **563,5**	Farbe unverändert 558,0	entfärbt sich allmählich teilweise	violett, entfärbt sich allmählich teilweise	ungefähr **601,5**	unverändert
Spritblau 2 R [B]	wässerige Lösung violett, alkoholische Lösungen und essigsaure Lösung blau; in kaltem Wasser unlöslich, in heißem Wasser löslich	**563,5**	blauviolett, der Farbstoff schlägt sich nieder	rot, entfärbt sich teilweise nach längerem Stehen	wie bei Ammoniak	**581,3**	unverändert
Methylblau wasserlösl. [G]	wässerige Lösung blau, alkoholische Lösungen und essigsaure Lösung grünlichblau; in Amylalkohol erst nach Zusatz von Säure löslich	**558,0**	Farbe unverändert 552,5	Farbe und Absorption geschwächt, entfärbt sich nach längerem Stehen	wie bei Ammoniak	**601,5**	Farbe und Absorption verstärkt
Methylalkaliblau [G] **Alkaliblau D** [A] **Seidenblau BT 5 B** [O]	wässerige Lösung blau, alkoholische Lösungen und essigsaure Lösung grünlichblau; in Amylalkohol schwer löslich	**557,0**	Farbe unverändert 551,5	Absorption geschwächt	blauviolett, entfärbt sich teilweise	**599,0**	Farbe und Absorption geschwächt

alkohol		Amylalkohol				Essigsäure	Anmerkung
Ammoniak	Kalilauge	Absorption	Salzsäure	Ammoniak	Kalilauge	90 %	
violett, entfärbt sich	violett, entfärbt sich	—	ungefähr **582,0**	—	—	ungefähr **576,0**	saurer Farbstoff
entfärbt sich allmählich	rot, entfärbt sich allmählich teilweise	—	ungefähr **606,0**	—	—	ungefähr **601,5**	saurer Triphenylmethanfarbstoff
violett, entfärbt sich allmählich	rot, entfärbt sich allmählich teilweise	**584,5**	unverändert	violett, entfärbt sich allmählich	rot, entfärbt sich teilweise nach längerem Stehen	**577,5**	nuanciert mit einem roten Farbstoff basischer Triphenylmethanfarbstoff
entfärbt sich allmählich	rot, entfärbt sich teilweise nach längerem Stehen	—	**606,0**	—	—	**601,5**	saurer Triphenylmethanfarbstoff
blauviolett, entfärbt sich allmählich	rot, entfärbt sich allmählich	**604,5**	Farbe und Absorption geschwächt	entfärbt sich allmählich	rot, entfärbt sich allmählich	**600,0**	saurer Triphenylmethanfarbstoff

Handelsname	Eigenschaften	Wasser				Äthyl-	
		Absorption	Salzsäure	Ammoniak	Kalilauge	Absorption	Salzsäure
Methylblau MBS f. Seide [O]	wässerige Lösung blau, alkoholische Lösungen und essigsaure Lösung grünlichblau; in Amylalkohol erst nach Zusatz von Säure löslich	ungefähr **552,5**	Farbe unverändert 545,5	entfärbt sich allmählich teilweise	violett, entfärbt sich allmählich teilweise	ungefähr **601,5**	unverändert
Alkaliblau [G]	wässerige Lösung violettblau, alkoholische Lösungen und essigsaure Lösung blau; in kaltem Wasser schwer löslich, in Amylalkohol schwieriger löslich	**549,5**	unverändert	violett, entfärbt sich allmählich	rot, entfärbt sich allmählich	**592,0**	Farbe und Absorption verstärkt 597,5
Wasserblau 2 B [J]	Lösungen blau; in Amylalkohol erst nach Zusatz von Säure löslich	ungefähr **546,5**	unverändert	violettblau entfärbt sich teilweise	rotviolett, entfärbt sich teilweise	ungefähr **608,5**	Farbe unverändert, ungefähr 611,5
Alkaliblau R [B]	wässerige Lösung violettblau, alkoholische Lösungen und essigsaure Lösung blau; in kaltem Wasser schwer löslich, in Amylalkohol erst nach Zusatz von Säure löslich	**546,5** [509,6]	unverändert	entfärbt sich allmählich teilweise	violett, entfärbt sich allmählich teilweise	**585,8**	Farbe und Absorption verstärkt 596,0
Wasserblau 2B extra [t. M.]	Lösungen blau; in Amylalkohol fast unlöslich, nach Zusatz von Säure löslich	**545,5** [509,7]	unverändert	violettblau, entfärbt sich nach längerem Stehen	violettrot, entfärbt sich nach längerem Stehen	**594,8**	Farbe und Absorption verstärkt 598,8
Alkaliblau 3 R konz. [t. M.]	wässerige Lösung violettblau, alkoholische Lösungen und essigsaure Lösung blau; in kaltem Wasser schwer löslich	**545,5**	unverändert	violett, entfärbt sich teilweise nach längerem Stehen	rotviolett, entfärbt sich teilweise nach längerem Stehen	**582,0**	Farbe und Absorption verstärkt 588,3

alkohol		Amylalkohol				Essigsäure	Anmerkung
Ammoniak	Kalilauge	Absorption	Salzsäure	Ammoniak	Kalilauge	90 %	
entfärbt sich allmählich	rot, entfärbt sich allmählich teilweise	—	ungefähr **604,5**	—	—	ungefähr **600,5**	saurer Farbstoff
violett, entfärbt sich allmählich	rot, entfärbt sich allmählich teilweise	**600,0**	Farbe und Absorption verstärkt 603,0	entfärbt sich allmählich	rot, entfärbt sich allmählich teilweise	**595,0**	saurer Farbstoff
entfärbt sich allmählich	rot, entfärbt sich allmählich teilweise	—	ungefähr **614,7**	—	—	ungefähr **606,0**	saurer Farbstoff
violett, entfärbt sich allmählich	rot, entfärbt sich nach längerem Stehen	—	**600,0**	—	—	**600,0**	saurer Farbstoff
violett, entfärbt sich allmählich	rot, entfärbt sich nach längerem Stehen	—	**604,5**	—	—	ungefähr **593,5**	saurer Farbstoff
violett, entfärbt sich allmählich	rot, entfärbt sich allmählich teilweise	**586,5**	Farbe und Absorption verstärkt 593,5	violett, entfärbt sich allmählich	rot, entfärbt sich allmählich teilweise	**584,5**	saurer Farbstoff

Grup-

Handelsname	Eigenschaften	Wasser				Äthyl-	
		Absorption	Salzsäure	Ammoniak	Kalilauge	Absorption	Salzsäure
Alkaliblau 5 R [B]	wässerige Lösung violettblau, alkoholische Lösungen und essigsaure Lösung blau; in kaltem Wasser schwer löslich	ungefähr **545,5**	unverändert	entfärbt sich allmählich teilweise	rotviolett, entfärbt sich allmählich	**579,5**	Farbe unverändert 585,7
Alkaliblau 6 B [A]	wässerige Lösung violettblau, alkoholische Lösungen und essigsaure Lösung blau; in kaltem Wasser schwer löslich	**544,5** [508,0]	unverändert	entfärbt sich teilweise erst nach längerem Stehen	violett, entfärbt sich allmählich teilweise	ungefähr **596,0**	Farbe uud Absorption verstärkt, ungefähr 597,5
Alkaliblau B extra [B] **Alkaliblau B** [A] **Alkaliblau 2 B** [t. M.]	Lösungen blau, in kaltem Wasser schwer löslich, in Amylalkohol schwieriger löslich	**543,0** [509,0]	unverändert	entfärbt sich teilweise	violett, entfärbt sich allmählich teilweise	**593,5**	Farbe und Absorption verstärkt 597,5
Reinblau 7 O [L]	Lösungen blau, in Wasser schwer löslich, in Amylalkohol fast unlöslich, nach Zusatz von Säure löslich	**542,0** [507,0]	unverändert	violett, entfärbt sich allmählich teilweise	rot, entfärbt sich allmählich teilweise	**596,0**	Farbe und Absorption verstärkt 599,0
Wasserblau 5 R extra konz. [t. M.]	wässerige Lösung violett, alkoholische Lösung und essigsaure Lösung violettblau, amylalkoholische Lösung blau, in Amylalkohol erst nach Zusatz von Säure löslich	ungefähr **537,5** ? [575,5]	blau	rotviolett, entfärbt sich allmählich teilweise	rot, entfärbt sich allmählich teilweise	**579,0**	blau 583,2

alkohol		Amylalkohol				Essigsäure	Anmerkung
Ammoniak	Kalilauge	Absorption	Salzsäure	Ammoniak	Kalilauge	90 %	
entfärbt sich allmählich	rot, entfärbt sich nach längerem Stehen	**583,2**	Farbe unverändert 589,5	entfärbt sich teilweise	rot, entfärbt sich teilweise nach längerem Stehen	**582,0**	saurer Farbstoff
violett, entfärbt sich	rot, entfärbt sich allmählich teilweise	ungefähr **601,5**	Farbe und Absorption geschwächt, ungefähr 603,0	violett, entfärbt sich	rot, entfärbt sich allmählich teilweise	ungefähr **595,0**	saurer Farbstoff
violett, entfärbt sich allmählich	rot, entfärbt sich teilweise nach längerem Stehen	**600,0**	Farbe und Absorption verstärkt 601,5	violett, entfärbt sich allmählich	rot, entfärbt sich teilweise nach längerem Stehen	ungefähr **597,5**	saurer Farbstoff
violett, entfärbt sich allmählich	rot, entfärbt sich allmählich teilweise	—	**603,0**	—	—	ungefähr **596,0**	saurer Farbstoff
entfärbt sich allmählich	rot, entfärbt sich allmählich teilweise	—	**584,5**	—	—	ungefähr **578,0**	saurer Farbstoff

Grup-

Zweite

Handelsname	Eigenschaften	Wasser				Äthyl-	
		Absorption	Salzsäure	Ammoniak	Kalilauge	Absorption	Salzsäure
Echtblau extra grünlich [B]	Lösungen blau; in Äthylalkohol und Essigsäure schwieriger löslich; in Amylalkohol auch nach Zusatz von Säure wenig löslich; alkoholische Lösung fluoresziert schwach rot	**599,0**	unverändert	violett, schwache Absorption im Grün	rotviolett, schwache Absorption im Grün	ungefähr **610,0**	unverändert
Indulin 6 B konz. [By]	Lösungen blau; in Amylalkohol erst nach Zusatz von Säure löslich	**596,0**	unverändert	blauviolett	rotviolett	ungefähr **614,7**	Farbe unverändert, ungefähr 624,0
Echtblau R [C]	konzentrierte Lösungen violett, verdünnt blau; in Äthylalkohol schwer löslich, in Amylalkohol auch nach Zusatz von Säure wenig löslich; alkoholische Lösung fluoresziert schwach braunrot	ungefähr **588,5**	unverändert	rotviolett, schwache Absorption im Grün	wie bei Ammoniak	ungefähr **588,5**	hellblau, ungefähr 591,0
Wollindulin B [K]	Lösungen blau; in Amylalkohol auch nach Zusatz von Säure wenig löslich	ungefähr **581,0**	unverändert	rotviolett, schwache Absorption im Grün	wie bei Ammoniak	**592,0**	unverändert
Indochromin T [S]	wässerige und essigsaure Lösung blau mit schwacher braunroter Fluoreszenz; alkoholische Lösungen violettblau; äthylalkoholische Lösung fluoresziert stark rot; in Amylalkohol schwer löslich	**580,8**	violett, entfärbt sich teilweise	grünblau, schwache einseitige Absorption im Rot	wie bei Ammoniak	**580,8**	unverändert

Einteilung der grünen Farbstoffe in Gruppen.

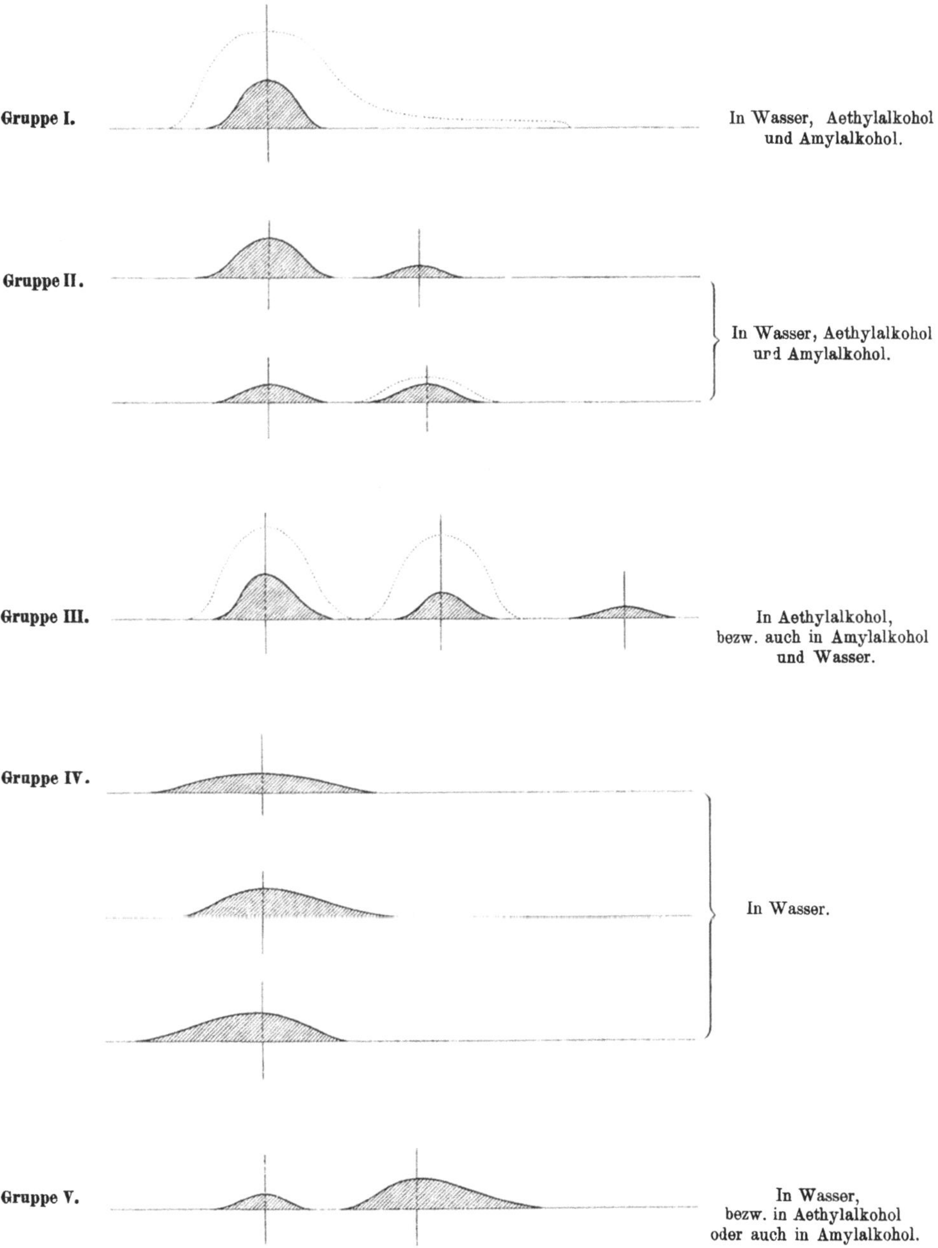

Verlag von Julius Springer in Berlin.

Einteilung der blauen Farbstoffe in Gruppen.

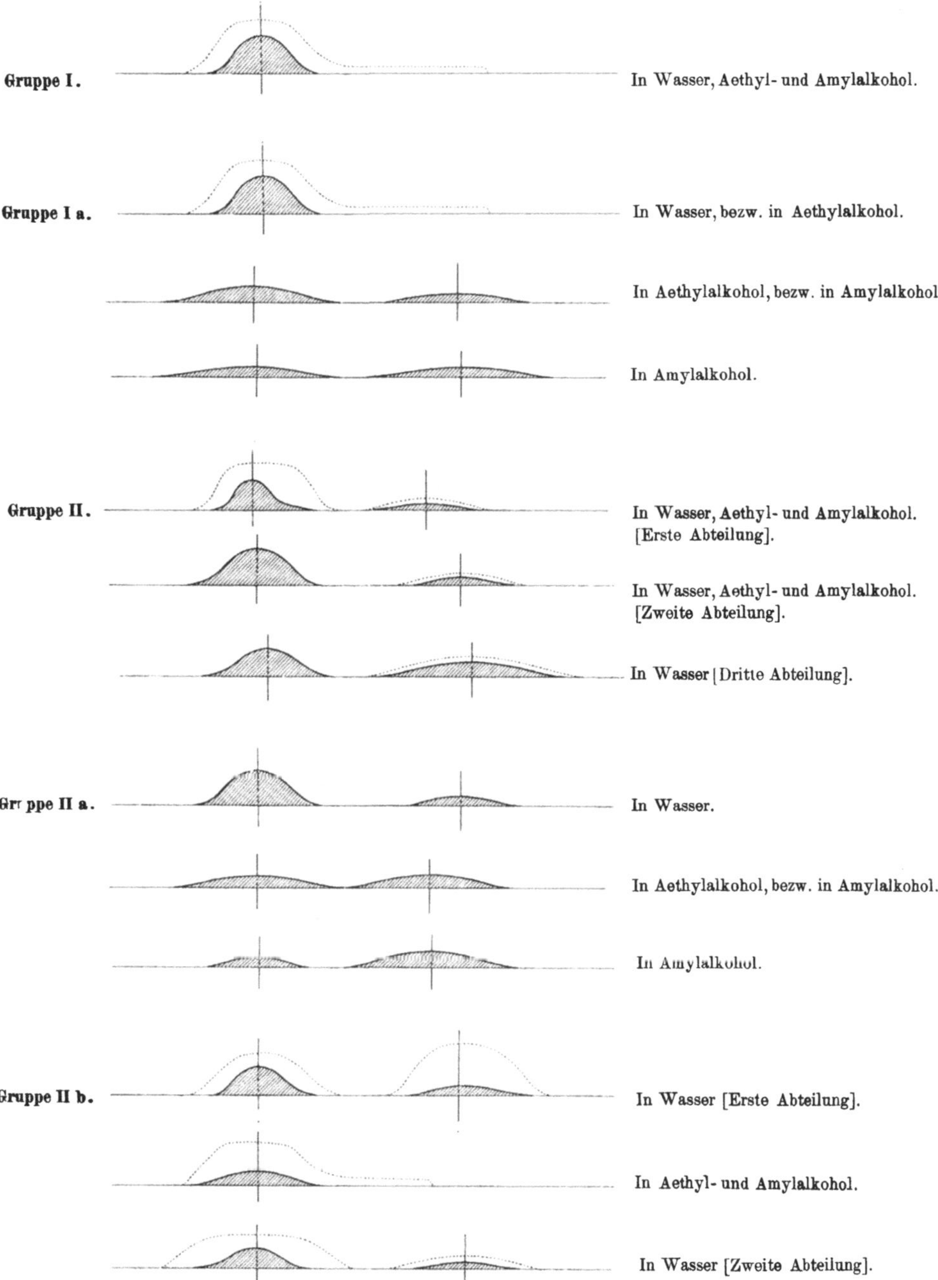

Verlag von Julius Springer in Berlin.

Einteilung der blauen Farbstoffe in Gruppen.

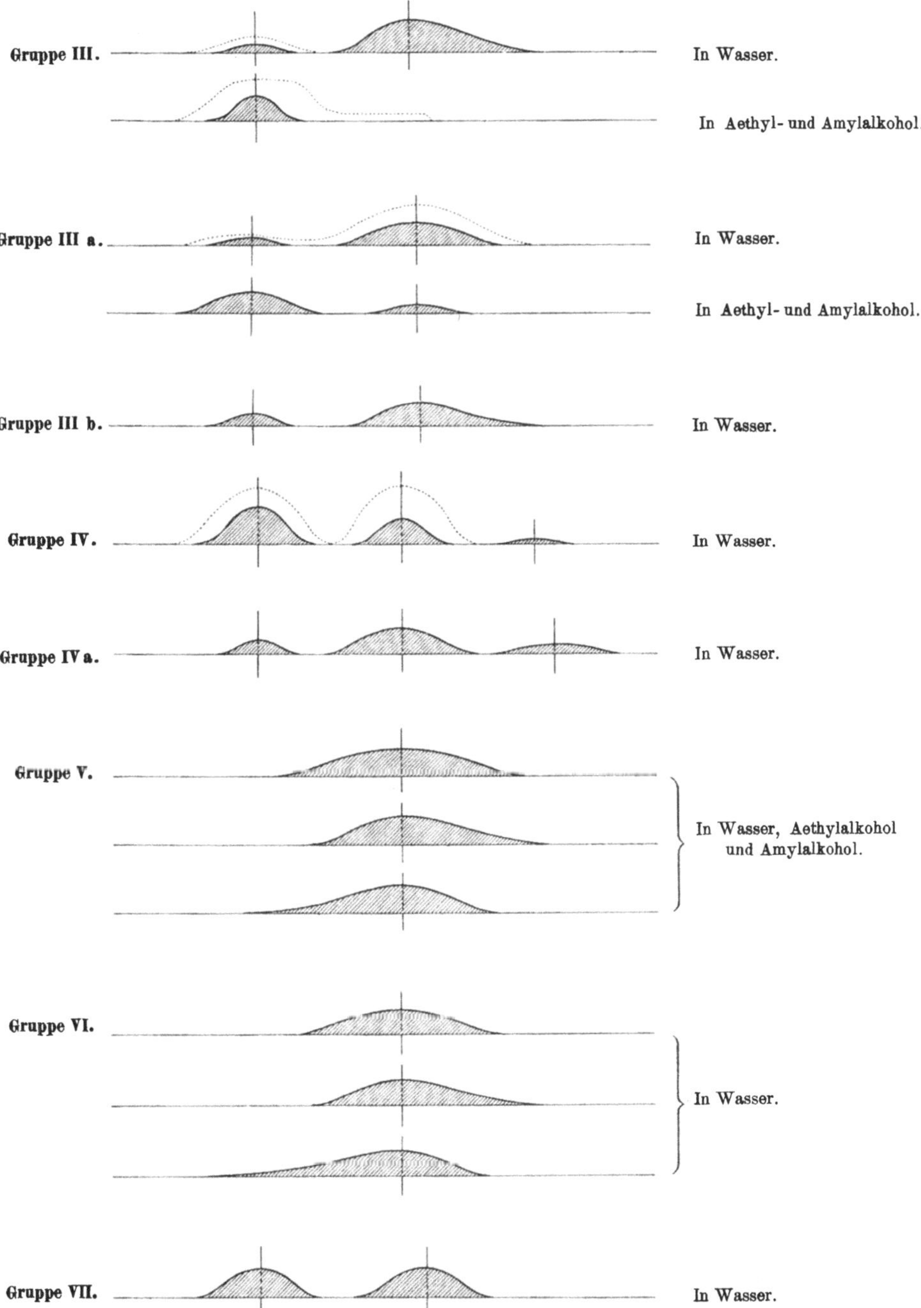

Verlag von Julius Springer in Berlin.

Absorptionsspektra grüner Farbstoffe.

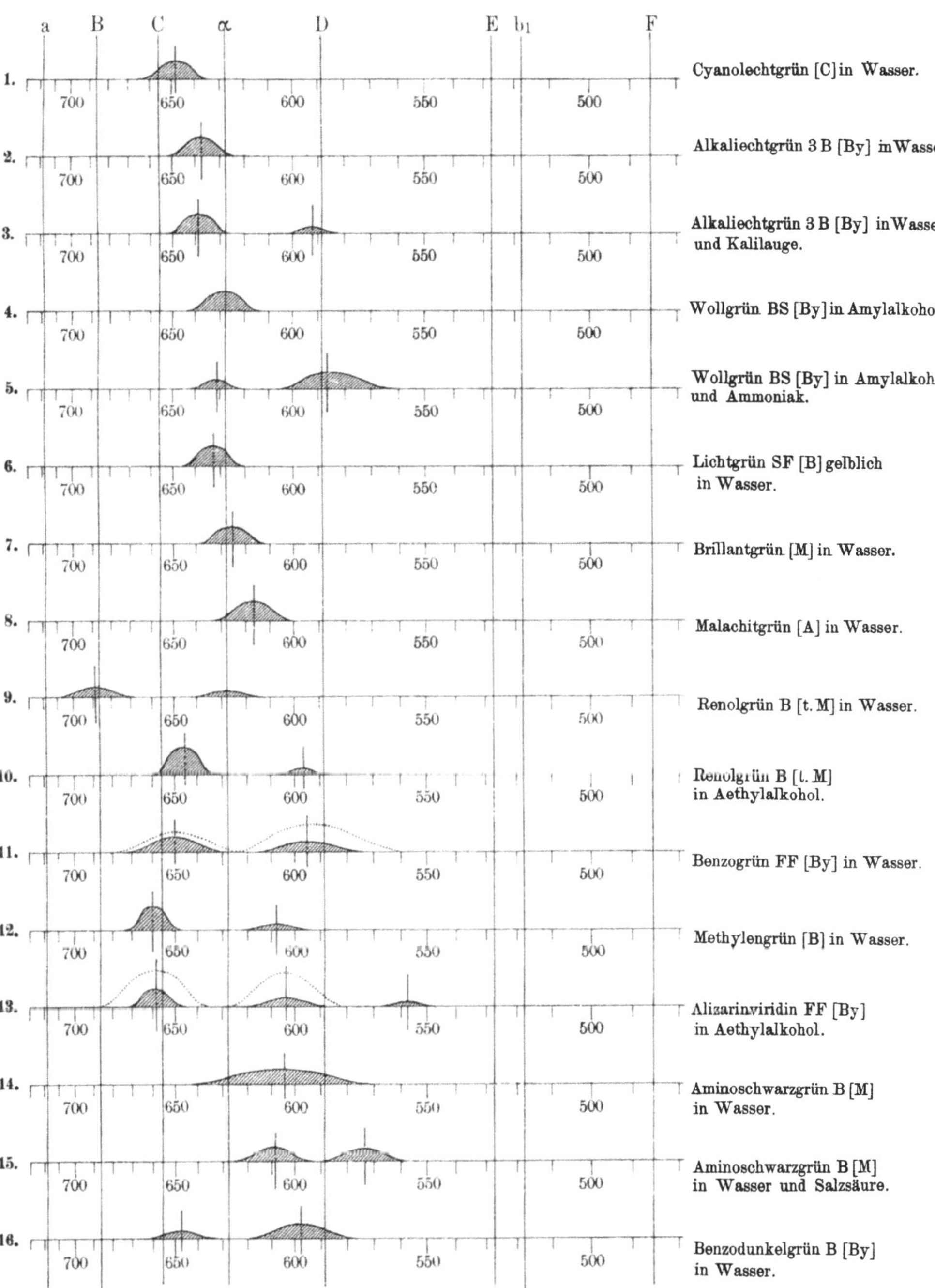

Verlag von Julius Springer in Berlin.

Absorptionsspektra blauer Farbstoffe.

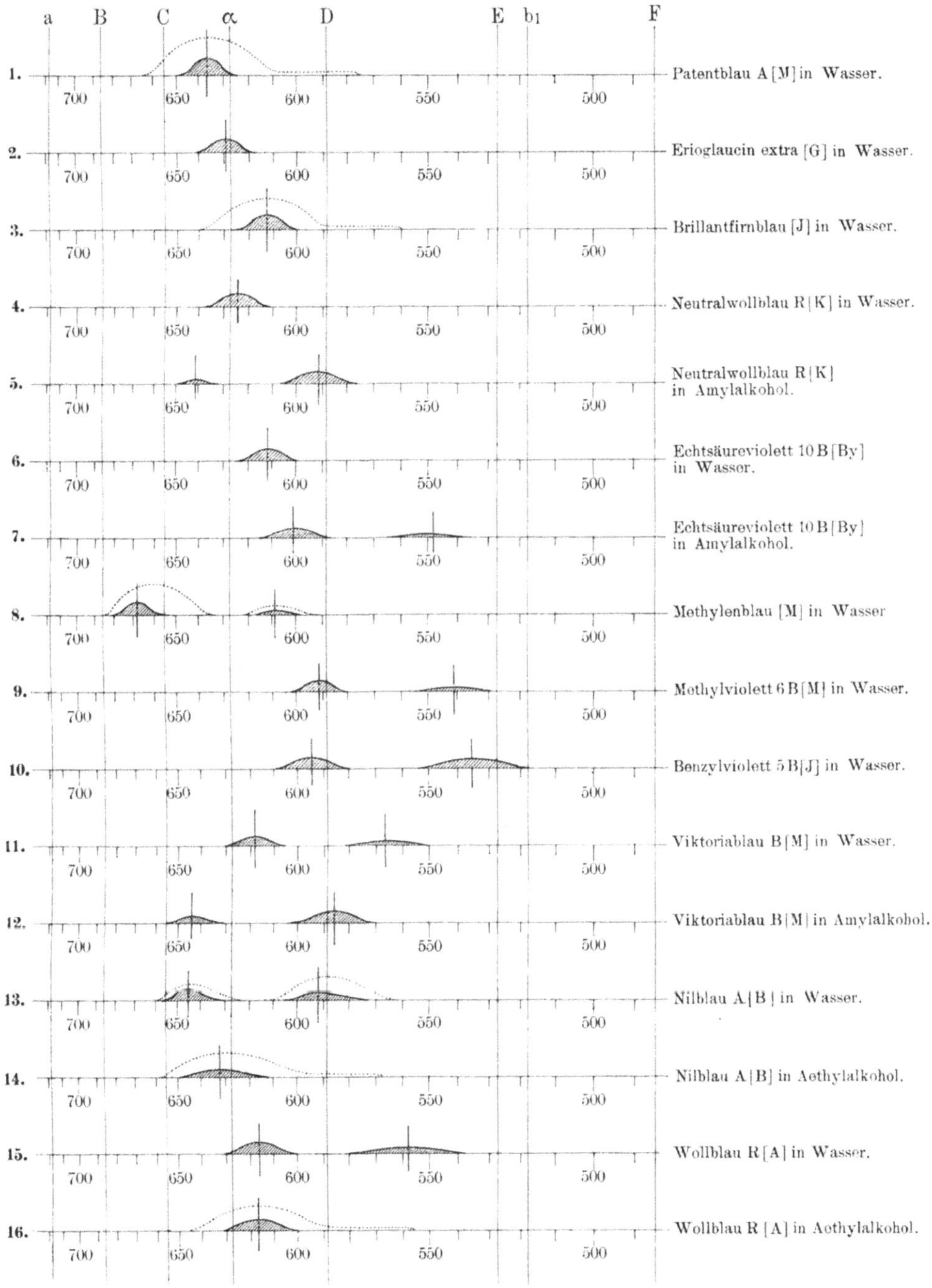

Verlag von Julius Springer in Berlin.

Absorptionsspektra blauer Farbstoffe.

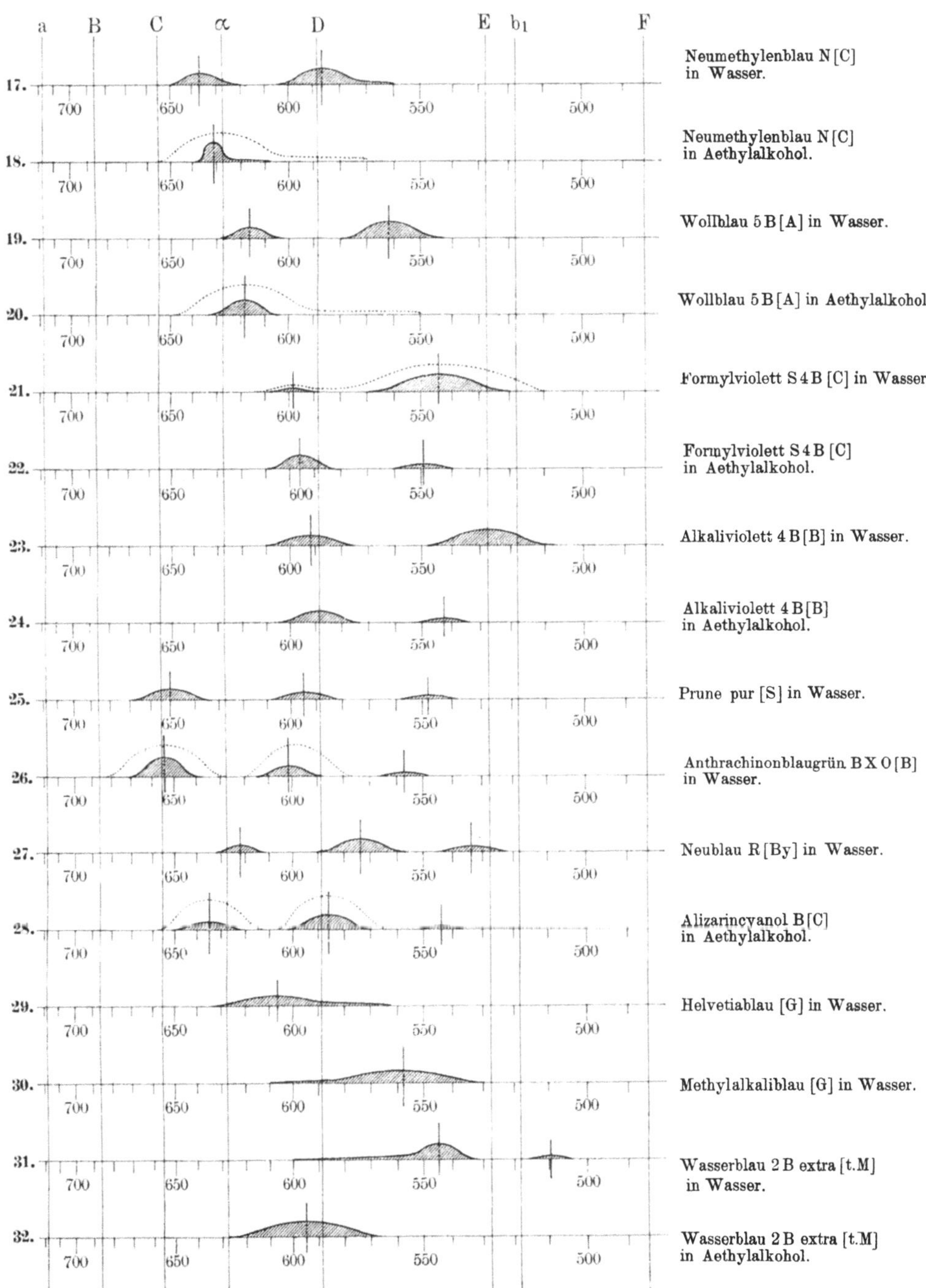

Verlag von Julius Springer in Berlin.

Untersuchung und Nachweis organischer Farbstoffe auf spektroskopischem Wege.

Untersuchung und Nachweis organischer Farbstoffe auf spektroskopischem Wege.

Von

Jaroslav Formánek
o. Professor an der k. k. böhmischen technischen Hochschule in Prag

unter Mitwirkung von

Dr. **Eugen Grandmougin**
Professor an der Höheren Chemieschule in Mülhausen i. E.

Zweite, vollständig umgearbeitete und vermehrte Auflage.

Zweiter Teil.

2. Lieferung.

Mit 7 lithographischen Tafeln.

Berlin.
Verlag von Julius Springer.
1913.

Druck der Königl. Universitätsdruckerei H. Stürtz A. G., Würzburg.

pe V.

Abteilung.

alkohol		Amylalkohol				Essigsäure 90 %	Anmerkung
Ammoniak	Kalilauge	Absorption	Salzsäure	Ammoniak	Kalilauge		
rotviolett, schwache Absorption im Grün	rot, der Streifen verschwindet	—	ungefähr **622,5**	—	—	ungefähr **622,5**	saurer Azinfarbstoff
rotviolett	rotviolett	—	ungefähr **622,5**	—	—	ungefähr **622,5**	saurer Azinfarbstoff
rotviolett, schwache Absorption im Grün	wie bei Ammoniak	—	ungefähr **592,5**	—	—	ungefähr **588,5**	saurer Azinfarbstoff
rotviolett, schwache Absorption im Grün	rot, schwache Absorption im Grün	—	**596,0**	—	—	**589,5**	saurer Azinfarbstoff
blaugrün, schwache einseitige Absorption im Rot und Violett	grün, schwache einseitige Absorption im Rot und Violett	**580,8**	unverändert	grünblau	grün	ungefähr 687,5 **612,0**	Beizen-Thiazinfarbstoff (Chrombeize)

Grup-

Handelsname	Eigenschaften	Wasser				Äthyl-	
		Absorption	Salzsäure	Ammoniak	Kalilauge	Absorption	Salzsäure
Echtblau 3 B für Wolle [A]	Lösungen blau, fluoreszieren schwach braunrot; in Amylalkohol schwer löslich	**580,8**	unverändert nach längerem Stehen blauer Niederschlag	violett	rotviolett	**594,8**	grünlichblau, Farbe und Absorption verstärkt 601,6
Indulin Z [G]	wässerige Lösung konzentriert violett, verdünnt violettblau, alkoholische Lösung violettblau mit schwacher roter Fluoreszenz; in Amylalkohol und Essigsäure blau; in Amylalkohol auch nach Zusatz von Säure wenig löslich	ungefähr **580,0**	unverändert nach längerem Stehen blauer Niederschlag	violettrot	violettrot	ungefähr **578,5**	blau, ungefähr 591,0
Echtblau 2 B für Seide [A]	wässerige Lösung konzentriert violett, verdünnt blau; alkoholische Lösung konzentriert violett, verdünnt violettblau, fluoresziert schwach braunrot; amylalkoholische und essigsaure Lösung blau; in Amylalkohol erst nach Zusatz von Säure löslich	**578,5**	unverändert	rotviolett	rotviolett	**572,0**	blau, 601,5

pe V.

alkohol		Amylalkohol					Essigsäure 90 %	Anmerkung
Ammoniak	Kalilauge	Absorption	Salzsäure	Ammoniak	Kalilauge			
rotviolett	rot	**601,6**	grünlichblau, Farbe und Absorption verstärkt 607,2	violett	rot		ungefähr **597,5**	saurer Azinfarbstoff
violettrot 559,0	violettrot	—	ungefähr **589,5**	—	—		ungefähr **591,0**	saurer Azinfarbstoff
rotviolett	rotviolett	—	**600,8**	—	—		ungefähr **592,5**	saurer Azinfarbstoff

Grup

Handelsname	Eigenschaften	Wasser				Äthyl	
		Absorption	Salzsäure	Ammoniak	Kalilauge	Absorption	Salzsäure
Indulin B [By]	Lösungen violettblau, in Äthylalkohol wenig löslich, in Amylalkohol erst nach Zusatz von Säure mit blauer Farbe löslich	ungefähr **577,0**	unverändert, nach längerem Stehen blauer Niederschlag	violett	violett	**568,0**	Farbe unveränder 581,0
Solidblau wasserl. A oooo [O]	wässerige Lösung konzentriert violett, verdünnt blau; alkoholische Lösung blau, fluoresziert schwach braunrot; essigsaure Lösung blau; in Äthylalkohol schwieriger löslich, in Amylalkohol auch nach Zusatz von Säure wenig löslich	ungefähr **574,5**	unverändert	rotviolett	rotviolett	ungefähr **589,5**	unverände
Naphtazinblau [D]	Lösungen violettblau; in Amylalkohol schwer löslich	ungefähr **573,5**	unverändert	violett	violett	**595,0**	unverände
Nerol 2 B [A]	wässerige Lösung graublau, alkoholische Lösungen violettblau; in Amylalkohol erst nach Zusatz von Säure löslich	ungefähr **565,0**	blau, ungefähr 579,5	unverändert	violettblau	ungefähr **581,0**	unverände
Basler Blau R [DH]	Lösungen blau	**565,0**	Farbe heller, der Streifen verschwindet	unverändert	unverändert	ungefähr **573,5**	unverände
Indulin R [K]	Lösungen violettblau; in Amylalkohol erst nach Zusatz von Säure löslich	ungefähr **561,5** 610,5	unverändert, nach längerem Stehen blauer Niederschlag	rotviolett	rot	ungefähr **596,0**	unverände

alkohol		Amylalkohol				Essigsäure 90 %	Anmerkung
Ammoniak	Kalilauge	Absorption	Salzsäure	Ammoniak	Kalilauge		
rotviolett	rot	—	**569,5**	—	—	**572,0**	saurer Azinfarbstoff
rotviolett	rot	—	ungefähr **584,5** 541,5	—	—	ungefähr **582,0**	saurer Azinfarbstoff
unverändert	entfärbt sich teilweise	**597,5**	Farbe unverändert 601,0	unverändert	entfärbt sich teilweise	**595,5**	saurer Azinfarbstoff
unverändert	violett	—	ungefähr **579,5**	—	—	ungefähr **582,0**	saurer Azofarbstoff
unverändert	unverändert	ungefähr **574,0** 534,0	unverändert	unverändert	entfärbt sich allmählich, dann schwach gelbbraun	ungefähr 607,5 **571,0**	basischer Azinfarbstoff
rot	rot	—	ungefähr **586,0**	—	—	ungefähr **574,5**	saurer Azinfarbstoff

Grup

Handelsname	Eigenschaften	Wasser				Äthy	
		Absorption	Salzsäure	Ammoniak	Kalilauge	Absorption	Salzsäure
Solidblau B spritl. [G]	wässerige Lösung violettblau, alkoholische und essigsaure Lösungen blau; in kaltem Wasser unlöslich	ungefähr **560,5**	unverändert	rotviolett	rotviolett	ungefähr **592,5**	unveränder
Acetinblau R [B]	wässerige Lösung rotviolett, alkoholische und essigsaure Lösungen violettblau	ungefähr **560,5**	blauviolett, Absorption geschwächt	rot	rot	ungefähr **596,0**	unveränder
Diphenblaubase B [A] **Diphenblau B** [A]	wässerige Lösung blauviolett, alkoholische Lösung blau, schwache braunrote Fluoreszenz, essigsaure Lösung violett, fluoresziert rot	**560,0**	violett, Absorption verstärkt 558,0	rot, entfärbt sich teilweise	wie bei Ammoniak	**580,0**	violett, rote Fluoreszen Absorptio verstärkt 584,5
IndocyaninBF [A]	wässerige Lösung blauviolett, alkoholische Lösung blau, fluoresziert schwach rot, essigsaure Lösung violettrot, fluoresziert rot; in Amylalkohol schwer löslich	**559,5**	violett 577,0	Absorption geschwächt	rot, Absorption geschwächt, drei schwache Streifen	**574,5** (520,5?)	violettrot Absorptio verstärkt 583,5
Paraphenylenblau R [D]	wässerige Lösung violett, alkoholische und essigsaure Lösungen blau; in Amylalkohol auch nach Zusatz von Säure unlöslich	ungefähr **558,0**	unverändert	rot	rot	ungefähr **593,5**	unverände
Indocyanin B [A]	wässerige Lösung blauviolett, fluoresziert schwach rot, alkoholische Lösungen blau, essigsaure Lösung violettrot, fluoresziert stark rot; in Amylalkohol schwer löslich	**557,5**	rotviolett 574,5	mehr blau, 560,5	rot, schwacher Streifen im Grün	**576,5** konz. Lösung: 520,5	violettrot fluoreszie rot, Absorptic verstärk 583,5

alkohol		Amylalkohol				Essigsäure 90 %	Anmerkung
Ammoniak	Kalilauge	Absorption	Salzsäure	Ammoniak	Kalilauge		
violettrot	violettrot	ungefähr **596,0**	unverändert	violettrot	violettrot	ungefähr **587,0**	basischer Azinfarbstoff
violettrot	rot	ungefähr **603,0**	unverändert	violettrot	rot	ungefähr **587,0**	basischer Azinfarbstoff
violett, Absorption geschwächt	rot, entfärbt sich teilweise, konzentriertere Lösung: 582,0 539,5 **484,5**	**579,5**	violett, rote Fluoreszenz, Absorption verstärkt 586,0	violett, Absorption geschwächt	rot	**587,0**	basischer Azinfarbstoff
unverändert	rot, Fluoreszenz verschwindet 583,5 **541,5** 505,0	**571,0** (518,5?)	violettrot, Absorption verstärkt **585,0**	unverändert	rot, Fluoreszenz verschwindet 582,0 **540,5** 504,0	**582,0**	saurer Azinfarbstoff
rotviolett	rot	—	—	—	—	ungefähr **579,5**	basischer Azinfarbstoff
unverändert	rot, schwache Streifen 583,5 **541,5** 505,0	**573,5**	violettrot, fluoresziert rot, Absorption verstärkt **585,0**	unverändert	rot, schwache Streifen 583,5 **541,5** 505,0	**583,5**	saurer Azinfarbstoff

Grup-

Handelsname	Eigenschaften	Wasser				Äthyl-	
		Absorption	Salzsäure	Ammoniak	Kalilauge	Absorption	Salzsäure
Indocyanin 2 R [A]	wässerige Lösung violett, alkoholische Lösungen blau mit brauner Fluoreszenz, essigsaure Lösung violettrot mit roter Fluoreszenz; in Amylalkohol schwer löslich	ungefähr **550,5**	rotviolett, ungefähr 554,0	Absorption geschwächt	rot, Absorption geschwächt, verwaschener Streifen im Grün	**564,0** konz. Lösung: 520,5	violettrot, fluoresziert rot Absorption verstärkt, ungefähr 583,5
Diphenblaubase R [A] **Diphenblau R** [A]	wässerige Lösung violett, alkoholische Lösungen blau, fluoreszieren schwach rot, essigsaure Lösung violett, fluoresziert schwach rot; in Wasser schwieriger löslich	**549,0**	rotviolett	rot, entfärbt sich teilweise	wie bei Ammoniak	**574,5**	rotviolett, rote Fluoreszenz, Absorption verstärkt 579,5
Druckindulin R [M]	wässerige Lösung rotviolett, alkoholische Lösungen violettblau, essigsaure Lösung violett; in kaltem Wasser unlöslich	ungefähr **547,5**	Absorption geschwächt	rot, verwaschener Streifen in Grünblau	wie bei Ammoniak	ungefähr **595,0**	unverändert
Neuäthylblau R [M] **Neuäthylblau RS** [M]	wässerige und essigsaure Lösung violett, alkoholische Lösungen blauviolett, fluoresziert schwach rot; Neuäthylblau R in kaltem Wasser fast unlöslich	Marke RS: **546,5** Marke R: **543,5**	Farbe und Absorption verstärkt 548,5	entfärbt sich teilweise	entfärbt sich teilweise	**574,5**	rotviolett Absorption verstärkt 577,0
Solidblau RR [G]	wässerige Lösung rotviolett, alkoholische Lösungen blau, essigsaure Lösung violettblau; in Wasser nur in der Wärme löslich	ungefähr **544,5**	mehr blau, ungefähr 548,5	rot, verwaschener Streifen im Blaugrün	wie bei Ammoniak	ungefähr **599,5**	unverändert

alkohol		Amylalkohol				Essigsäure 90 %	Anmerkung
Ammoniak	Kalilauge	Absorption	Salzsäure	Ammoniak	Kalilauge		
unverändert	rot, Fluoreszenz verschwindet, drei verwaschene Streifen im Grün	**567,0** konz. Lösung: 520,5	violettrot, fluoresziert rot, Absorption verstärkt, ungefähr 585,0	unverändert	rot, Fluoresz nz verschwindet, ungefähr 582,0 **540,5** 504,0	ungefähr **573,5**	saurer Azinfarbstoff
violett, Absorption geschwächt	rot, entfärbt sich teilweise, konzentriertere Lösung: 579,5 537,5 **482,0**	**574,5**	rotviolett, rote Fluoreszenz, Absorption verstärkt 581,5	violett, Absorption geschwächt	rot, Absorption geschwächt, drei verwaschene schwache Streifen	**581,0**	basischer Azinfarbstoff
violettrot, verwaschener Streifen im Grün	wie bei Ammoniak	ungefähr **603,0**	unverändert	violettrot, verwaschener Streifen im Grün	wie bei Ammoniak	ungefähr **579,5**	basischer Azinfarbstoff
violett, entfärbt sich teilweise	rotviolett, drei schwache Streifen	**573,5**	violett, Absorption verstärkt 581,0	violett, Absorption geschwächt	rotviolett, ungefähr 579,5 **541,5** 505,0	**580,0**	basischer Azinfarbstoff
rot, verwaschener Streifen im Blaugrün	wie bei Ammoniak	ungefähr **604,5**	unverändert	rot	rot	ungefähr **584,5**	basischer Azinfarbstoff

Grup-

Handelsname	Eigenschaften	Wasser				Äthyl-	
		Absorption	Salzsäure	Ammoniak	Kalilauge	Absorption	Salzsäure
Spritindulin BR konz. [t. M] **Druckblau H Pulver** [C] **Indulin spritl.** [D] **Azinblau spritl.** [D]	wässerige Lösung rotviolett, alkoholische Lösungen blau, essigsaure Lösung violettblau; in Wasser nur in der Wärme löslich	ungefähr **544,5**	unverändert	rot	rot	ungefähr **593,5**	unverändert
Indulin R spritl. [J]	wässerige Lösung rotviolett, alkoholische Lösungen blau, essigsaure Lösung violettblau; in Wasser nur in der Wärme löslich	ungefähr **543,5**	unverändert	rot	rot	ungefähr **601,5**	unverändert
Paraphenylenviolett [D]	wässerige Lösung rotviolett, alkoholische Lösungen blauviolett; in Amylalkohol schwer löslich	**542,5**	unverändert	Farbe heller, der Streifen verschwindet	wie bei Ammoniak	**553,7**	rotviolett 561,0
Indulin 2R spritl. [J]	wässerige Lösung rotviolett, alkoholische Lösungen blau, essigsaure Lösung violettblau; in Wasser nur in der Wärme löslich	ungefähr **541,5**	unverändert	rot	rot	ungefähr **595,0**	unverändert
Moderncyanin V [DH]	wässerige Lösung grünlichblau, alkoholische Lösungen und essigsaure Lösung blau; in Amylalkohol schwieriger löslich	ungefähr **662,5**	gelb	violettblau	violett	**600,5**	unverändert
Gallocyanin F [B]	wässerige Lösung blau, alkoholische und essigsaure Lösungen violettblau; in Amylalkohol schwieriger löslich	ungefähr **635,5**	rotviolett, ungefähr 547,5 509,5	entfärbt sich teilweise	entfärbt sich teilweise	ungefähr **583,5**	rotviolett, Absorption verstärkt, ungefähr 597,5 **552,5** 512,0

alkohol		Amylalkohol				Essigsäure 90 %	Anmerkung
Ammoniak	Ammoniak	Absorption	Salzsäure	Ammoniak	Kalilauge		
rot	rot	ungefähr **595,0**	unverändert	rot	rot	ungefähr **582,0**	basischer Azinfarbstoff
rot	rot	ungefähr **607,0**	unverändert	rot	rot	ungefähr **591,0**	basischer Azinfarbstoff
violett	rotviolett	**558,0**	rotviolett 566,0	rotviolett	rotviolett	**553,7**	basischer Azinfarbstoff
rot	rot	ungefähr **601,5**	unverändert	rot	rot	ungefähr **582,0**	basischer Azinfarbstoff
Farbe unverändert, verwaschener Streifen im Grün	violettblau, ungefähr 589,5	**593,5**	gelbgrün	Farbe unverändert, undeutliche Absorption im Rot	Farbe unverändert, ungefähr 597,5	ungefähr **658,0**	Oxazinbeizenfarbstoff (Chrombeize)
Farbe und Absorption geschwächt	entfärbt sich, dann grünlich	ungefähr **582,0**	rotviolett, ungefähr 603,0 **556,0** 514,5	Farbe und Absorption geschwächt	entfärbt sich	ungefähr 600,0 **554,0** 513,0	Oxazinbeizenfarbstoff (Chrombeize)

Grup-

Handelsname	Eigenschaften	Wasser: Absorption	Wasser: Salzsäure	Wasser: Ammoniak	Wasser: Kalilauge	Äthyl-: Absorption	Äthyl-: Salzsäure
Echtgrün M [DH]	wässerige Lösung konzentriert violett, verdünnt blau, alkoholische Lösungen konzentriert blau, verdünnt violett bezw. rot, fluoreszieren schwach braunrot; essigsaure Lösung grünblau	ungefähr **594,0**	violett, Absorption verstärkt 538,5	rotviolett, Absorption geschwächt, verwaschene Streifen im Grünblau	rot, der Farbstoff schlägt sich nieder	**651,0** (verwa schener Streifen im Grün)	grünblau, Absorption verstärkt 652,5
Delphinblau B [By], [S]	Lösungen blauviolett, in Amylalkohol schwer löslich	ungefähr **543,5**	entfärbt sich	violettrot, verwaschener Streifen im Grün	wie bei Ammoniak	ungefähr **562,5**	hellblau, der Streifen verschwindet

Dritte

Handelsname	Eigenschaften	Wasser: Absorption	Wasser: Salzsäure	Wasser: Ammoniak	Wasser: Kalilauge	Äthyl-: Absorption	Äthyl-: Salzsäure
Indigotin [D] **Indigokarmin**	wässerige und essigsaure Lösung grünlichblau; in Äthyl- und Amylalkohol erst nach Zusatz von Säure mit blauer Farbe löslich	**616,8**	unverändert	unverändert	grün	—	**607,8**
Janusgrün G [M]	wässerige Lösung blau, alkoholische und essigsaure Lösungen grünblau	**597,5**	violettblau 584,5	Farbe unverändert 592,5	violettblau, schwacher Streifen 588,5	ungefähr **691,5**	unverändert
Diazingrün [K] **Janusgrün B** [M]	wässerige und alkoholische Lösungen grünlichblau, essigsaure Lösung blau	ungefähr **592,7**	blau 667,5 **616,2** 544,0	unverändert	blau, ungefähr 588,5	ungefähr **669,5** (608,7 ?)	blau **663,7** 608,7
Wollblau [K]	wässerige, alkoholische und essigsaure Lösungen blau, amylalkoholische Lösung grünlichblau; in Äthylalkohol schwer löslich, in Amylalkohol erst nach Zusatz von Säure löslich	ungefähr **591,0**	grünblau, Absorption geschwächt, konzentriertere Lösung: ungefähr 597,5	rotviolett	rot	ungefähr **600,5**	grün, verwaschener Streifen im Rot

pe V.

alkohol		Amylalkohol				Essigsäure 90 %	Anmerkung
Ammoniak	Kalilauge	Absorption	Salzsäure	Ammoniak	Kalilauge		
rot, verwaschener Streifen im Grünblau	orangerot, verwaschener Streifen im Grünblau	**651,0** (verwaschener Streifen im Grün)	grünblau, Absorption verstärkt 652,5	rot	orangerot	**653,5**	basischer Oxazinfarbstoff Der Farbstoff ist nicht rein; er zeigt auch einen Streifen im Grün und enthält Methylenblau.
violettrot, verwaschener Streifen im Grün	wie bei Ammoniak	ungefähr **560,5**	hellblau, der Streifen verschwindet	rotviolett	rot	ungefähr **595,0** **550,5**	Oxazinbeizenfarbstoff (Chrombeize)
Abteilung.							
—	—	—	**608,7**	—	—	**612,3**	saurer Farbstoff
unverändert	blau, entfärbt sich teilweise	ungefähr **694,0**	unverändert	unverändert	blau, entfärbt sich teilweise	ungefähr **694,0**	basischer Azofarbstoff
unverändert	anfangs unverändert, später teilweise Entfärbung	ungefähr **670,0** (610,2?)	blau **662,0** 607,2 545,5	unverändert	grün, **629,8** 583,5 einseitige Absorption in Violett, dann teilweise Entfärbung	**664,5** 611,7 540,0	basischer Safranin-Azofarbstoff siehe S. 187
unverändert	rot	—	einseitige Absorption im Rot	—	—	verwaschener Streifen im Rot	saurer Azofarbstoff

Grup-

Handelsname	Eigenschaften	Wasser				Äthyl-	
		Absorption	Salzsäure	Ammoniak	Kalilauge	Absorption	Salzsäure
Wollechtblau GL [By]	Lösungen blau	**582,0**	unverändert	violettblau	rot	**594,0**	unverändert
Tolylblau SB [M]	wässerige und äthylalkoholische Lösung violettblau, amylalkoholische Lösung blaugrün; essigsaure Lösung blau; äthylalkoholische Lösung fluoresziert schwach grün; in Amylalkohol erst nach Zusatz von Säure löslich	ungefähr **581,0**	blau, Absorption geschwächt, konzentriertere Lösung: ungefähr 593,5	rotviolett	gelblichrot	ungefähr **593,5**	grünblau, einseitige Absorption im Rot
Sulfoncyanin G [By]	wässerige und alkoholische Lösungen blau; essigsaure Lösung grünlichblau	ungefähr **579,5**	Farbe heller, Absorption geschwächt 573,5	unverändert	Farbe unverändert 576,0	ungefähr **608,7**	grünlichblau 610,5
Tolylblau SR [M]	wässerige und äthylalkoholische Lösung violett, amylalkoholische Lösung blaugrün, essigsaure Lösung blau; in Äthylalkohol schwer löslich, in Amylalkohol erst nach Zusatz von Säure löslich	ungefähr **578,5**	blau, Absorption geschwächt, konzentriertere Lösung: ungefähr 593,5	rot	gelbrot	ungefähr **592,5**	grünblau, verwaschener Streifen im Orange
Wollechtblau BL [By]	Lösungen violettblau	**578,5**	unverändert	violett	rot	**587,0**	unverändert
Säurecyanin BF [A]	wässerige Lösung blauviolett, essigsaure Lösung rot; in Äthyl- und Amylalkohol auch nach Zusatz von Säure unlöslich	**576,0**	rot ungefähr **577,0** 542,5	unverändert	unverändert	—	—

pe V.

alkohol		Amylalkohol				Essigsäure 90%	Anmerkung
Ammoniak	Kalilauge	Absorption	Salzsäure	Ammoniak	Kalilauge		
unverändert	rot	**601,6**	unverändert	unverändert	rot	**591,0**	saurer Azinfarbstoff
unverändert	rot	—	einseitige Absorption im Rot und Violett	—	—	verwaschener Streifen im Orangerot	saurer Azofarbstoff
unverändert	Farbe unverändert 606,5	ungefähr **608,7**	grünlichblau 612,0	unverändert	Farbe unverändert 606,5	ungefähr **608,7**	saurer Azofarbstoff
violett, ungefähr 588,5	der Farbstoff scheidet sich aus	—	einseitige Absorption im Rot und Violett	—	—	verwaschener Streifen im Orangerot	saurer Azofarbstoff
unverändert	rot	**593,0**	unverändert	unverändert	rot	**585,8**	saurer Azinfarbstoff
—	—	—	—	—	—	**576,0** 536,5?	saurer Azofarbstoff

Grup-

Handelsname	Eigenschaften	Wasser				Äthyl	
		Absorption	Salzsäure	Ammoniak	Kalilauge	Absorption	Salzsäure
Sulfonsäureblau B [By]	wässerige und alkoholische Lösungen blau, essigsaure Lösung bläulichgrün; in Amylalkohol erst nach Zusatz von Säure löslich; in Essigsäure schwer löslich	**572,0**	grünlichblau, ungefähr 591,0	violett	rot	ungefähr **584,5**	grünlichblau Spektrum verwaschen
Sulfonsäureblau R [By]	wässerige Lösung violettblau, alkoholische Lösung blau, essigsaure Lösung grünlichblau; in Amylalkohol erst nach Zusatz von Säure löslich; in Essigsäure schwer löslich	**569,5**	grünlichblau, ungefähr 589,5	violett	rot	ungefähr **584,5**	grünlichblau Streifen verwaschen
BenzoazurinB [A]	wässerige Lösung violettblau, alkoholische Lösung violett, in Amylalkohol mit blauer Farbe schwer löslich	ungefähr **568,5**	Farbe heller, ungefähr 558,0	rotviolett	rot	ungefähr **583,5**	blau, ungefähr 586,0
Indophenol [DH]	alkoholische Lösungen blau, essigsaure Lösung gelbgrün; in Wasser unlöslich	—	—	—	—	ungefähr **592,0**	gelb, einseitige Absorption in Violett

Grup-

Erste

Handelsname	Eigenschaften	Absorption	Salzsäure	Ammoniak	Kalilauge	Absorption	Salzsäure
Echtblau 6 B f. Wolle [A]	wässerige Lösung blau, alkoholische und essigsaure Lösungen blau mit schwacher roter Fluoreszenz; in Amylalkohol gering löslich	ungefähr **597,5**	grünlichblau, ungefähr **679,0** 618,0	violett	rotviolett	ungefähr **647,5** **599,0**	grünlichblau ungefähr 679,0 619,0

pe V.

alkohol		Amylalkohol				Essigsäure 90 %	Anmerkung
Ammoniak	Kalilauge	Absorption	Salzsäure	Ammoniak	Kalilauge		
unverändert	violett	—	Streifen verwaschen	—	—	Spektrum verwaschen	saurer Azofarbstoff
unverändert	blauviolett	—	verwaschener Streifen im Rot	—	—	verwaschener Streifen in orangegelb	saurer Azofarbstoff
rotviolett	rot	ungefähr **589,5**	unverändert	violett	entfärbt sich teilweise	—	direkt färbender Azofarbstoff
unverändert	unverändert	ungefähr **592,0**	gelb, einseitige Absorption in Violett	unverändert	unverändert	gelbgrün, einseitige Absorption im Rot, Blau u. Violett	Parachinonimidfarbstoff (Küpenfarbstoff

pe VI.

Abteilung.

rotviolett	rotviolett	—	grünlichblau ungefähr **683,0** 622,5	—	—	ungefähr **675,5** 615,0	saurer Azinfarbstoff

Handelsname	Eigenschaften	Wasser				Äthyl	
		Absorption	Salzsäure	Ammoniak	Kalilauge	Absorption	Salzsäure
Nigrosin wasserl. [A]	wässerige Lösung konzentriert violett, verdünnt violettblau, alkoholische Lösung violettrot mit braunroter Fluoreszenz, essigsaure Lösung blau mit roter Fluoreszenz; in Äthylalkohol schwer löslich, in Amylalkohol auch nach Zusatz von Säure mit violettblauer Farbe und roter Fluoreszenz wenig löslich	ungefähr **586,0** 549,5?	blau, fluoresziert schwach rot **633,5** 584,0 545,5 einseitige Absorption im Blauviolett	rotviolett verwaschene Streifen im Grün	wie bei Ammoniak	615,0 **576,0** **532,5** einseitige Absorption im Blau und Violett	blau 644,0 **592,7** 548,5
Nigrosin W extra [D]	wässerige Lösung blau, alkoholische und essigsaure Lösungen blau mit roter Fluoreszenz; in Alkohol erst nach Zusatz von Säure löslich, in Amylalkohol unlöslich	ungefähr **584,5**	hellblau, zwei verwaschene Streifen	violett	violett	—	**641,0** **590,0** 546,5
Indulin D extra konz. wasserl. [t. M]	wässerige und alkoholische Lösung violett, essigsaure Lösung blau; in Äthylalkohol schwer löslich, in Amylalkohol auch nach Zusatz von Säure unlöslich	ungefähr **582,0**	unverändert nach längerem Stehen blauer Niederschlag	rotviolett	rotviolett	610,5 **571,0** 529,0 495,5? einseitige Absorption im Violett	blau, fluoresziert r 638,7 **591,0**
Indulin R extra konz. wasserl. [t. M] **Nigrosin W** [B]	wässerige und essigsaure Lösung blau, alkoholische Lösung violettblau mit brauner Fluoreszenz, amylalkoholische Lösung blau mit roter Fluoreszenz; in Äthylalkohol nur in der Wärme löslich, in Amylalkohol erst nach Zusatz von Säure löslich	ungefähr **582,0**	unverändert nach längerem Stehen blauer Niederschlag	rotviolett	violettrot	ungefähr 609,0 **569,5** **527,8** 493,0 einseitige Absorption im Violett	blau, rote Fluores zenz **638,7** 588,5 544,5

alkohol		Amylalkohol				Essigsäure 90 %	Anmerkung
Ammoniak	Kalilauge	Absorption	Salzsäure	Ammoniak	Kalilauge		
rot **575,0** 533,0 497,0?	wie bei Ammoniak	—	**644,0** **592,7** 548,5	—	—	644,5 **592 5** 549,5	saurer Azinfarbstoff kein einheitliches Produkt.
—	—	—	—	—	—	**642,0** **591,0** 548,5	saurer Azinfarbstoff
rot **571,0** 529,0 495,5?	wie bei Ammoniak	—	—	—	—	ungefähr **591,0**	saurer Azinfarbstoff kein einheitliches Produkt
rot **569,5** 527,8 493,0	wie bei Ammoniak	—	ungefähr **638,0** **587,5** 543,5	—	—	verwaschen **599,0**?	saurer Azinfarbstoff kein einheitliches Produkt

Grup-

Handelsname	Eigenschaften	Wasser				Äthyl	
		Absorption	Salzsäure	Ammoniak	Kalilauge	Absorption	Salzsäure
Metaphenylenblau B [C]	wässerige Lösung violettblau, alkoholische Lösungen blau, fluoreszieren schwach rot, essigsaure Lösung blau	ungefähr **579,5**	Farbe unverändert ungefähr 582,5	violett, drei schwache verwaschene Streifen	wie bei Ammoniak	**573,5** 619,5 597,5	unverändert
Indulin B konz. [By] **Indulin NN** [B]	Lösungen blau; in Äthylalkohol schwieriger löslich, in Amylalkohol auch nach Zusatz von Säure fast unlöslich	ungefähr **574,5**	unverändert nach längerem Stehen blauer Niederschlag	rotviolett	rot	ungefähr **604,5** **573,0**	Farbe heller 596,0
Neuechtgrau [By]	wässerige Lösung konzentriert violett, verdünnt blauviolett, alkoholische Lösungen blau; in Amylalkohol schwer löslich	ungefähr **568,5**	violett 573,5	entfärbt sich teilweise	entfärbt sich teilweise	**629,0** **578,0** 536,5	violett, Absorption verstärkt 578,5

Zweite

Handelsname	Eigenschaften	Absorption	Salzsäure	Ammoniak	Kalilauge	Absorption	Salzsäure
Direkt himmelblau grünl. [J] **Azidinreinblau FF** [CJ] **Osfanilreinblau FFK** [OSF] **Naphtaminblau 12 B** [K]	wässerige Lösung grünlichblau, alkoholische und essigsaure Lösungen blau mit roter Fluoreszenz; in Äthyl- und Amylalkohol erst nach Zusatz von Säure löslich; Azidinreinblau in Äthylalkohol löslich jedoch schwer	ungefähr **642,1**	Farbe unverändert 658,0 601,5	violettblau verwaschene Streifen in Orangegelb	violettblau verwaschener Streifen in Orangegelb	—	**631,5** 584,0

pe VI.

alkohol		Amylalkohol				Essigsäure 90 %	Anmerkung
Ammoniak	Kalilauge	Absorption	Salzsäure	Ammoniak	Kalilauge		
violettblau 623,0 **574,5**	violett, Absorption geschwächt 623,0 **574,5**	**574,5** 621,5 599,0	unverändert	violettblau 624,5 **575,7**	violett, Streifen verschwinden	ungefähr 620,7 **577,0**	basischer Azinfarbstoff kein einheitliches Produkt
rotviolett	rot	—	—	—	—	ungefähr **583,5**	saurer Azinfarbstoff
entfärbt sich teilweise, grünlich	entfärbt sich teilweise, violett	**632,0** **580,5** 538,5	violett 581,0	unverändert	entfärbt sich dann rötlich	630,0 **578,5** 537,5	basischer Azinfarbstoff
Abteilung.							
—	—	—	**631,5** 584,0 (nach längerem Stehen 637,0 **592,0**)	—	—	**631,5** 584,0	direkt färbender Azofarbstoff, Azidinreinblau in Äthylalkohol: verwaschener Doppelstreifen Mitte ungefähr 610,0, mit Ammoniak violettblau, mit Kalilauge rot, nach längerem Stehen teilweise Entfärbung

Grup-

Handelsname	Eigenschaften	Wasser				Äthyl-	
		Absorption	Salzsäure	Ammoniak	Kalilauge	Absorption	Salzsäure
Acetylenhimmelblau [J]	wässerige Lösung grünlichblau; in Äthyl- und Amylalkohol erst nach Zusatz von Säure mit blauer Farbe und roter Fluoreszenz löslich; essigsaure Lösung blau, fluoresziert rot	ungefähr **640,5**	Farbe unverändert 658,0 601,5	violettblau	violett	—	**629,5** 582,5
Aminschwarzgrün B [A]	wässerige Lösung konzentriert grün, verdünnt grünblau, alkoholische Lösung grün, in Amylalkohol mit grüner Farbe schwer löslich; essigsaure Lösung blau	ungefähr **604,5**	blau, ungefähr 609,5 573,5	unverändert	violett, ungefähr 595,0 [553,7?]	ungefähr **624,0** [586,0?] einseitige Absorption im Violett	**610,2** 571,0
Diazingrün [K] **Janusgrün B** [M]	wässerige und alkoholische Lösungen grünlichblau essigsaure Lösung blau	**592,7**	blau, Absorption verstärkt 667,5 **616,2** 544,0	unverändert	blau, ungefähr 588,5	ungefähr **669,5** 608,7?	blau **663,7** 608,7
Kupferblau B extra [M]	wässerige Lösung konzentriert violett, verdünnt blau, alkoholische und essigsaure Lösungen blau mit roter Fluoreszenz; in Äthylalkohol schwer, in Amylalkohol erst nach Zusatz von Säure löslich	**587,0** konzentriertere Lösung: 667,5	rotviolett 535,0	unverändert	entfärbt sich teilweise	**637,0** **590,0** 552,5	unverändert
Azidinwollblau B [CJ]	wässerige und alkoholische Lösungen violettblau, essigsaure Lösung violett; in Amylalkohol schwer löslich	**584,5** [644,0?]	hellblau	Farbe unverändert ungefähr 581,0	wie bei Ammoniak	ungefähr **614,0** **571,0**	unverändert

alkohol		Amylalkohol				Essigsäure	Anmerkung
Ammoniak	Kalilauge	Absorption	Salzsäure	Ammoniak	Kalilauge	90%	
—	—	—	**630,5** 583,5	—	—	**629,5** 582,5	direkt färbender Azofarbstoff
unverändert	violettblau, ungefähr 599,0 [557,0?]	**625,5** [583,5?]	blau **617,7** 578,5	—	—	**616,2** 575,8 einseitige Absorption im Rot	saurer Azofarbstoff vergleiche Amidoschwarzgrün B[M] II., S. 87
unverändert	anfangs unverändert später teilweise Entfärbung	ungefähr **670,0** 610,2?	blau **662,0** 607,2 545,5	unverändert	grün **629,8** 583,5 einseitige Absorption im Violett	**664,5** 611,7 [540,0]	basischer Azofarbstoff vergleiche II., S. 176
unverändert	entfärbt sich teilweise	—	**640,5** **592,2** 555,0	—	—	**640,5** 589,5 548,5	saurer Azofarbstoff (Kupferentwicklungsfarbstoff)
unverändert	unverändert	ungefähr **614,0** **571,0**	unverändert	unverändert	Farbe unverändert, verwaschener Streifen im Orangegelb	ungefähr **616,2** 571,0	direkt färbender Azofarbstoff

Handelsname	Eigenschaften	Wasser				Äthyl-	
		Absorption	Salzsäure	Ammoniak	Kalilauge	Absorption	Salzsäure
Janusdunkelblau B [M]	wässerige Lösung konzentriert violett, verdünnt violettblau, alkoholische Lösungen blau mit schwacher roter Fluoreszenz, essigsaure Lösung violett	ungefähr **582,0**	rot, verwaschener Streifen im Grün	Farbe und Absorption geschwächt	wie bei Ammoniak	**602,0** 560,5	rotviolett, Absorption verstärkt **592,2** 552,6
Osfanilblau 3 B [OSF]	wässerige Lösung violettblau, alkoholische Lösungen violett, essigsaure Lösung blau mit roter Fluoreszenz; in Äthyl- und Amylalkohol erst nach Zusatz von Säure löslich	**567,5**	blau 569,5	violett 569,5	rot, verwaschener Streifen im Orangegelb	—	**598,0** 556,3
Cypergrün B [A]	wässerige Lösung violett, alkoholische Lösung violett, im auffallenden Lichte rot; in Amylalkohol erst nach Zusatz von Säure mit rotvioletter Farbe löslich, essigsaure Lösung rotviolett	ungefähr **557,0**	rot, Absorption geschwächt, ungefähr 525,0	unverändert	Absorption geschwächt, ungefähr 567,0	**605,8** **562,5**	rot, ungefähr 547,5
Naphtindon BR [C]	wässerige Lösung blauviolett, alkoholische Lösung violettblau	ungefähr **547,5**	violett, ungefähr 543,5	Farbe heller, Absorption geschwächt	entfärbt sich teilweise	ungefähr **597,5** **567,0**	unverändert
Azosäureblau 4 B [By]	wässerige Lösung violettblau, alkoholische Lösungen blau, essigsaure Lösungen rotviolett; in Wasser schwer löslich	ungefähr **543,5**	rot, verwaschener Streifen im Grün	gelbrot, verwaschener Streifen im Grün	wie bei Ammoniak	ungefähr **630,5** **582,0**	violett, verwaschener Streifen im Grün

alkohol		Amylalkohol				Essigsäure 90 %	Anmerkung
Ammoniak	Kalilauge	Absorption	Salzsäure	Ammoniak	Kalilauge		
Absorption geschwächt	wie bei Ammoniak	**606,0** 562,5	violett, **598,0** 558,1	Farbe und Absorption geschwächt	Farbe geschwächt, Streifen verschwinden	ungefähr **591,5** 551,5?	basischer Azofarbstoff nuanciert mit einem roten Farbstoff. Vergleiche auch JanusblauR[M] II., S. 190
—	—	—	**598,0** 556,3	—	—	ungefähr **603,0** 558,0	direktfärbender Azofarbstoff
unverändert	unverändert	—	rot, ungefähr **547,5**	unverändert	Farbe und Absorption geschwächt	ungefähr **541,5**	saurer Azofarbstoff (Kupferentwicklungsfarbstoff)
Farbe und Absorption geschwächt	Farbe und Absorption geschwächt	ungefähr **597,5** **577,0**	unverändert	Absorption geschwächt	Farbe und Absorption geschwächt	ungefähr **597,5**	basischer Azofarbstoff nuanciert mit einem blauen Farbstoff
gelbrot	orangegelb	**627,2** **579,5**	violett, verwaschener Streifen im Grün	unverändert	gelbrot	verwaschene Streifen im Grün	saurer Azofarbstoff

Grup-

Handelsname	Eigenschaften	Wasser: Absorption	Wasser: Salzsäure	Wasser: Ammoniak	Wasser: Kalilauge	Äthyl-: Absorption	Äthyl-: Salzsäure
Indoinblau R [B] **Indophenblau B** [M] **Janusblau R** [M] **Naphtindon BB** [C] **Indolblau R** [A]	wässerige Lösung violett, alkoholische und essigsaure Lösungen blau, im auffallenden Lichte rot; in Wasser schwieriger löslich	**542,5**	mehr rot, 537,5 der Farbstoff scheidet sich allmählich aus	Farbe heller, der Streifen verschwindet	blau, entfärbt sich teilweise, der Farbstoff scheidet sich aus	**602,5** **560,3** konzentriertere Lösung: [521,5]	unverändert
Diazinblau BN [K]		**541,5**					
Diazinblau BR [K]		**539,5**					

Dritte

Handelsname	Eigenschaften	Wasser: Absorption	Wasser: Salzsäure	Wasser: Ammoniak	Wasser: Kalilauge	Äthyl-: Absorption	Äthyl-: Salzsäure
Alizarinirisol R [By]	Lösungen violettblau, essigsaure Lösung violett; in Wasser und Amylalkohol schwer löslich	ungefähr **576,0**	unverändert	blau, Absorption verstärkt **627,1** **579,5** 541,0	blau, Absorption verstärkt **628,8** **581,2** 542,5	ungefähr **609,0** **563,6** 526,0?	unverändert
Alizarincyanolviolett R [C] **Alizarindirektviolett R** [M]	wässerige und amylalkoholische Lösung violettblau, alkoholische und essigsaure Lösung blauviolett; in kaltem Wasser schwer löslich, in Amylalkohol erst nach Zusatz von Säure löslich	ungefähr **561,5**	unverändert	blau ungefähr 624,6 **579,0** 541,0	blau 624,0 **578,0** 540,0	ungefähr **592,0** **550,5** 516,0?	unverändert

alkohol		Amylalkohol				Essigsäure 90 %	Anmerkung
Ammoniak	Kalilauge	Absorption	Salzsäure	Ammoniak	Kalilauge		
Farbe und Absorption geschwächt	grünlichblau, entfärbt sich teilweise	**605,8** 563,8 konzentriertere Lösung: [523,0]	Farbe unverändert **607,5** 565,6	Farbe und Absorption geschwächt	grünlichblau, entfärbt sich teilweise	**600,0** 558,0	basischer Safranin-Azofarbstoff Diazinblau BR enthält einen roten Farbstoff
Abteilung							
unverändert	grünlichblau **641,0** **592,0** 550,0	ungefähr **616,5** **571,0** 533,0	violett 607,5 **563,5** 526,0?	unverändert	grünlichblau, entfärbt sich allmählich teilweise **649,0** **596,0** 553,0	ungefähr **601,6** **560,5**	In Schwefelsäure: blau **584,5** 540,5 einseitige Absorption im Violett; in Schwefelsäure-Borsäure: grünlichblau **620,7** 577,0 537,0? einseitige Absorption im Violett; saurer Anthrachinonfarbstoff
unverändert	grünlichblau **634,0** **585,5** 545,0	—	ungefähr 593,0 **552,0** 517,5	—	—	ungefähr 592,0 **552,5** 517,5?	in Schwefelsäure: blau **587,0** 545,5 in Schwefelsäure-Borsäure: violett **591,5** **546,5** 506,0 einseitige Absorption im Violett; saurer Anthrachinonfarbstoff

Grup-

Erste

Handelsname	Eigenschaften	Wasser				Äthyl-	
		Absorption	Salzsäure	Ammoniak	Kalilauge	Absorption	Salzsäure
Chrompatent-grün N [K]	wässerige Lösung grünlichblau, alkoholische Lösung grünblau, amylalkoholische und essigsaure Lösung violettblau; in Amylalkohol erst nach Zusatz von Säure löslich	**643,8** **592,2**	blauviolett, Absorption geschwächt ungefähr 567,0	Farbe unverändert ungefähr 638,7 591,0	blauviolett ungefähr 578,3	**647,3** 594,8	violettblau, ungefähr 583,5
Direktblau RBA [L]	wässerige und alkoholische Lösung blau, essigsaure Lösung violettblau; in Äthylalkohol erst nach Zusatz von Säure löslich, in Amylalkohol unlöslich	ungefähr **640,5** **591,0**	Farbe heller ungefähr 689,3 630,5 583,3	unverändert	ungefähr 650,8 **593,5**	—	ungefähr 630,5 **585,0** 543,5 ?
Dianilblau G [M]	Lösungen blau, alkoholische und essigsaure Lösungen fluoreszieren rot; in Äthyl- und Amylalkohol erst nach Zusatz von Säure löslich	ungefähr **632,0** **588,5**	Farbe unverändert, ungefähr 660,0 **593,5**	Farbe unverändert ungefähr **615,0**	violettblau, ungefähr **604,5**	—	**625,5** **581,0**
Sulfonsäure-grün B [By]	wässerige und essigsaure Lösung blau, alkoholische Lösungen violettblau, in Amylalkohol erst nach Zusatz von Säure löslich	**631,1** **587,0**	Farbe unverändert, Absorption geschwächt ungefähr 587,0	unverändert	violettblau, ungefähr 612,0	**625,5** 583,3	unverändert
Säureblau IV [H]	in Wasser und Äthylalkohol blau, in Amylalkohol grünlichblau, in Essigsäure grünblau, in Amylalkohol schwer löslich	**630,5** **586,3**	unverändert	Absorption geschwächt	Absorption geschwächt	**627,2** **583,8**	unverändert

pe VII.

Abteilung.

alkohol		Amylalkohol				Essigsäure 90 %	Anmerkung
Ammoniak	Kalilauge	Absorption	Salzsäure	Ammoniak	Kalilauge		
unverändert	rotviolett, verwaschener Streifen im Grün	—	ungefähr **581,0** einseitige Absorption im Violett	—	—	ungefähr **582,0** einseitige Absorption im Violett	saurer Azofarbstoff
—	—	—	—	—	—	ungefähr **587,0** 543,5?	direkt färbender Azofarbstoff
—	—	—	**627,8** **583,0**	—	—	**627,8** **583,5**	direkt färbender Azofarbstoff
unverändert	violettblau **617,7** 574,5	—	**628,8** 585,8	—	—	**628,8** 585,8	saurer Azofarbstoff (Chromentwicklungsfarbstoff)
unverändert	grünlich blau Absorption geschwächt, ungefähr 645,5	**637,0** **590,0**	blau 632,1 586,3	unverändert	Absorption geschwächt ungefähr 630,5	**630,5** 583,3 konzentriertere Lösung 691,5	saurer Azofarbstoff

Grup-

Handelsname	Eigenschaften	Wasser				Äthyl-	
		Absorption	Salzsäure	Ammoniak	Kalilauge	Absorption	Salzsäure
Immedialreinblau in Pulver konz. [C]	wässerige Lösung blau mit roter Fluoreszenz, alkoholische Lösungen und essigsaure Lösung violettblau; in Äthyl- und Amylalkohol erst nach Zusatz von Säure löslich	**625,8** **582,0**	violett 633,8 **580,8** 535,7	unverändert	unverändert	—	630,5 **582,3** 539,5
Auronaldruckblaupaste [t. M]	in Wasser grünlichblau mit schwacher roter Fluoreszenz, in Äthylalkohol blau, in Amylalkohol und Essigsäure violett; alkoholische Lösungen fluoreszieren stark rot; in Wasser schwer löslich	ungefähr **625,5** **586,0**	unverändert	unverändert	unverändert	**606,7** **562,5**	violett, entfärbt sich teilweise, konzentriertere Lösung 630,5 **586,5** 547,5
Naphtolblau G [C]	wässerige und alkoholische Lösungen blau, essigsaure Lösung grünblau; alkoholische Lösung im auffallenden Lichte rot; in Amylalkohol schwieriger löslich	ungefähr **617,7** **579,0**	unverändert	verwaschener Doppelstreifen, ungefähr 610,5 584,5	violettblau, ungefähr 595,5	**613,2** **573,3**	unverändert
Katigenindigo B [By]	Lösungen blau, alkoholische Lösung fluoresziert blau; in Äthylalkohol schwer löslich, in Amylalkohol und Essigsäure unlöslich	ungefähr **616,2** **578,5**	entfärbt sich teilweise schwach violett	unverändert	Absorption geschwächt	**608,4** **564,7**	rotviolett 591,0 **547,5** 512,0

alkohol		Amylalkohol				Essigsäure	Anmerkung
Ammoniak	Kalilauge	Absorption	Salzsäure	Ammoniak	Kalilauge	90 %	
—	—	—	634,1 **584,7** 543,5	—	—	628,8 **580,8** 538,5	Schwefelfarbstoff, kein einheitliches Produkt. Die Absorptionsstreifen gehören auch dem Methylenviolett $(CH_3)_2N$ … S … O … N als Nebenprodukt. Siehe I. Teil S. 153
unverändert	unverändert	**605,8** **561,4**	violett, Absorption geschwächt, konzentriertere Lösung 630,5 **586,5** 547,5	unverändert	Absorption geschwächt	627,8 **583,3** 543,5	Schwefelfarbstoff, kein einheitliches Produkt; der Farbstoff enthält Diäthylthionolin $(C_2H_5)_2N$ … S … O … N als Nebenprodukt. Siehe I. Teil S. 153
unverändert	Farbe unverändert 603,0	**617,1** **576,5**	unverändert	unverändert	Absorption geschwächt, verwaschener Streifen in Orangegelb	686,0 **617,7** 575,8	saurer Azofarbstoff
unverändert	rotviolett, verwaschener Streifen im Rot	—	—	—	—	—	Schwefelfarbstoff, kein einheitliches Produkt. Die Absorptionsstreifen rühren auch von einer Thiazinverbindung als Nebenprodukt her

Grup-

Handelsname	Eigenschaften	Wasser				Äthyl-	
		Absorption	Salzsäure	Ammoniak	Kalilauge	Absorption	Salzsäure
Sulfonazurin [By]	wässerige Lösung rotviolett, alkoholische Lösungen und essigsaure Lösung blau, im auffallenden Lichte rot; in kaltem Wasser schwer löslich	ungefähr **577,7** 541,5	unverändert	unverändert	unverändert	**619,8** 577,0	unverändert
Säurealizaringrün G [M]	Lösungen blau mit schwacher roter Fluoreszenz; in Äthyl- und Amylalkohol auch nach Zusatz von Säure wenig löslich; in Essigsäure unlöslich	**645,5** **577,5** konz. Lösung: [709,0]	Farbe unverändert 643,8 574,5 [709,0]	allmählich violett, Absorption verstärkt 662,2 **592,2** **549,5** 510,4 einseitige Absorption in Violett	wie bei Ammoniak	—	**613,5** **561,5** konzentriertere Lösung: 696,0
Alizarinreinblau 3R [By]	Lösungen violettblau, fluoreszieren schwach rot; in Amylalkohol schwer löslich	**613,2** **566,0**	Farbe unverändert, Absorption geschwächt 618,3 569,5	unverändert	Farbe unverändert 616,2 567,5	**616,2** **569,0** 528,5	unverändert

Zweite

Handelsname	Eigenschaften	Absorption	Salzsäure	Ammoniak	Kalilauge	Absorption	Salzsäure
Moderncyanin RN [DH]	wässerige und essigsaure Lösung blau, alkoholische Lösungen violettblau; in Amylalkohol schwieriger löslich	ungefähr **656,5** **595,0**	rot, Absorption geschwächt, verwaschene Streifen im Grün	blauviolett, entfärbt sich teilweise nach längerem Stehen	violett, Absorption geschwächt	ungefähr **587,0**	Farbe unverändert ungefähr 592,5

alkohol		Amylalkohol				Essigsäure	Anmerkung
Ammoniak	Kalilauge	Absorption	Salzsäure	Ammoniak	Kalilauge	90%	
unverändert	unverändert	**619,8** **577,0**	Farbe unverändert **621,3** 578,3	unverändert	Absorption geschwächt	**621,3** 578,3	saurer Azofarbstoff
—	—	—	**610,5** **563,2** konzentriertere Lösung: 705,0	—	—	—	in Schwefelsäure: blau, fluoresziert stark rot, **646,5** 593,5 542,5 einseitige Absorption im Violett in Schwefelsäure-Borsäure: blau, fluoresziert rot, **648,0** 595,0 552,6 einseitige Absorption im Violett saurer Anthrachinonfarbstoff
unverändert	Farbe unverändert **614,7** 568,3 528,0	**619,5** **571,5** 532,1	Farbe unverändert **616,2** 569,5 528,5	Farbe unverändert **617,1** 570,2 529,5	Absorption geschwächt, ungefähr 620,0 572,5 533,0	ungefähr **612,5** 566,0 526,0	in Schwefelsäure: rotviolett, ungefähr **590,0** 544,0 501,5 in Schwefelsäure-Borsäure: violett, fluoresziert rot **604,1** 556,3 514,0 einseitige Absorption im Blau und Violett saurer Anthrachinonfarbstoff

Abteilung.

blau, verwaschene Streifen im Rot	blauviolett, Absorption geschwächt	ungefähr **578,5**	blau, ungefähr 596,5	blau	blau, ungefähr 592,5	ungefähr **632,5**	Oxazinbeizenfarbstoff (Chrombeize)

Grup-

Handelsname	Eigenschaften	Wasser: Absorption	Wasser: Salzsäure	Wasser: Ammoniak	Wasser: Kalilauge	Äthyl-: Absorption	Äthyl-: Salzsäure
Gallazine TC Pulver [DH]	wässerige Lösung blau, alkoholische Lösung violettblau, amylalkoholische Lösung violett, essigsaure Lösung rotviolett; in Amylalkohol erst nach Zusatz von Säure löslich	ungefähr **644,5** **595,0**	rotviolett, verwaschene Streifen ungefähr 612,0 **552,5** 505,0	violett, entfärbt sich teilweise	wie bei Ammoniak	ungefähr **579,5**	violett, ungefähr 608,7 564,7
Direktblau 12 B [L]	wässerige und essigsaure Lösung blau, amylalkoholische Lösung grünlichblau	ungefähr **642,0** **590,0**	Farbe unverändert, ungefähr 687,0 629,0 579,5	Farbe unverändert, ungefähr 641,0 587,0	Farbe unverändert, ungefähr 649,0 592,5	ungefähr **621,0**	unverändert
Uraniablau [D]	Lösungen blau; in Amylalkohol fast unlöslich, nach Zusatz von Säure löslich	ungefähr **611,7** **574,5**	Farbe unverändert, ungefähr 614,7 577,0	unverändert	unverändert	**600,2**	unverändert
Indazin M [C] **Methylindon R** [C] **Metaphenylenblau R** [C]	wässerige Lösung violettblau, alkoholische Lösungen violettblau mit rot. Fluoreszenz, essigsaure Lösung blau	ungefähr **593,5** **555,0**	unverändert	Absorption geschwächt, entfärbt sich allmählich teilweise	entfärbt sich allmählich teilweise	**584,5**	unverändert
Rhodulinblau R [By]	Lösungen violett	ungefähr **587,0** **551,5**	unverändert	unverändert	entfärbt sich teilweise	ungefähr **578,5**	unverändert
Echtsulfonviolett 5 BS [S] **Viktoriaviolett 4 BS** [M]	wässerige Lösung konz. rotviolett, verdünnt violett, im auffallenden Lichte rot, alkoholische Lösungen blau, im auffallenden Lichte rot, essigsaure Lösung rot, Echtsulfonviolett in Amylalkohol gering löslich, Viktoriaviolett in Äthylalkohol schwer löslich, in Amylalkohol unlöslich, nach Zusatz von Säure mit roter Farbe gering löslich	ungefähr **580,0** **542,0**	gelbrot 537,0 **498,0**	orangegelb, einseitige Absorption im Blau und Violett	wie bei Ammoniak	ungefähr **582,0**	rot 543,0 505,0

ılkohol		Amylalkohol				Essigsäure	Anmerkung
Ammoniak	Kalilauge	Absorption	Salzsäure	Ammoniak	Kalilauge	90%	
Farbe und Absorption geschwächt	entfärbt sich	—	ungefähr 615,0 **572,0**	—	—	ungefähr 601,6 **557,0** 519,5	Oxazinbeizenfarbstoff (Chrombeize)
ıntfärbt sich teilweise	rot, entfärbt sich teilweise nach längerem Stehen	—	ungefähr **627,2**	—	—	**617,7**	direkt färbender Azofarbstoff kein einheitliches Produkt
ınverändert	entfärbt sich teilweise	—	**604,5**	—	—	ungefähr **599,0**	saurer Thiazinfarbstoff
Absorption geschwächt	entfärbt sich teilweise	**584,5**	Farbe unverändert 590,0	Absorption geschwächt	entfärbt sich teilweise	**587,5**	basischer Azinfarbstoff
ınverändert	entfärbt sich teilweise	ungefähr **573,5**	Farbe unverändert 575,8	unverändert	entfärbt sich teilweise	ungefähr **580,5**	basischer Oxazinfarbstoff
ınverändert	orangegelb, einseitige Absorption im Blau und Violett	—	**546,0** **506,0**	—	—	538,5 **499,5**	saurer Azofarbstoff

Grup

Handelsname	Eigenschaften	Wasser				Äthyl	
		Absorption	Salzsäure	Ammoniak	Kalilauge	Absorption	Salzsäure
Brillantreinblau G und 5 G [By]	Lösungen blau, in Amylalkohol erst nach Zusatz von Säure löslich	ungefähr **586,0** **540,5**	Farbe dunkler 548,5	Farbe und Absorption geschwächt, entfärbt sich nach längerem Stehen	violettblau, entfärbt sich nach längerem Stehen	verwaschener Streifen im Orange Mitte ungefähr 617,5	unveränder

Grup

Handelsname	Eigenschaften	Absorption	Salzsäure	Ammoniak	Kalilauge	Absorption	Salzsäure
Indophenblau G [M] **Janusblau G** [M]	wässerige Lösung konzentriert violett, verdünnt violettblau, alkoholische und essigsaure Lösungen grünlichblau; alkoholische Lösungen fluoreszieren schwach braun	ungefähr 677,8 **610,8** **543,5**	mehr violett 610,8 **538,5**	Farbe und Absorption geschwächt, zwei schwache verwaschene Streifen	entfärbt sich teilweise, Streifen verschwinden	**634,1** **588,8**	unveränder
Brillantanthraazurol [B]	wässerige Lösung violettblau, alkoholische Lösung violett; in Wasser und Äthylalkohol schwer löslich; in Amylalkohol erst nach Zusatz von Säure löslich, in Essigsäure unlöslich	ungefähr **635,5** **584,5** 548,5	rot, ungefähr 592,7 **548,5** 513,6	blau, Absorption verstärkt, ungefähr 607,7 568,5	blau, ungefähr 610,5	zwei verwaschene Doppelstreifen im Rot und Orangegelb	unverände
Irisblau [B]	wässerige Lösung rotviolett, nach Abdampfen und Wiederauflösen violettblau; alkoholische Lösungen blau, fluoreszieren stark rot, essigsaure Lösung gelb; in Amylalkohol schwieriger löslich	**603,0** **558,1** **504,0** konz. Lösung: 638,7 Lösung abgedampft und wieder gelöst **603,0** **558,1**	braungelb bezw. lichtgelb	unverändert	Farbe unverändert, ungefähr 495,5 bezw. rotviolett, ungefähr 480,0	**608,7** **589,1** 567,0 559,2 541,5	orangegelt

pe VII.

lkohol		Amylalkohol				Essigsäure 90 %	Anmerkung
Ammoniak	Kalilauge	Absorption	Salzsäure	Ammoniak	Kalilauge		
entfärbt sich	rot, entfärbt sich teilweise nach längerem Stehen	—	verwaschener Streifen im Orange, Mitte ungefähr 624,0	—	—	verwaschener Streifen im Orange-rot	saurer Triphenylmethanfarbstoff; kein einheitliches Produkt
pe VIII.							
Absorption geschwächt **635,7** 590,0	entfärbt sich	**634,1** **587,5**	Farbe unverändert **638,7** 592,2	wie bei Salzsäure	entfärbt sich, nach längerem Stehen rot **551,5** 517,7	**640,4** 592,2	basischer Azofarbstoff
allmählich blau, der Farbstoff scheidet sich aus	blau, der Farbstoff scheidet sich aus	—	**546,5** 534,1 **509,5** 497,5 zwei schwache Streifen im Violett	—	—	—	in Schwefelsäure braungelb: **588,5** **545,5** einseitige Absorption im Violett in Schwefelsäure-Borsäure: violettblau, fluoresziert rot **593,0** 549,1 511,2 einseitige Absorption im Violett saurer Anthrachinonfarbstoff
unverändert	unverändert	[625,5] **611,7** **591,0** 569,5 560,7 543,0	orangegelb	unverändert	unverändert	einseitige Absorption im Blau und Violett	saurer Oxazinfarbstoff (Tetrabromresorufin) vergleiche Resorufin, I. Teil S. 166 u. 172

Grup

Handelsname	Eigenschaften	Wasser				Äthyl	
		Absorption	Salzsäure	Ammoniak	Kalilauge	Absorption	Salzsäure
Brillant-alizarin-cyanin 3G Pulver [By]	wässerige Lösung blauviolett, alkoholische Lösung violettblau, amylalkoholische Lösung violettrot, essigsaure Lösung rotviolett; alkoholische Lösungen fluoreszieren rot; in Amylalkohol und Essigsäure schwer löslich	ungefähr **551,5**	violettrot, der Farbstoff scheidet sich aus	blau, ungefähr **604,5** 557,0	der Farbstoff scheidet sich aus	634,0 **587,2** **546,8** **534,4** 508,6 498,0	rotviolett 638,7 **587,2** **546,8** **534,4** 508,6 498,0
Alizarin-cyanin NSG Pulver [By]	wässerige und alkoholische Lösung violettblau, essigsaure Lösung violettrot, alkoholische Lösung fluoresziert rot; in Amylalkohol fast unlöslich, nach Zusatz von Säure mit violettroter Farbe löslich	ungefähr **568,5** 491,0?	rot, ungefähr 480,0	blau, ungefähr **610,5** **568,0**	blau, ungefähr 605,0?	ungefähr 630,5 **584,0** **571,0** **546,4** **534,0** 509,0 497,5	rotviolett **585,6** **546,4** 534,0 509,0 497,5
Nigrosin 3B [K]	wässerige Lösung violettblau, alkoholische Lösung rotviolett mit rotbrauner Fluoreszenz; essigsaure Lösung blau; in Amylalkohol erst nach Zusatz von Säure löslich	ungefähr **584,5** **550,0** konzentriertere Lösung: 654,5	blau **632,5** **581,5** 541,5	rotviolett ungefähr 582,0 541,5	wie bei Ammoniak	**575,6** **532,6** 494,5 4640?	blau fluoreszier rot **642,5** **591,0** 550,0
Nigrosin R [K]	wässerige Lösung violett, alkoholische Lösung rotviolett mit rotbrauner Fluoreszenz, essigsaure Lösung blau; in Amylalkohol erst nach Zusatz von Säure löslich	ungefähr **570,0**?	blau **632,5** **581,5** 541,5	rot, undeutliche Streifen in Grün und Blau	wie bei Ammoniak	**573,5** **531,5** 491,0 463,0?	violett fluoresziert **642,5** **591,0** 548,5 512,0?

pe VIII.

alkohol		Amylalkohol				Essigsäure 90 %	Anmerkung
Ammoniak	Kalilauge	Absorption	Salzsäure	Ammoniak	Kalilauge		
blau, ungefähr 639,0 **587,0** 547,5	blau, der Farbstoff scheidet sich aus	**586,5** **548,4** **536,0** 524,5 **510,5** **499,6** konzentriertere Lösung 478,5 468,0	unverändert	violettblau 663,5 **591,0** 577,5 **547,5**	entfärbt sich teilweise, Streifen verschwinden	**587,0** **546,2** 507,5	in Schwefelsäure braungelb: 596,0 551,5 einseitige Absorption im Blau und Violett in Schwefelsäure-Borsäure blauviolett **595,0** 550,0 Anthrachinonbeizenfarbstoff (Chrombeize)
blau, ungefähr **609,0** **565,0**	blau, ungefähr **612,0** **568,0**	—	585,5 **548,0** **536,0** 510,5 499,0	—	—	584,5 **543,7** 532,0 506,5	in Schwefelsäure: braun 603,5 589,0 **561,5** einseitige Absorption im Blau und Violett in Schwefelsäure-Borsäure blau mit roter Fluoreszenz **592,0** **545,5** 506,0 Anthrachinonbeizenfarbstoff (Chrombeize)
rot, Streifen unverändert	wie bei Ammoniak	—	grünblau, fluoresziert rot **644,2** **591,5** 548,0	—	—	**645,0** **592,0** 550,0	saurer Azinfarbstoff kein einheitliches Produkt
rot, Streifen unverändert	wie bei Ammoniak	—	violett, fluoresziert rot **641,0** **588,5** 546,0 509,0?	—	—	**645,0** **592,0** 550,0	saurer Azinfarbstoff kein einheitliches Produkt

Nachtrag zu den Tabellen

Grup-

Handelsname	Eigenschaften	Wasser Absorption	Wasser Salzsäure	Wasser Ammoniak	Wasser Kalilauge	Äthyl- Absorption	Äthyl- Salzsäure
Brillantpatentblau A [M]	konzentrierte Lösungen blau, verdünnt grünblau	**642,1**	grün, Absorption geschwächt	unverändert	unverändert	**632,8**	unverändert
Patentblau V neu [M] **Kitonechtblau V** [J]	wässerige und alkoholische Lösungen konzentriert blau, verdünnt grünblau; essigsaure Lösung grün	**642,1**	gelbgrün, Absorption geschwächt	Farbe unverändert, 632,5	Farbe unverändert 632,5	**632,7**	Farbe unverändert 634,2
Patentblau A neu [M]	Lösungen konzentriert blau, verdünnt grünblau	**641,1**	grün, Absorption geschwächt	Farbe unverändert 631,1	Farbe unverändert 631,1	**632,8**	Farbe unverändert 634,8

Grup-

Erste

Handelsname	Eigenschaften	Wasser Absorption	Wasser Salzsäure	Wasser Ammoniak	Wasser Kalilauge	Äthyl- Absorption	Äthyl- Salzsäure
Cresyldruckblau 3 B [L] **Rhodulinreinblau 2 B** [By] [1])	wässerige Lösung konzentriert violett, verdünnt grünlichblau, alkoholische und essigsaure Lösungen grünlichblau mit starker roter Fluoreszenz; in Amylalkohol schwieriger löslich	**626,5** 574,5	unverändert	blau, Absorption geschwächt	rosarot	**621,7** 571,2	unverändert

Grup-

Zweite

Handelsname	Eigenschaften	Wasser Absorption	Wasser Salzsäure	Wasser Ammoniak	Wasser Kalilauge	Äthyl- Absorption	Äthyl- Salzsäure
Brillantwollblau FFR extra [By]	wässerige Lösung blau, äthyl- und amylalkoholische Lösung grünlichblau, essigsaure Lösung grünblau	**616,0** 567,0	grünlichgelb	Absorption geschwächt	Absorption geschwächt	**616,8**	unverändert

[1]) Hiermit werden die auf Seite 122 angegebenen Zahlen für Rhodulinreinblau berichtigt.

der blauen Farbstoffe.

pe I.

alkohol		Amylalkohol				Essigsäure 90 %	Anmerkung
Ammoniak	Kalilauge	Absorption	Salzsäure	Ammoniak	Kalilauge		
unverändert	entfärbt stch allmählich	**632,1**	Farbe unverändert 636,4	Absorption geschwächt, dann rötlich	entfärbt sich allmählich, dann rötlich	**639,7**	saurer Triphenylmethanfarbstoff
Farbe unverändert 631,8	Farbe unverändert 625,5	**631,1** Kitonechtblau V: **630,5**	mehr grün 636,7	unverändert	Farbe und Absorption geschwächt 624,1	**639,4**	saurer Triphenylmethanfarbstoff
entfärbt sich allmählich	Farbe unverändert 625,0 entfärbt sich teilweise nach längerem Stehen	**629,8**	Farbe unverändert 637,8	Farbe und Absorption geschwächt	entfärbt sich	**638,4**	saurer Triphenylmethanfarbstoff

pe II.

Abteilung.

rosarot	rosarot	**623,0** [600,7] 572 5 Nebenstreifen sehr schwach	unverändert	rosarot	rosarot	**622,0** Nebenstreifen undeutlich 573,5?	basischer Oxazinfarbstoff

pe IIb.

Abteilung.

unverändert	entfärbt sich nach längerem Stehen	**618,6**	Farbe unverändert	unverändert	Farbe und Absorption geschwächt, entfärbt sich nach längerem Stehen	**617,1** 663,0	saurer Triphenylmethanfarbstoff

Grup-

Handelsname	Eigenschaften	Wasser				Äthyl-	
		Absorption	Salzsäure	Ammoniak	Kalilauge	Absorption	Salzsäure
Chinolinblau [A]	in Wasser nur in der Wärme mit violettblauer Farbe löslich, in Äthyl- und Amylalkohol grünlichblau, in Essigsäure gelb	ungefähr **592,2** 553,7	entfärbt sich	Farbe und Absorption verstärkt, Spektrum unverändert	wie bei Ammoniak	**594,8**	entfärbt sich

Grup-

Zweite

Handelsname	Eigenschaften	Wasser Absorption	Wasser Salzsäure	Wasser Ammoniak	Wasser Kalilauge	Äthyl- Absorption	Äthyl- Salzsäure
Wollechtblau 5 G extra [By]	wässerige Lösung konzentriert blau, verdünnt violett; alkoholische und essigsaure Lösungen konzentriert violett, verdünnt blau	621,3 **573,3**	anfangs unverändert, dann 646,5 **591,0**	unverändert	unverändert	**596,0**	unverändert
Walkblau [K]	wässerige Lösung blau, alkoholische Lösung violettblau; in Amylalkohol erst nach Zusatz von Säure mit violettblauer Farbe löslich; essigsaure Lösung violett	616,2 **558,1**	Farbe unverändert 617,7 **560,3**	unverändert	konzentriertere Lösung 585,8 547,5	**592,7**	unverändert

Grup-

Handelsname	Eigenschaften	Wasser Absorption	Wasser Salzsäure	Wasser Ammoniak	Wasser Kalilauge	Äthyl- Absorption	Äthyl- Salzsäure
Acetylenreinblau [J]	Lösungen blau; in Äthyl- und Amylalkohol unlöslich	647,3 **596,1**	Farbe unverändert 661,8 **601,6**	Stich ins Violett, ungefähr 596,0	rotviolett, entfärbt sich teilweise, konzentriertere Lösung: ungefähr 582,0	—	—
Neutralblau [C]	Lösungen violett; alkoholische Lösungen fluoreszieren rot	611,0 **564,0**	Farbe unverändert 565,5	unverändert	Farbe und Absorption geschwächt 565,5	ungefähr **596,0** **553,5**	unverändert

pe IIb.

alkohol		Amylalkohol				Essigsäure 90 %	Anmerkung
Ammoniak	Kalilauge	Absorption	Salzsäure	Ammoniak	Kalilauge		
unverändert	unverändert	**599,1**	entfärbt sich	unverändert	unverändert	einseitige Absorption im Blau und Violett	basischer Chinolinfarbstoff

pe III.

Abteilung.

Ammoniak	Kalilauge	Absorption	Salzsäure	Ammoniak	Kalilauge	Essigsäure 90 %	Anmerkung
unverändert	violettrot, konzentriertere Lösung ungefähr 597,5 **550,5** 512,0	**594,8**	Farbe unverändert 600,2	Farbe unverändert 596,3	rotviolett, entfärbt sich teilweise, konzentriertere Lösung ungefähr 598,8 **551,5** 513,0	**599,3**	saurer Azinfarbstoff
unverändert	entfärbt sich teilweise, konzentriertere Lösung: 627,8 **582,0** 539,5	—	**594,8**	—	—	**587,0**	saurer Azinsafraninfarbstoff

pe IIIb.

Ammoniak	Kalilauge	Absorption	Salzsäure	Ammoniak	Kalilauge	Essigsäure 90 %	Anmerkung
—	—	—	—	—	—	**631,1** **585,0**	direkt färbender Azofarbstoff
unverändert	Farbe und Absorption geschwächt, entfärbt sich teilweise nach längerem Stehen	ungefähr **595,0** **552,5**	Farbe unverändert 600,0 560,5	Farbe unverändert 597,5 555,0	orangegelb	ungefähr **598,8** **557,0**	basischer Azinfarbstoff

Grup-

Erste

Handelsname	Eigenschaften	Wasser				Äthyl-	
		Absorption	Salzsäure	Ammoniak	Kalilauge	Absorption	Salzsäure
Modernviolett N [DH]	wässerige und alkoholische Lösungen konzentriert violett, verdünnt blau; essigsaure Lösung rotviolett	ungefähr 642,0 **589,5** 548,5	rot, ungefähr 595,0 **547,5** 508,0	violett, verwaschener Streifen im Grün	wie bei Ammoniak	ungefähr **588,5**	rot, 599,0 **552,2** 514,5

Grup-

Zweite

Handelsname	Eigenschaften	Absorption	Salzsäure	Ammoniak	Kalilauge	Absorption	Salzsäure
Diphenylblau G [G] **Polyphenylblau G** [G]	Lösungen blau; in Äthylalkohol und Essigsäure schwer löslich, in Amylalkohol unlöslich	ungefähr 667,5 **620,7** 581,0	violettblau, ungefähr 565,0	unverändert	violettblau, drei verwaschene Streifen	**652,6** **604,5** 550,5	unverändert
Alizarindunkelgrün W in Pulver [B]	wässerige und alkoholische Lösungen violettblau, essigsaure Lösung violett	**620,4** **573,0** 534,5 [konzentriertere Lösung: 494,0]	Farbe unverändert **629,0** **578,0** 537,5	blau, Absorption verstärkt ungefähr **631,5** 584,5	blau, Absorption verstärkt **635,0** 586,0	**629,6** **581,2** 535,5 [konzentriertere Lösung: 494,0]	Farbe unverändert **631,5** **583,0** 537,5

Grup-

Handelsname	Eigenschaften	Absorption	Salzsäure	Ammoniak	Kalilauge	Absorption	Salzsäure
Nigrosin spritl. [A]	in kaltem Wasser unlöslich, in heissem Wasser unter Zusatz von Säure löslich; alkoholische und essigsaure Lösungen blau mit schwacher roter Fluoreszenz	—	blau, fluoresziert rot **630,5** **578,5** 534,5 498,0	—	—	ungefähr 642,0 589,5	Farbe unverändert ungefähr **637,0** **585,5** 545,5 ?

pe IV.

Abteilung.

alkohol		Amylalkohol				Essig-säure 90 %	Anmerkung
Ammoniak	Kalilauge	Ab-sorption	Salzsäure	Ammoniak	Kalilauge		
entfärbt sich teilweise	braungelb	un-gefähr **581,0**	rotviolett, 603,0 **555,5** 516,8	entfärbt sich teilweise	braungelb	595,0 **549,5** 511,2	Oxazinbeizenfarbstoff (Chrombeize)

pe IVa.

Abteilung.

alkohol		Amylalkohol				Essig-säure 90 %	Anmerkung
Ammoniak	Kalilauge	Ab-sorption	Salzsäure	Ammoniak	Kalilauge		
unverändert	entfärbt sich teilweise	—	—	—	—	un-gefähr **644,5** 592,2 547,5	direkt färbender Azofarbstoff
blau, **631,5** **583,0** 537,5	grünlichblau, Absorption verstärkt **656,0** **609,5** 567,0	632,5 616,0 **583,0** **568,5** 546,0? 529,0 [konzen-triertere Lösung: 492,0]	violett **637,6** **587,0** 532,0?	blau, Absorption verstärkt **612,6** 565,0	blau, Absorption verstärkt **621,0** 574,0	un-gefähr **608,0** **569,5** 528,5 491,5	In Schwefelsäure violett: **600,5** **550,0** 505,0 Oxyketonfarbstoff (Chrombeize)

pe VIII.

alkohol		Amylalkohol				Essig-säure 90 %	Anmerkung
Ammoniak	Kalilauge	Ab-sorption	Salzsäure	Ammoniak	Kalilauge		
violett **569,0** 528,5 496,0	wie bei Ammoniak	un-gefähr 606,0? **571,0** 530,0 495,0	Farbe unverändert **638,7** 587,0 546,5	violett **571,0** 529,5 496,5	wie bei Ammoniak	un-gefähr 647,0 **593,5** 550,5	basischer Azinfarbstoff. Andere Marken von spritlöslichen Nigrosinen siehe auch S. 238.

Gruppe IIIb.

Handelsname	In Wasser	In Äthylalkohol	Handelsname	In Wasser	In Äthylalkohol
Chicagoblau B [By]	654,5[1] **617,5**	**627,0** 579,5	Naphtaminblau 7 B [K][2]	642,0 **589,5**	627,0 **586,0** 546,5?
Eboliblau 6 B [L]	660,0 **600,5**	**630,5** 586,0?	Diphenylblau 3 G [G][2]	634,0 **587,0**	627,0 **586,0** 546,5?
{Benzoreinblau 4B [By][2] Chicagoblau 4 B [A] Diaminblau C 4 B [C]	656,5 **600,0**	630,5 **583,0**	Eboliblau B [L]	630,5 **588,5**	unlöslich
Brillantkupferblau GW [A]	660,5 **593,5**	**636,5** 577,0	Eboliblau 2 R [L]	637,0 **579,5**	unlöslich
Renolreinblau [t. M][1]	**640,5** **592,5**	**584,5** 542,5	Säurechromblau FFR [By]	603,0 **547,5**	**598,0** 545,5

Gruppe IV.

Handelsname	In Wasser	In Äthylalkohol	Handelsname	In Wasser	In Äthylalkohol
Thiogencyanin O [M]	**635,5** 586,0 544,5	**610,0** 564,0	Alizarinblau R [By]	unlöslich	**698,0** **638,7** 587,0 [545,0?)

Gruppe IVa.

Handelsname	In Wasser	In Äthylalkohol	Handelsname	In Wasser	In Äthylalkohol
Thiogencyanin G [M]	635,5 **586,0** 546,5	unlöslich	Neuechtblau H [By]	**627,0** **576,0** 536,0	**627,0** **580,0** 539,5

Gruppe V.

I. Abteilung.

Handelsname	In Wasser	In Äthylalkohol	Handelsname	In Wasser	In Äthylalkohol
Höchster Neublau [M]	**600,0**	**597,5**	Titancomo B [H]	**576,5**	**591,5**
Betaminblau 8 B [O]	**582,0**	**635,5**	{Baumwollreinblau B [A] Isaminblau R [C]	**573,0**	**591,0**
{Brillantdirektblau 8B [J] Direktblau 8 B [L] Isaminblau 6 B [C]	**581,0**	**617,5**	Baumwollreinblau R [A] Alkaliblau 6 B [K]	**568,0** **551,5**	**584,0** **601,5**
Baumwollblau RR [By]	**579,5**	**584,5**	{Wasserblau 3 B [A] Anilinblau [S]	**544,5** (508,0)	**597,5**
{Isaminblau B [C] Titancomo 2 B [H]	**578,0**	**617,5**	Anilinblau 2 B spritl. [A]	unlöslich	**597,5**

II. Abteilung.

Handelsname	In Wasser	In Äthylalkohol	Handelsname	In Wasser	In Äthylalkohol
Indalizarin R [DH]	**671,0**	**669,5**	Gallocyanin MS [DH]	**647,5**	**597,5** nach Zusatz von Säure: 592,0 **546,5** 509,0
Gallaminblau A [G]	**651,0**	**618,0**			
Gallocyanin BS 10% [DH]	**651,0**	**595,5** nach Zusatz von Säure: 599,0 **552,5** **508,0**?			

[1]) Die Wellenlängen sind in diesen Tabellen nur annähernd bestimmt worden.
[2]) In Äthylalkohol erst nach Zusatz von Säure löslich.

Handelsname	In Wasser	In Äthylalkohol	Handelsname	In Wasser	In Äthylalkohol
Gallocyanin DH 10 % [DH]	637,0	584,5	Gallanilindigo PS [DH]	597,5	581,0
		nachZusatz von Säure:	Echtblau O [M]	587,0	597,5
		600,0	Indulin B [K]	584,5	592,0
		555,5	Indulin wasserl. [CJ]	582,0	unlöslich
		516,0?	Acetinblau R [M]	560,5	600,0

III. Abteilung.

Handelsname	In Wasser	In Äthylalkohol	Handelsname	In Wasser	In Äthylalkohol
Oxaminlichtblau G X [B]	606,0	unlöslich	Diazomarineblau R [O]	577,0	unlöslich
Naphtaminblau 3 BX [K]	601,5	unlöslich	Immedialneublau G [C]	577,0	unlöslich
Azidinblau 2 B [CJ] / Diaminblau 2 B [C]	600,0	unlöslich	Trisulfonblau B [S]	577,0	600,0
Chlorazolblau B [H][2]	600,5	609,5	Naphtazurin BN [O]	576,0	unlöslich
Naphtaminblau 2 B [K]	599,0	unlöslich	Lanacylblau BN [C]	576,0	592,0
Brillantechtblau 2G (By)	595,5	unlöslich	Osfasulfonblau SB [OSF]	574,5	605,0
Benzoblau 3 B [By]	595,0	588,5	Erieblau BX [A]	574,5	unlöslich
Congoechtblau B [A]	595,0	574,5?	Brillantalizarinblau G Pulver (By)	573,0	573,0
Diazomarineblau G [O]	592,5	nnlöslich	Brillantcongoblau B [A]	572,5	582,0
Sulfonsäureblau G [By]	592,0	604,5	Congoblau 2 B [By]	572,0	595,0
Direktindonblau R [S]	591,0	fast unlösl.	Toledoblau V [L]	572,0	584,5
Solaminblau B [A]	589,5	547,5	Indazurin TS [J]	570,0	unlöslich
Dianilblau R [M][1]	589,5	599,0	Benzoazurin G [A] / Azidinblau BA [CJ]	569,0	unlöslich
Direktechtblau [L]	589,5	unlöslich	Benzoechtblau R [By]	569,5	571,0
Diazodunkelblau 3 B [By]	589,5	589,5	Acetylenblau BX [J]	568,5	unlöslich
Alphanolblau GN [C]	588,5	622,5	Benzocyanin R [By]	567,0	579,5
Osfasulfonblau SG [OSF]	588,0	614,0	Columbiablau R [A] / Diaminblau LR [C]	567,0	unlöslich
Blau XL [H]	587,0	620,7	Domingoblau N [L]	566,0	592,0
Benzoechtblau B [By]	587,0	unlöslich	Trisulfonblau R [S]	565,0	558,0
Tuchechtblau G [J]	586,0	610,0	Brillantcongoblau RRW [A]	565,0	553,5
Indazurin 5 GM [J]	585,0	unlöslich	Alphanolblau BR [C]	562,5	604,5
Diazoindigoblau [M]	584,5	unlöslich	Azidinblau R [M]	560,7	600,0
Domingoblau P [L]	581,0	589,5	Benzoazurin R [A]	560,5	583,0
Titanblau 3 B [H]	579,5	unlöslich	Acetylenblau 3 R [J]	558,0	unlöslich
Tuchechtblau B [J]	578,5	608,5	Trisulfonviolett B [S]	557,0	unlöslich
Lanacylblau BB [C]	578,5	unlöslich	Lanacylblau R [C]	557,0	565,0
Brillantcongoblau BFL [A]	578,5	584,5			
Säureblau 5 RS [L]	577,0	614,7			

1) In Äthylalkohol erst nach Zusatz von Säure löslich.

Handelsname	In Wasser	In Äthyl-alkohol	Handelsname	In Wasser	In Äthyl-alkohol
Triazolblau 2 R [O]	**556,0**	**550,5**	**Diazoblau 3 R** [By]	**547,5**	unlöslich
Benzoazurin R [By]	**555,0**	**568,0**	**Benzoviolett R** [By]	**545,5**	**567,0**
Lanacylviolett B [C]	**547,5**	**564,7**	**Echtviolett rötlich** [By]	**543,5**	**547,5**
Echtviolett bläulich [By]	**547,5**	**558,0**	**Alkaliazoviolett R** [D]	**535,7**	fast unlöslich

Gruppe VI.

I. Abteilung.

Handelsname	In Wasser	In Äthyl-alkohol	Handelsname	In Wasser	In Äthyl-alkohol
Indulin grünlich [By]	**592,0**	**606,0** 569,5	**Nigrosin B in Körnern wasserl.** [t. M][1]	**582,0**	**638,5** **587,5** 547,5 518,0?
Indulin [A]	**584,5**	**622,5** 569,5 527,5	**Echtblau B. f. Wolle** [A]	**579,5**	607,5? **574,5**
			Baumwollblau 3 G [J]	**559,0**	**600,5** 557,0

II. Abteilung.

Handelsname	In Wasser	In Äthyl-alkohol	Handelsname	In Wasser	In Äthyl-alkohol
Dianilreinblau PH [M][1]	**645,5**	**633,0** 584,5	**Solaminblau BF** [A][1]	**581,0**	**600,0** **552,5** 513,0
Osfanilreinblau FFK [OSF][1]	**642,0**	**631,5** 584,0	**Benzocyanin** B [By]	**579,5**	611,7 564,7
Benzolichtblau 4 GL [By]	**606,0**	unlöslich	{**Columbiablau G** [A][1] {**Benzorotblau G** [By]	**578,0**	607,0 564,5
Brillantechtblau 3 BX [By]	**597,5**	672,2 587,0	**Azomauve R** [O]	**577,0**	587,0 544,5?
Benzoechtblau BN [By]	**589,5**	606,0 588,5	**Diaminblau LG** [C][1]	**574,5**	**601,5** 561,5
Benzoechtblau FFL [By][1]	**589,5**	634,0 584,5	**Azomauve B** [O]	**574,5**	592,2 553,7
Parablau 2 RX [By][1]	**589,5**	624,0 578,5	**Diaminechtbrillantblau R** [C]	**570,7**	613,2? 574,5
Brillantkupferblau BW [A][1]	**588,5**	587,0 557,5	{**Benzoblau BX** [By] {**Diaminblau BX** [C] {**Congoblau BX** [A] {**Triazolreinblau R** [O]	**564,5**	595,0? 560,5?
Brillantazurin B [By]	**583,5**	599,0 562,5	**Dianilblau 2 R** [M][1]	**568,5**	595,0 556,0?
Indazurin 2 B [J][1]	**582,0**	600,0 560,5			
Dianilblau B [M][1]	**581,0**	613,5 572,0			

1) In Äthylalkohol erst nach Zusatz von Säure löslich.

Handelsname	In Wasser	In Äthylalkohol	Handelsname	In Wasser	In Äthylalkohol
Orthocyanin 6 G [A]	567,0	649,0 595,0	Benzoazurin 3 G [A][1]	559,2	600,0 556,0
Parablau R [By]	566,0	608,5 569,5	Dianilblau 4 R [M][1]	558,0	584,5 541,5
Diphenylblau BT [G]	564,7	603,0 557,0	Osfanilblau B [OSF]	558,0	unlöslich
Benzokupferblau B [By]	564,7	589,5 549,5	Dianildunkelblau 3 R [M][1]	557,0	574,0 535,5
Säureblau GRS [L]	562,5	624,0? 585,7?	Azidinblau 3 RN [CJ]	557,0	551,5 513,0
Dianilazurin G [M]	561,5	589,5? 524,5 [494,0?]	Diamineralblau CVB [C]	551,5	589,5 551,5
Azoblau [By]	560,5	582,0 543,5	Brillantbenzoviolett B [By]	547,5	578,5 537,5
Diazoblau [By]	560,5	577,0 535,5	Benzoazurin 3 R [By]	542,5	581,5 547,0
			Brillantcongoviolett R [A]	541,5	568,5 533,0

Gruppe VII.

I. Abteilung.

Handelsname	In Wasser	In Äthylalkohol
Oxaminblau G [B]	696,0 627,2	625,5 578,5
{Azosäureblau 3 B konz. [M][2] Azosäureblau 3 BO [M][2]}	651,5 593,5	629,0 582,0
{Azidinreinblau ex. konz. [CJ][1] Diaminreinblau [C] Triazolblau 4 B [O]}	635,5 588,5	584,5 543,5
{Congoblau 3 B [A][1] Diaminblau 3 B [C][1] Dianilblau H 3 G [M][1]}	617,5 584,5	615,5 581,0
Biebricher Säureviolett 6 B [K]	586,0 539,5	622,5 582,0
Azosäureblau B [M]	584,0 538,0 [498,0]	541,0 503,0

II. Abteilung.

Handelsname	In Wasser	In Äthylalkohol
Domingoblau R [L]	610,5 569,5	597,0
Biebricher Säureviolett 2 B [K]	583,5 537,5	592,2

[1]) In Äthylalkohol erst nach Zusatz von Säure löslich.

[2]) Nuanciert mit Rot.

Übersicht der blauen Farbstoffe.

Anmerkung. Nigrosin spritl. (By) ist ein Gemisch von Blau, Orangegelb und Gelb, Nigrosin spritl. BL [K] ist ein Gemisch von Blau, Grün und Gelb und Nigrosin D spritl. [M] ist ein Gemisch von Blau und Gelb. Alle drei Nigrosine enthalten die gleiche Grundsubstanz, welche sich nicht in Wasser aber in Alkohol mit violettblauer Farbe löst und folgende Absorptionsstreifen gibt:

neutrale Lösung: 610,5, **569,0**, 527,0 und 491,0,
nach Zusatz von Säure blau: **641,8**, **591,0**, 551.0.

Die wässerige Lösung von Nigrosin spritl. [By] und Nigrosin D spritl. [M] ist gelb und absorbiert einseitig Blau und Violett; die wässerige Lösung von Nigrosin spritl. BL [K] ist grüngelb und gibt ausser der einseitigen Absorption im Blau und Violett noch einen Absorptionsstreifen bei 632,0.

Nachtrag

zu den Tabellen der grünen Farbstoffe.

Grup-

Handelsname	Eigenschaften	Wasser				Äthyl-	
		Absorption	Salzsäure	Ammoniak	Kalilauge	Absorption	Salzsäure
Kitonechtgrün V [J]	Lösungen grün, in Amylalkohol schwieriger löslich	**643,8**	gelb	unverändert	unverändert	**641,8**	unverändert
Grup-							
Halbwollgrün HW [J]	Lösungen grün; in Amylalkohol unlöslich	ungefähr **671,0** **607,2**	violettblau, Streifen verschwinden	schmutziggrün, zwei verwaschene Streifen im Rot und Gelb	rotviolett, ungefähr 624,0 582,0	**647,3** **594,8**	unverändert
Salicindunkelgrün CS [K]	Lösungen blaugrün	**662,2** **608,7**	grün, entfärbt sich teilweise, einseitige Absorption im Rot	blau, 662,2 **608,7**	violettblau, Streifen verschwinden, konzentriertere Lösung: verwaschener Streifen ungefähr 615,0	**648,3** **598,5**	unverändert
Grup-							
Dianilgrün E [M]	wässerige Lösung grünlichgelb, alkoholische Lösung grün; in Amylalkohol und Essigsäure unlöslich	ungefähr **593,5** einseitige Absorption im Blau und Violett	grün, Absorption geschwächt, nach längerem Stehen grüner Niederschlag	Absorption verstärkt, ungefähr 600,5 einseitige Absorption im Blau und Violett	braungrün, Absorption verstärkt, ungefähr 600,5 einseitige Absorption im Blau und Violett	unfähr **630,5** einseitige Absorption im Blau und Violett	bläulichgrün ungefähr 624,0 580,8

pe I.

alkohol		Amylalkohol				Essigsäure 90 %	Anmerkung
Ammoniak	Kalilauge	Absorption	Salzsäure	Ammoniak	Kalilauge		
unverändert, entfärbt sich nach längerem Stehen	entfärbt sich allmählich	**638,7**	Farbe unverändert 641,8	entfärbt sich teilweise nach längerem Stehen	entfärbt sich	**643,1**	saurer Triphenyl- methanfarbstoff

pe II.

Ammoniak	Kalilauge	Absorption	Salzsäure	Ammoniak	Kalilauge	Essigsäure 90 %	Anmerkung
unverändert	violett, ungefähr 626,0 582,0	—	—	—	—	zwei verwa- schene Streifen im Rot und Gelb	saurer Azofarbstoff in Schwefelsäure blauviolett, Ab- sorptionsspek- trum nicht cha- rakteristisch
unverändert	blau, ungefähr 620,7	**650,0** **600,2**	Farbe unverändert 652,0 601,6	unverändert	blau, ungefähr 627,2	**653,3** 600,7	Azofarbstoff (Chromentwick- lungsfarbstoff) in Schwefelsäure blau: **572,0**

pe IV.

Ammoniak	Kalilauge	Absorption	Salzsäure	Ammoniak	Kalilauge	Essigsäure 90 %	Anmerkung
gelblichgrün, Absorption verstärkt, ungefähr 635,5? 600,5? einseitige Absorption im Blau und Violett	braun, Absorption verstärkt, ungefähr 607,2 einseitige Absorption im Blau und Violett	—	—	—	—	—	Direktfärbender Azofarbstoff enthält einen braunen Farbstoff in Schwefel- säure violett: **550,0**

Nachtrag zur Übersicht der grünen Farbstoffe.

Seite

Ätzgrün B [J] ist ein Gemisch von Rotviolett und Dunkelgrün.

Ätzgrün G [J] ist ein Gemisch von Rot, Gelb, Blau und Grün.

Alizarindunkelgrün W in Pulver [B] siehe blaue Farbstoffe[1].

Anthrachromatbraunolive GS [L] gibt rote Lösungen.

Chromechtgrün BL [J] ist ein Gemisch von Rot und Blau.

Chromechtgrün GL [J] ist ein Gemisch von Blau und Violett.

Dianilechtgrün B [M] ist ein Gemisch von Grün und Gelb.

Dianilgrün E [M] 240

Diazolichtgrün BL [By] gibt verwaschene Absorptionsstreifen, in Alkohol unlöslich.

Echtwollgrün CB [K] ist ein Gemisch von Violett und Grün.

Halbwollgrün HW [J] 240

Katigenbrillantgrün GX [By] gibt ein verwaschenes Absorptionsspektrum; in Alkohol unlöslich.

Katigengrün GK extra [By] in Wasser und Alkohol unlöslich.

Kitonechtgrün V [J] 240

Kryogengrün GX [B] Absorptionsspektrum nicht charakteristisch; in Äthylalkohol unlöslich.

Paraphorgrün B [M] blauer Farbstoff, das Absorptionsspektrum ist nicht charakteristisch.

Säurealizaringrün 3G [M] ist ein Gemisch von Blau und Violett.

Salicindunkelgrün CS [K] 240

---

[1]) In der „Übersicht der grünen Farbstoffe", S. 90, wird betreffs Alizarindunkelgrün W [B] auf rote Farbstoffe hingewiesen, weil das ältere Produkt in Teig rote Lösungen gab, wogegen das neuere Produkt in Pulver blaue Lösungen gibt; es wurde daher unter blaue Farbstoffe eingereiht.

Rote Farbstoffe.

Einteilung der roten Farbstoffe in Gruppen.

In diese Gruppe werden solche Farbstoffe eingereiht, welche in Substanz gelöst oder von der Faser, von einem Gegenstand usw. abgezogen, rein rote, violettrote, rotviolette oder gelbrote Lösungen geben. Ferner befinden sich hier auch Farbstoffe, welche in Wasser und Essigsäure gelöst, rote (bezw. gelbe) Lösungen, in Äthylalkohol und in Amylalkohol gelöst, orangegelbe (bezw. rote) Lösungen liefern.

Diese große Gruppe der roten Farbstoffe zerfällt in die neun folgenden Gruppen und mehrere Untergruppen (siehe Tafel IV und V).

Gruppe I. In diese Gruppe gehören jene Farbstoffe, deren wässerige, verdünnte Lösungen nur ein breiteres, symmetrisches oder unsymmetrisches Absorptionsband liefern. Die äthyl- und amylalkoholischen Lösungen zeigen aber neben einem stärkeren Absorptionsstreifen auch einen ganz schwachen Absorptionsstreifen rechts, der nur bei konzentrierteren Lösungen sichtbar ist (siehe Tafel IV; Gruppe I, Zeile 1 und 2).

Diese ·Gruppe bilden hauptsächlich einige Triphenylmethanfarbstoffe (Triaminoderivate) und Azinfarbstoffe (Safranine).

Die Lösungen der hierher eingereihten Triphenylmethanfarbstoffe werden nach Zusatz von Kalilauge entfärbt.

Gruppe II. Diese Gruppe bilden jene Farbstoffe, deren verdünnte wässerige, äthyl- und amylalkoholische bzw. auch essigsaure Lösungen ein Absorptionsspektrum liefern, welches aus einem stärkeren Streifen (Hauptstreifen) und einem schwächeren Streifen (Nebenstreifen) rechts besteht (Tafel IV, Gruppe II, Zeile 1—3).

Nach dem Verhalten der Farbstoffe dieser Gruppe gegen Säure und Alkali unterscheidet man vier Abteilungen.

I. Abteilung. Die erste Abteilung umfaßt jene Farbstoffe, deren Lösungen symmetrische Absorptionsstreifen liefern; in wässeriger Lösung erscheinen sie breiter, in alkoholischer Lösung in der Regel bedeutend schmäler als in wässeriger Lösung (Tafel IV, Gruppe II, Zeile 1).

Der Nebenstreifen kann mitunter so schwach sein, daß er nur bei konzentrierteren Lösungen sichtbar wird und bei stark verdünnten Lösungen nicht erscheint.

Hierher gehören rote Triphenylmethanfarbstoffe (Triaminoderivate), einige Azinfarbstoffe (Safranine). und Chinolinrot [A].

Mit Säure versetzt werden die wässerigen Lösungen der Triphenylmethanfarbstoffe mit Ausnahme von Säurefuchsin entfärbt, wogegen alkoholische Lösungen nach Zusatz von Säure unverändert bleiben; die Lösungen der Azinfarbstoffe werden nach Zusatz von Säure zwar nicht entfärbt, aber das Absorptionsspektrum verschiebt sich nach den längeren Wellenlängen (nach links).

Nach Zusatz von Kalilauge bzw. Ammoniak werden die Lösungen der Farbstoffe dieser Abteilung mit Ausnahme von Chinolinrot entweder entfärbt oder gelb.

Die Lösungen von Triphenylmethanfarbstoffen fluoreszieren nicht; dagegen fluoreszieren wässerige Lösungen von Azinfarbstoffen schwach, alkoholische Lösungen stärker orangegelb.

II. Abteilung. Die zweite Abteilung enthält jene Farbstoffe, deren Lösungen entweder verhältnismäßig schmale symmetrische (Eosin, Erythrosin) oder noch schmälere unsymmetrische Absorptionsstreifen (Rose bengale) zeigen (Tafel IV, Gruppe II, Zeile 2 u. 3).

Der Nebenstreifen ist bei einigen Farbstoffen dieser Abteilung ziemlich stark ausgebildet, so daß er auch bei größerer Verdünnung der Lösung gut sichtbar ist (Rose bengale), bei den anderen Farbstoffen kann er wieder so schwach sein, daß er auch bei konzentrierteren Lösungen kaum wahrnehmbar ist (Methyleosin).

Die Farbstoffe dieser Abteilung zeichnen sich dadurch aus, daß ihre verdünnten Lösungen, mit Säure versetzt, sich entfärben; konzentriertere Lösungen erscheinen gelb und zeigen im blauen Teile des Spektrums drei Absorptionsstreifen, von denen der mittlere Streifen der stärkste ist (Absorptionsspektrum der freien Farbsäure); aus den wässerigen Lösungen scheidet sich ein Niederschlag ab.

In Essigsäure lösen sich die Farbstoffe dieser Abteilung mit gelber Farbe, und die Lösungen zeigen das Absorptionsspektrum von derselben Form wie die mit Säure versetzte alkoholische Lösung.

Kalilauge bewirkt bei den wässerigen Lösungen keine Veränderung der Farbe und auch des Absorptionsspektrums.

Bei den alkoholischen Lösungen einiger Farbstoffe bewirkt Kalilauge eine Verschiebung des Absorptionsspektrums nach rechts (Erythrosin), bei anderen Farbstoffen (Rose bengale) kann jedoch die Lage des Absorptionsspektrums unverändert bleiben.

Dagegen werden bei den amylalkoholischen Lösungen sämtlicher Farbstoffe dieser Abteilung die Absorptionsstreifen durch Einwirkung von Kalilauge ohne Veränderung der Farbe stets nach den kürzeren Wellenlängen, also nach rechts verschoben.

Ammoniak wirkt auf die Farbstofflösungen ähnlich wie die Kalilauge, die Verschiebung der Absorptionsstreifen ist jedoch geringer.

In diese Abteilung gehören rote Oxyphtaleïne (Rose bengale, Eosine, Erythrosine, Phloxine); ihre Lösungen fluoreszieren, namentlich verdünnt, stark gelb oder gelbgrün (siehe I. Teil, S. 98).

III. Abteilung. Die dritte Abteilung umfaßt jene Farbstoffe, deren Lösungen regelmäßig schmälere symmetrische Absorptionsstreifen zeigen (Tafel IV, Gruppe II, Zeile 2); unsymmetrische Absorptionsstreifen kommen nur bei wenigen Farbstoffen dieser Abteilung vor (Brillantkitonrot B).

Der Nebenabsorptionsstreifen ist bei einigen Farbstoffen gut ausgeprägt und scharf (Sulforhodamin G [M], Brillantkitonrot B [J], bei anderen Farbstoffen aber erscheint der Nebenabsorptionsstreifen so schwach, daß er nur bei konzentrierteren Lösungen wahrnehmbar ist (Rhodamin 4 G [M]; selten endlich kann der Nebenstreifen als ein mit dem Hauptstreifen verbundener Schatten rechts erscheinen (Echtsäurefuchsin G [M]).

Die Farbstoffe dieser Abteilung zeichnen sich zum Unterschiede von der vorigen Abteilung dadurch aus, daß ihre verdünnten Lösungen mit Säure versetzt, die Farbe nicht verändern; dabei findet bei den wässerigen als auch bei den äthylalkoholischen Lösungen oft eine Verschiebung des Absorptionsspektrums nach den längeren Wellenlängen, also nach links statt, bei manchen Farbstoffen bleibt jedoch die Lage des Absorptionsspektrums unverändert.

Die Verschiebung des Absorptionsspektrums nach links findet jedoch bei den amylalkoholischen Lösungen sämtlicher Farbstoffe dieser Abteilung ohne Ausnahme statt.

Der Zusatz von Säure bewirkt sehr oft auch eine mitunter bedeutende Verstärkung des Nebenstreifens, so daß der bei manchen neutralen, selbst konzentrierteren Farbstofflösungen kaum wahrnehmbare Nebenstreifen nach Zusatz von Säure deutlich auftritt, wie z. B. bei den äthyl- und amylalkoholischen Lösungen des Rhodamins 3 B und B [B]. Bei der neutralen äthyl- und amylalkoholischen Lösung des Echtsäurefuchsin G [M] erscheint statt des Nebenstreifens ein mit dem Hauptstreifen verbundener schwacher Schatten; setzt man aber zu der Lösung Säure hinzu, so tritt der Nebenstreifen deutlich auf.

In Essigsäure lösen sich die Farbstoffe dieser Abteilung mit roter Farbe und die Lösungen zeigen Absorptionsspektra von derselben Form wie die wässerigen und alkoholischen Lösungen (Unterschied von der zweiten Abteilung).

Kalilauge bewirkt bei den wässerigen Lösungen keine Veränderung der Farbe und des Absorptionsspektrums.

Auch alkoholische Lösungen, mit Kalilauge versetzt, bleiben regelmäßig unverändert, nur bei einigen Farbstoffen findet die Verschiebung des Absorptionsspektrums regelmäßig nach den längeren Wellenlängen (nach links) statt.

Dagegen werden die Absorptionsspektra der amylalkoholischen Lösungen nach Zusatz von Kalilauge stets verändert; entweder werden die Absorptionsstreifen nach links verschoben (Brillantkitonrot B, Sulforhodamin B), oder aber es wird die Lösung durch Kalilaugezusatz teilweise entfärbt und ist dieselbe etwas konzentrierter, so zeigt sie, mit Kalilauge versetzt, im Spektrum drei Absorptionsstreifen, von denen der mittlere der stärkste ist (Rhodamin 6 G [M], Echtsäurefuchsin G [M]).

Ammoniak wirkt auf die Farbstofflösungen ähnlich wie die Kalilauge, jedoch schwächer, es werden nur die Absorptionsstreifen verschoben, Entfärbung der Lösung findet nicht statt.

In diese Gruppe gehören solche Aminophtaleïne (Rhodamine, Säurerhodamine usf.), bei welchen die Wasserstoffe der Aminogengruppen mit Alkylgruppen substituiert sind.

Die Lösungen dieser Farbstoffgruppen fluoreszieren, namentlich verdünnt, stark gelb oder gelbrot (siehe I. Teil S. 98).

IV. Abteilung. Die vierte Abteilung bilden jene Farbstoffe, deren Absorptionsspektra teils aus symmetrischen, teils aus unsymmetrischen, ziemlich schmalen Streifen bestehen. Der Nebenstreifen erscheint mitunter verschwommen und so schwach, daß er selbst bei konzentrierteren Lösungen kaum wahrnehmbar ist (Tafel IV, Gruppe II, Zeile 2 u. 3).

Die Farbstoffe dieser Abteilung zeichnen sich zum Unterschiede von den vorigen Abteilungen dadurch aus, daß ihre wässerigen, äthylalkoholischen als auch amylalkoholischen Lösungen durch Kalilauge vollständig entfärbt werden.

Ammoniak wirkt ähnlich, jedoch schwächer als Kalilauge, so daß die Entfärbung der Lösung erst allmählich stattfindet.

Mit Säure versetzt, bleiben die Lösungen einiger Farbstoffe dieser Abteilung (Pyronine) unverändert, bei den anderen Farbstoffen (Rhodamine) findet jedoch eine Verschiebung des Absorptionsspektrums nach den längeren Wellenlängen also nach links statt.

In diese Abteilung gehören Xanthonfarbstoffe und zwar Pyronine und Succineïne, ferner Rosolrot B [By]. Ihre Lösungen fluoreszieren grün, grüngelb und gelb.

Um bestimmte Töne zu erhalten, werden, wie schon auf S. 23 erörtert wurde, auch Phthaleïne durch Beimischen eines anderen Farbstoffes auf einen bestimmten Typ gestellt oder untereinander gemischt. Wenn der Hauptfarbstoff mit einem anderen Farbstoff nur nuanciert wird, so ändert sich die Form des Absorptionsspektrums nicht, auch die Lage des Hauptstreifens bleibt in der Regel unverändert, dagegen verschiebt sich der Nebenstreifen, wodurch man erkennen kann, daß zum Hauptfarbstoffe geringere Mengen eines anderen Farbstoffes zugesetzt wurden.

Diesen Fall können wir beobachten bei den Farbstoffen Rose bengale konz. pur [DH] und Rose bengale double [DH]. Die erste Marke (Tetrajodtetrachlorfluoreszeinnatrium) ist rein, die zweite Marke, ist Rose bengale konz.

pur., nuanciert mit Tetrabromfluoreszeinnatrium. Vergleichen wir die Absorptionsspektra der Lösungen von beiden Farbstoffen, so finden wir:

	in Wasser	in Alkohol	in Amylalkohol
Rose bengale konz.	**551,2**—510,4	**561,5**—518,5	**564,7**—521,2
„ „ double	**551,2**—512,8	**561,5**—521,3	**564,7**—526,7

Aus dieser Tabelle ersehen wir, daß durch den Zusatz von Tetrabromfluoresceinnatrium eine Verschiebung des Nebenstreifens nach links hervorgerufen wurde.

Wenn aber zwei verschiedene Phtaleïne in größeren Mengen untereinander gemischt werden, so fließt regelmäßig der Nebenstreifen des einen Farbstoffes mit dem Hauptstreifen des anderen Farbstoffes zu einem starken Streifen zusammen, der Hauptstreifen des ersteren Farbstoffes erscheint dann schwächer und wir sehen dann ein Absorptionsspektrum, welches aus einem Hauptstreifen und je einem Nebenstreifen zu beiden Seiten des Hauptstreifens besteht, also die Form, welche auf der Tafel V, Gruppe IVa dargestellt ist. Ein solches Absorptionsspektrum entsteht z. B. durch Mischen von Rose Bengale mit Erythrosin.

Ausnahme davon bilden R h o d i n 12GF [J], R h o d a m i n p o n c e a u G [M], R h o d i n 12 G [M] (vergl. auch II. Teil, S. 29).

Ferner sei hier aufmerksam gemacht, daß das Absorptionsspektrum einer f r i s c h e n L ö s u n g eines Phtaleïns nach längerem Stehen der Lösung sich verschieben kann (vergl. auch I. Teil, S. 135).

Es empfiehlt sich daher, die Farbstofflösungen, welche durch Lösen des Farbstoffes oder Abziehen von einem Stoffe erhalten wurden, gleich zu untersuchen.

Gruppe IIa.. In diese Gruppe gehören jene Farbstoffe, deren entsprechend verdünnte w ä s s e r i g e Lösungen im Spektrum entweder einen v e r w a s c h e n e n D o p p e l s t r e i f e n geben, dessen Dunkelheitsmaxima so wenig auftreten, daß das Absorptionsspektrum eher als ein breites verwaschenes Absorptionsband als ein Doppelstreifen erscheint (S a f r a n i n FF [By]) oder aber besteht das Absorptionsspektrum aus zwei f a s t g l e i c h e n schärfer auftretenden und u n s y m m e t r i s c h e n S t r e i f e n (B r i l l a n t r h o d u l i n r o t B [By]) (Tafel IV, Gruppe IIa, Zeile 1 u. 2).

Ä t h y l - und a m y l a l k o h o l i s c h e Lösungen liefern jedoch ein Absorptionsspektrum, welches aus einem s t ä r k e r e n s c h m ä l e r e n S t r e i f e n (Hauptstreifen) und einem s c h w a c h e n S t r e i f e n (Nebenstreifen) r e c h t s besteht.

Der N e b e n s t r e i f e n ist mitunter so schwach, daß er nur bei einer größeren Konzentration der Lösung sichtbar ist. Die Absorptionsstreifen sind u n s y m m e t r i s c h (Tafel IV, Gruppe IIa, Zeile 3).

Durch Zusatz von S ä u r e wird bei den w ä s s e r i g e n und ä t h y l a l k o h o l i s c h e n Lösungen k e i n e V e r ä n d e r u n g des Absorptionsspektrums hervorgerufen, bei den a m y l a l k o h o l i s c h e n Lösungen findet mitunter nur eine V e r s c h i e b u n g des Absorptionsspektrums nach l i n k s statt.

K a l i l a u g e ruft bei den a m y l - bzw. auch bei den ä t h y l - a l k o h o l i s c h e n Lösungen der Farbstoffe dieser Gruppe meistens drei Absorptionsstreifen hervor, wobei der m i t t l e r e Streifen der s t ä r k s t e ist.

Diese Gruppe bilden solche S a f r a n i n e, bei welchen die Wasserstoffe der Aminogruppen entweder frei oder durch Alkylgruppen substituiert sind.

Äthyl- und amylalkoholische Lösungen der Farbstoffe dieser Gruppe fluoreszieren stark gelb.

Gruppe III. Diese Gruppe bilden jene Farbstoffe, deren verdünnte wässerige Lösungen neben einem stärkeren Absorptionsstreifen (Hauptstreifen) einen schwächeren Absorptionsstreifen(Nebenstreifen) links liefern (Tafel IV, Gruppe III, Zeile 1).

Der Nebenstreifen kann in Spektrum mitunter so schwach auftreten, daß er fast nur als ein mit dem Hauptstreifen verbundener Schatten erscheint.

Äthyl- und amylalkoholische Lösungen können auch zwei Absorptionsstreifen zeigen; nach der Form des Absorptionsspektrums wird dann diese Gruppe in zwei Abteilungen geteilt:

I. Abteilung. Die erste Abteilung bilden solche Farbstoffe, welche in alkoholischer Lösung neben einem stärkeren Absorptionsstreifen (Hauptstreifen), einen schwachen Absorptionsstreifen (Nebenstreifen) rechts zeigen (Tafel IV., Gruppe III, Zeile 2).

In diese Abteilung gehören einige Azinfarbstoffe, deren Lösungen grüngelb fluoreszieren und manche Azofarbstoffe.

Bei den alkoholischen Lösungen der Azinfarbstoffe dieser Gruppe ruft die Kalilauge drei Absorptionsstreifen hervor, von welchen der mittlere der stärkste ist.

II. Abteilung. Die zweite Abteilung bilden solche Farbstoffe, deren alkoholische Lösungen zwei Absorptionsstreifen liefern, deren Intensität entweder gleich ist, oder es kann der eine Streifen wenig stärker oder schwächer als der andere sein; in solchen Fällen ist in der Regel der rechte Streifen stärker (Tafel IV, Gruppe III, Zeile 3).

In diese Gruppe gehören viele Azofarbstoffe; ihre Lösungen fluoreszieren nicht.

Gruppe IIIa. In diese Gruppe gehören jene Farbstoffe, deren verdünnte wässerige Lösungen neben einem stärkeren, nicht selten nach rechts allmählich abnehmenden Absorptionsstreifen (Hauptstreifen) einen schwächeren Absorptionsstreifen (Nebenstreifen) links zeigen (Tafel IV, Gruppe IIIa., Zeile 1).

Äthyl- und amylalkoholische Lösungen liefern ein Absorptionsspektrum, welches aus drei Streifen besteht, wobei der mittlere Streifen in der Regel der stärkste ist (Tafel IV., Gruppe III, Zeile 2), es kann aber auch der erste Streifen der stärkste sein.

Der Nebenstreifen rechts ist in der Regel sehr schwach und mitunter nur bei den konzentrierteren Lösungen wahrnehmbar.

In diese Gruppe gehören einige Azofarbstoffe.

Gruppe IV. Diese Gruppe setzt sich aus Farbstoffen zusammen, deren wässerige, äthyl- und amylalkoholische Lösungen drei Absorptionsstreifen zeigen, von denen der erste Streifen links (Hauptstreifen) der stärkste ist (Tafel V, Gruppe IV). Der zweite Nebenstreifen rechts erscheint selbst bei konzentrierteren Lösungen nur schwach.

Diese Gruppe bilden einige Phtaleïne, deren Lösungen fluoreszieren und ferner Alizarinfarbstoffe.

Gruppe IVa. In diese Gruppe gehören jene Farbstoffe, deren wässerige Lösungen neben einem stärkeren Absorptionsstreifen je einen schwachen Absorptionsstreifen (Nebenstreifen) zu beiden Seiten des stärkeren Streifens zeigen (Tafel V, Gruppe IVa).

Äthyl- und amylalkoholische Lösungen zeigen in der Regel auch das Absorptionsspektrum der wässerigen Lösung, es kann aber auch der erste Streifen der stärkste sein. Der Nebenstreifen rechts erscheint mitunter so schwach, daß er nur bei konzentrierteren Lösungen sichtbar ist.

Diese Gruppe bilden Amidophtaleïne, Aposafranine (Rosinduline), Alizarinfarbstoffe und schließlich Azofarbstoffe; von den natürlichen Farbstoffen gehört hierher auch Cochenille-Ammon.

Gruppe V. In diese Gruppe wurden jene Farbstoffe eingereiht, welche in Wasser, Äthyl- und Amylalkohol gelöst, im Spektrum nur einen breiteren Absorptionsstreifen liefern. Dieser Streifen kann entweder symmetrisch oder unsymmetrisch, d. i. mehr nach rechts oder nach links von seinem Dunkelheitsmaximum verlängert sein; er ist auch oft mehr oder weniger verschwommen (Tafel V, Gruppe V, Zeile 1—3).

Farbstoffe dieser Gruppe zerfallen je nach ihrer chemischen Zusammensetzung in drei Abteilungen:

I. Abteilung bilden Aminophtaleïne, deren Wasserstoffe der Aminogruppen durch Phenyl- oder Benzylgruppen substituiert sind.

II. Abteilung bilden einige Azinfarbstoffe (Isorosinduline und Safranine) und die

III. Abteilung bilden einige Azofarbstoffe.

Gruppe VI. In diese Gruppe gehören jene Farbstoffe, welche in der wässerigen Lösung einen breiteren, symmetrischen oder unsymmetrischen Absorptionsstreifen liefern[1]; äthyl- und amylalkoholische Lösungen geben jedoch zwei Absorptionsstreifen von gleicher oder fast gleicher Intensität (Tafel V, Gruppe VI, Zeile 1 u. 2).

Diese Gruppe bilden manche Azofarbstoffe und Alizarinfarbstoffe.

Gruppe VII. In diese Gruppe gehören jene Farbstoffe, deren wässerige wie auch äthyl- uud amylalkoholische Lösungen einen Doppelstreifen, d. i. zwei nahe aneinander liegende Absorptionsstreifen von gleicher oder fast gleicher Intensität zeigen. Es kann daher der eine oder der andere Streifen in der Intensität etwas variieren (Tafel V, Gruppe VII, Zeile 1 u. 2).

---

1) Auf der Tafel V ist der Einfachheit wegen nur die symmetrische Form des Absorptionsstreifens abgebildet.

Hierher gehören hauptsächlich viele Azofarbstoffe, Alizarinfarbstoffe, bezw. Azomethinfarbstoffe.

Ausnahme macht das in dieser Gruppe eingereihte Azosäurefuchsin B [M], welches in Amylalkohol gelöst nur einen Absorptionsstreifen zeigt.

Gruppe VIII. In diese Gruppe wurden jene Farbstoffe eingereiht, deren wässerige Lösungen einen breiteren Absorptionsstreifen, äthyl- und amylalkoholische Lösungen jedoch drei Absorptionstreifen geben, wobei entweder der erste oder der mittlere Absorptionsstreifen der stärkste sein kann (Tafel V, Gruppe VIII, Zeile 1, 2 u. 3). Die Absorptionsstreifen sind bei einigen Farbstoffen symmetrisch, bei anderen Farbstoffen unsymmetrisch.

In diese Gruppe gehören Azinfarbstoffe (Rosinduline, Naphtosafranine), Azofarbstoffe und Alizarinfarbstoffe.

Gruppe IX. Diese Gruppe bilden solche Farbstoffe, welche aus mehreren Streifen zusammengesetzte, kompliziertere Absorptionsspektra geben oder unregelmäßige Formen der Absorptionsspektren überhaupt aufweisen und daher in die vorangehenden Gruppen nicht eingereiht werden konnten.

Es wurden hierher hauptsächlich verschiedene Alizarinfarbstoffe und manche rote, praktisch noch wichtige natürliche Farbstoffe, eingereiht, wenn sie auch nicht als einheitliche Verbindungen betrachtet werden können.

Die in dieser Gruppe angeführten verschiedenen Marken von Alizarincyanin und Anthracenblau (siehe auch S. 202) enthalten wie das Alizarincyklamin R eine Grundsubstanz Hexaoxyanthrachinon 1:2:4:5:6:8 (vergleiche I. Teil, Seite 225 und 230) und geben daher, in Äthyl- und Amylalkohol gelöst, bezw. erst nach Zusatz von Säure, fast das gleiche Absorptionsspektrum; sie unterscheiden sich jedoch untereinander, wie man aus den Tabellen entnehmen kann, durch verschiedene Nebenabsorptionsstreifen, durch ihr Verhalten gegen Ammoniak, Kalilauge und Schwefelsäure.

In dieser Gruppe (Tabellen, II. Teil) sind auch die verschiedenen Marken von Chromoxanfarbstoffen [By], Eriochromazurol B konz. [G] und Eriochromcyanin R konz. [G] angeführt; sie lösen sich in Wasser zwar mit gelber Farbe, in Äthyl- und Amylalkohol sowie in Schwefelsäure, geben aber rote Lösungen.

Erläuterungen zu den Tabellen.

Die eben beschriebene Einteilung der Farbstoffe in Gruppen gilt selbstverständlich auch für die zwar in Wasser, Alkohol und Amylalkohol unlöslichen, aber in konzentrierter Schwefelsäure, Xylol, Chloroform oder einem anderen Lösungsmittel löslichen Farbstoffe. Die Absorptionsspektra von solchen Farbstoffen sind in besonderen Tabellen beschrieben.

Wie bei den Tabellen der blauen Farbstoffe, so werden auch bei den nachfolgenden Tabellen der roten Farbstoffe verschiedene Ziffersorten verwendet, um dadurch ungefähr die relative Intensität der Absorptionsstreifen eines und desselben Absorptionsspektrums auszudrücken; durch diese Anordnung wird man sich dann ein annäherndes Bild über die Form des Absorptionsspektrums vorstellen können.

Das Wort „ungefähr" bei den Wellenlängenzahlen bedeutet, daß die Absorptionsstreifen verwaschen sind und ihre Dunkelheitsmaxima sich nur annähernd bestimmen lassen.

Das Fragezeichen neben den Wellenlängenzahlen bedeutet, dass die Absorptionsstreifen entweder so schwach sind, daß die Feststellung ihres Dunkelheitsmaximums unsicher ist, oder aber, daß es fraglich ist, ob ein ausgebildeter Absorptionsstreifen überhaupt oder ob nur ein mit dem starken Streifen verbundener Schatten vorhanden ist.

Die Tabellen sind in zwei Teile geteilt; der **erste Teil** enthält ausführliche Angaben über einzelne Farbstoffe, deren Absorptionsspektra sich genau oder mit ziemlicher Genauigkeit messen lassen.

Der **zweite Teil** der Tabellen enthält hauptsächlich rote Azofarbstoffe, welche entweder in Wasser oder in Alkohol ziemlich verschwommene Absorptionsstreifen geben. Nachdem aber in diesen Tabellen auch die überwiegend charakteristischen Absorptionsspektra in Schwefelsäure eingefügt sind, so sind diese Farbstoffe so genügend charakterisiert, daß man sie auch ohne Schwierigkeiten nachweisen kann, namentlich, wenn man zur Untersuchung ein Gitterspektroskop verwendet.

Der Unterschied der Bilder von Absorptionsspektren der roten Azofarbstoffe im Prismen- und Gitterspektroskop ist ein auffallender. Die sonst im Prismenspektroskop ganz verwaschen erscheinenden Bilder von Absorptionsstreifen treten im Gitterspektroskope so genügend scharf auf, daß sie sich auch fast genau messen lassen, wodurch solche Farbstoffe, deren Lösungen bei der Beobachtung mit einem Prismenspektroskop verwaschene Absorptionsspektra geben, immer noch ohne Schwierigkeiten festgestellt werden können.

Diese Erscheinungen bringt schon die Natur des Prismas und des Gitters mit sich, weil bei gleicher totaler Dispersion der beiden, das grüne, blaue und violette Feld des Prismas bedeutend breiter ist als beim Gitter (vergleiche auch I. Teil S. 35 und II. Teil S. 5 u. s. f.).

Es empfiehlt sich daher, die roten Azofarbstoffe, deren Lösungen bei der Beobachtung mit einem Prismenspektroskop verwaschene Absorptionsspektra geben, mit einem Gitterspektroskop, die blauen und grünen Farbstoffe, soweit sie im Gitterspektroskope keine scharfen Absorptionsstreifen geben, mit einem Prismenspektroskop zu untersuchen, oder aber mit verschieden starken Okularen zu arbeiten.

Tabellen der roten Farbstoffe.

Erster

Grup-

Handelsname	Eigenschaften	Wasser: Absorption	Wasser: Salzsäure	Wasser: Ammoniak	Wasser: Kalilauge	Äthyl-: Absorption	Äthyl-: Salzsäure
Wollecht-violett B [By]	Lösungen rot-violett, in kaltem Wasser schwer löslich	**561,0**	mehr violett, konzentriertere Lösung: 654,5 **515,2**	unverändert	rot	**572,0** 530,5	unverändert
Rhodulin-violett [By]	Lösungen rot-violett; wässerige Lösung fluoresziert sehr schwach, alkoholische Lösungen stärker orangegelb	ungefähr **552,0**	unverändert	unverändert	unverändert	**554,2** 514,5	unverändert
Benzorhodu-linrot B [By]	wässerige Lösung rot, alkoholische und essigsaure Lösungen gelbrot; in Äthylalkohol schwer löslich, in Amylalkohol erst nach Zusatz von Säure löslich	ungefähr **528,0**	rotviolett, Absorption geschwächt, konzentriertere Lösung: ungefähr 535,5	unverändert	Absorption geschwächt	ungefähr **532,5** 494,5	unverändert
Säureviolett R extra [By]	wässerige Lösung violettrot, alkoholische Lösungen rotviolett, essigsaure Lösung violett; in Amylalkohol erst nach Zusatz von Säure löslich	**529,5**	violett, Absorption geschwächt 533,0 mehr Säure, blau, 620,7 533,0 entfärbt sich nach längerem Stehen	unverändert	Absorption geschwächt, entfärbt sich nach längerem Stehen	**585,5** 537,0	unverändert
Säureviolett 2 R [By]	wässerige Lösung violettrot, alkoholische Lösungen und essigsaure Lösung rotviolett	**527,5**	violett, Absorption geschwächt, entfärbt sich teilweise nach längerem Stehen	unverändert	Absorption geschwächt, entfärbt sich nach längerem Stehen	**583,5** 536,0	unverändert

Teil.

pe I.

alkohol		Amylalkohol				Essigsäure 90 %	Anmerkung
Ammoniak	Kalilauge	Absorption	Salzsäure	Ammoniak	Kalilauge		
unverändert	rot	**577,0** 535,7	unverändert	unverändert	rot	**567,0** 527,0	saurer Azinfarbstoff
unverändert	Absorption geschwächt, Fluoreszenz verschwindet, konzentriertere Lösung: ungefähr **545,5** 506,5	**556,2** 516,5	Farbe unverändert **558,0** 518,6	unverändert	Absorption geschwächt, Fluoreszenz verschwindet, konzentriertere Lösung: ungefähr 583,3 **539,5** 502,5	**555,0**	basischer Azinfarbstoff
unverändert	unverändert	—	ungefähr **532,5** 494,5	—	—	**538,0** 497,5	substantiver Azofarbstoff
unverändert	entfärbt sich allmählich	—	**587,0** 540,0	—	—	**583,3** 536,0	saurer Triphenylmethanfarbstoff
unverändert	entfärbt sich allmählich	—	**587,0** 539,5	—	—	**580,8** 534,0	saurer Triphenylmethanfarbstoff

Grup-

Handelsname	Eigenschaften	Wasser: Absorption	Wasser: Salzsäure	Wasser: Ammoniak	Wasser: Kalilauge	Äthyl-: Absorption	Äthyl-: Salzsäure
Säureviolett 3R [By]	wässerige Lösung rot, alkoholische Lösungen und essigsaure Lösung violett; in Äthylalkohol und Essigsäure schwieriger löslich, in Amylalkohol erst nach Zusatz von Säure löslich	**527,0**	Farbe unverändert 519,5	unverändert	Farbe unverändert 519,5	**581,5** 531,5	unverändert

Grup-

Erste

Handelsname	Eigenschaften	Wasser: Absorption	Wasser: Salzsäure	Wasser: Ammoniak	Wasser: Kalilauge	Äthyl-: Absorption	Äthyl-: Salzsäure
Brillantrhodulinviolett R [By]	Lösungen rot, in kaltem Wasser schwer, in warmem Wasser leicht löslich	**565,6** 500,8	Farbe unverändert 568,3	orangegelb	orangegelb	**571,0** 509,6	Farbe unverändert **572,0** 510,5
Säureviolett 4RS [M] **Fuchsin S** [B]	wässerige Lösung rot, alkoholische und essigsaure Lösungen violettrot; in Äthylalkohol schwieriger löslich, in Amylalkohol erst nach Zusatz von Säure löslich	**554,0** 495,0	Farbe und Absorption geschwächt	entfärbt sich allmählich	entfärbt sich allmählich	**562,5** 510,5	unverändert
Neufuchsin O [M] **Neufuchsin** [O] **Pulverfuchsin A** [B]	wässerige Lösung rot, alkoholische und essigsaure Lösungen violettrot	**552,2** 491,0	violett, entfärbt sich teilweise, konzentriertere Lösung 582,0 entfärbt sich nach längerem Stehen	entfärbt sich allmählich	entfärbt sich allmählich	**560,0** 506,0	unverändert

pe I.

alkohol		Amylalkohol				Essigsäure	Anmerkung
Ammoniak	Kalilauge	Absorption	Salzsäure	Ammoniak	Kalilauge	90 %	
unverändert	entfärbt sich	—	**584,5** 534,5	—	—	**578,0** 527,0	saurer Triphenylmethanfarbstoff

pe II.

Abteilung.

Ammoniak	Kalilauge	Absorption	Salzsäure	Ammoniak	Kalilauge	90 %	Anmerkung
orangegelb	orangegelb	**572,5** 513,6	Farbe unverändert **573,8** 514,5	orangegelb	orangegelb	**568,5** 506,5	basischer Azinfarbstoff
entfärbt sich allmählich	orangegelb, entfärbt sich allmählich	—	**565,0** 512,5	—	—	**557,3** 501,5	saurer Triphenylmethanfarbstoff
entfärbt sich allmählich teilweise	entfärbt sich	**563,0** 509,5	unverändert	entfärbt sich teilweise nach längerem Stehen	gelb, entfärbt sich	**554,8** 499,0	basischer Triphenylmethanfarbstoff

Grup-

Handelsname	Eigenschaften	Wasser				Äthyl-	
		Absorption	Salzsäure	Ammoniak	Kalilauge	Absorption	Salzsäure
Säurefuchsin extra [M] **Säurefuchsin S** [A] **Säurefuchsin O** [L] **Säurefuchsin** [O]	wässerige Lösung rot, alkoholische und essigsaure Lösungen violettrot; in Äthylalkohol schwieriger löslich, in Amylalkohol erst nach Zusatz von Säure löslich	**550,0** 492,5	Farbe und Absorption verstärkt	entfärbt sich	entfärbt sich	**558,2** 506,0	unverändert
Fuchsin dopp. raffin. GG klein krist. [M] **Diamantfuchsin** [B] **Fuchsin Ia krist.** [K] **Fuchsin klein krist.** [H] **Fuchsin N** [L] **Fuchsinkristalle** [t. M] **Fuchsin** [S] **Brillantfuchsin** [O] **Rosanilin krist.** [M] **Rubin, Isorubin** [A] **Rubin G** [D] **Methylviolett 4 R** [B]	wässerige Lösung rot, alkoholische und essigsaure Lösungen violettrot	**546,5** 487,5	rotviolett, 578,3 entfärbt sich allmählich	entfärbt sich allmählich	entfärbt sich	**554,6** 502,0	unverändert
Parafuchsin extra ch. r. [M] **Parafuchsin rein** [K]	wässerige Lösung rot, alkoholische und essigsaure Lösungen violettrot	**543,5** 486,0	entfärbt sich allmählich	entfärbt sich allmählich	entfärbt sich	**552,3** 500,5	unverändert
Chinolinrot [A]	Lösungen rot, fluoreszieren stark orangegelb	**529,0** 494,0	unverändert	unverändert	unverändert	**535,0** 496,0	unverändert

alkohol		Amylalkohol				Essigsäure 90 %	Anmerkung
Ammoniak	Kalilauge	Absorption	Salzsäure	Ammoniak	Kalilauge		
entfärbt sich allmählich teilweise	gelb, entfärbt sich allmählich	—	**562,8** 509,0	—	—	**554,4** 498,5	basischer Chinolinfarbstoff saurer Triphenylmethanfarbstoff
Absorption geschwächt, entfärbt sich teilweise nach längerem Stehen	orangegelb, entfärbt sich	**557,8** 505,0	Absorption geschwächt	Absorption geschwächt, entfärbt sich teilweise nach längerem Stehen	gelb, entfärbt sich	**550,0** 495,8	basischer Triphenylmethanfarbstoff
Absorption geschwächt, entfärbt sich teilweise nach längerem Stehen	orangegelb, entfärbt sich	**556,0** 503,2	Absorption geschwächt	Absorption geschwächt, entfärbt sich allmählich teilweise nach längerem Stehen	gelb, entfärbt sich	**547,9** 401,0	basischer Triphenylmethanfarbstoff
unverändert	unverändert	**535,5** 496,5	Farbe unverändert **536,5** 497,5	unverändert	unverändert	**534,0** 495,0	basischer Chinolinfarbstoff In Schwefelsäure farblos

Grup-

Zweite

Handelsname	Eigenschaften	Wasser				Äthyl-	
		Absorption	Salzsäure	Ammoniak	Kalilauge	Absorption	Salzsäure
Rose bengale 5 BG Ia [M] **Rose bengale B, 3 B konz.** [M] **Rose bengale BB** [CJ] **Rose bengale konz. pur.** [DH] **Rose bengale double** [DH] **Rose bengale B** [L]	Lösungen violettrot, fluoreszieren schwach grün	**551,2** **510,4**	entfärbt sich	ändert sich nicht	ändert sich nicht	**561,5** **518,5**	entfärbt sich
Phloxin T [CJ]	Lösungen violettrot, fluoreszieren gelbgrün	**551,0** 513,5?	entfärbt sich	unverändert	unverändert	**560,0** 520,0	entfärbt sich
Rose bengale NT [B] **Rose bengale AT** [B]	Lösungen violettrot, fluoreszieren schwach grün	**548,0** **507,5**	entfärbt sich	unverändert	unverändert	**557,8** **515,5**	entfärbt sich
Rose bengale B [CJ]	Lösungen violettrot, fluoreszieren schwach grün	**547,5** **507,0**	entfärbt sich	unverändert	unverändert	**557,2** **514,7**	entfärbt sich
Rose bengale G [L]	Lösungen violettrot, fluoreszieren schwach grün	**547,2** **507,0**	entfärbt sich	unverändert	unverändert	**559,0** **517,0**	entfärbt sich
Rose bengale [A]	Lösungen violettrot, fluoreszieren schwach grün	**545,5** **504,8**	entfärbt sich	unverändert	unverändert	**556,0** **512,5**	entfärbt sich
Rose bengale A Ia [M] **Rose bengale konz.** [S] **Rose bengale extra N** [C]	Lösungen violettrot, fluoreszieren schwach grün	**543,8** **503,2**	entfärbt sich	unverändert	unverändert	**553,8** **512,0**	entfärbt sich

pe II.

Abteilung,

alkohol		Amylalkohol				Essigsäure 90 %	Anmerkung
Ammoniak	Kalilauge	Absorption	Salzsäure	Ammoniak	Kalilauge		
unverändert	unverändert	**564,7** **521,2**	entfärbt sich	Farbe unverändert 563,2 520,4	Farbe unverändert 562,5 519,5	—	Rose bengale double ist nüanciert, infolgedessen sind die Nebenstreifen ca um 3 $\mu\mu$ nach links verschoben. Siehe S. 247. Tetrajodtetrachlorfluoresceïnnatrium saurer Phtaleïnfarbstoff
unverändert	unverändert	**565,0** **523,5**	entfärbt sich	Farbe unverändert 561,5 521,0	gelblichrot 560,5 520,0	—	saurer Phtaleïnfarbstoff Natronsalz des sulphierten Tetrabromdichlorfluoreszeïns
unverändert	unverändert	**561,5** **519,0**	entfärbt sich	Farbe unverändert 559,4 517,7	Farbe unverändert 558,5 517,3	—	saurer Phtaleïnfarbstoff
unverändert	unverändert	**560,5** **517,6**	entfärbt sich	Farbe unverändert 558,1 516,0	Farbe unverändert 557,2 515,4	—	saurer Phtaleïnfarbstoff
unverändert	unverändert	**564,4** **522,0**	entfärbt sich	Farbe unverändert 562,5 520,4	Farbe unverändert 561,8 519,8	—	saurer Phtaleïnfarbstoff Nüanciert mit Gelbrot
unverändert	unverändert	**560,0** **516,5**	entfärbt sich	Farbe unverändert 558,5 516,0	Farbe unverändert 557,7 515,3	—	saurer Phtaleïnfarbstoff
unverändert	unverändert	**557,5** **515,2**	entfärbt sich	Farbe unverändert 556,0 514,4	Farbe unverändert 554,8 513,6	—	saurer Phtaleïnfarbstoff

Handelsname	Eigenschaften	Wasser				Äthyl	
		Absorption	Salzsäure	Ammoniak	Kalilauge	Absorption	Salzsäure
Eosin 10 B [C] **Eosin bleue** [S] **Eosin S extra bläulich** [By] **Cyanosin DH** (Eosin bleue) [DH] **Phloxin BA extra** [M] **Phloxin NBB** [CJ] **Phloxin jodfrei** [B] **Nopalin BB** [CJ]	Lösungen violettrot, fluoreszieren grünlichgelb, in Amylalkohol schwieriger löslich	**541,2** 501,5	entfärbt sich	unverändert	unverändert	**552,8** 511,5 konzentriertere Lösung: 477,5	entfärbt sic[h]
Cyanosin O spritl. [M]	Lösungen violettrot, fluoreszieren rotgelb; in kaltem Wasser schwer, in warmem Wasser leicht löslich; in Amylalkohol schwieriger löslich	**538,7** 499,5	entfärbt sich	unverändert	unverändert	**553,5** 511,5	entfärbt sic[h]
Phloxin P [B]	Lösungen violettrot; wässerige Lösung fluoresziert gelbgrün, alkoholische Lösungen grüngelb; in Amylalkohol schwieriger löslich	**536,6** 497,5	entfärbt sich	unverändert	unverändert	**548,0** 506,8	entfärbt sic[h]
Erythrosin [A] **Eosin J** [B]	Lösungen violettrot, fluoreszieren gelbgrün	**528,7** 491,4	entfärbt sich	unverändert	unverändert	**536,6** 497,0	entfärbt si[ch]
Erythrosin [DH] [Primrose soluble] **Erythrosin D** [C]	Lösungen rot, fluoreszieren gelbgrün	**526,7** 490,5	entfärbt sich	unverändert	unverändert	**534,0** 495,0	entfärbt sic[h]
Erythrosin A [M]	Lösungen gelblichrot, fluoreszieren gelbgrün	**525,7** 489,0	entfärbt sich	unverändert	unverändert	**537,0** 496,0	entfärbt si[ch]

alkohol		Amylalkohol				Essigsäure 90 %	Anmerkung
Ammoniak	Kalilauge	Absorption	Salzsäure	Ammoniak	Kalilauge		
unverändert	Farbe unverändert 551,5 510,5	556,5 514,0	entfärbt sich	Farbe unverändert 554,5 512,5	Farbe unverändert 553,5 511,5	—	Tetrabromtetrachlorfluoreszeïnkalium saurer Phtaleïnfarbstoff
		556,0 513,5					vermutlich Tribromnitrofluoreszeïnkalium
unverändert	unverändert	557,5 514,2	entfärbt sich	Farbe unverändert 556,0 513,5	Farbe unverändert 554,8 512,7	—	saurer Phtaleïnfarbstoff
unverändert	unverändert	550,0 508,5	entfärbt sich	Farbe unverändert 548,5 508,0	Farbe unverändert 547,5 507,0	—	saurer Phtaleïnfarbstoff
Farbe unverändert 533,0 494,8	Farbe unverändert 533,0 494,8	539,8 500,0	entfärbt sich	Farbe unverändert 537,5 498,8	Farbe unverändert 536,6 497,3	—	Tetrajodfluoreszeïnnatrium saurer Phtaleïnfarbstoff
Farbe unverändert 531,8 493,5	Farbe unverändert 531,8 493,5	538,5 498,5	entfärbt sich	Farbe unverändert 536,0 497,0	Farbe unverändert 535,4 496,4	—	Tetrajodfluoreszeïnkalium saurer Phtaleïnfarbstoff
Farbe unverändert 532,1 492,7	Farbe unverändert 532,1 492,7	537,8 498,0	entfärbt sich	Farbe unverändert 534,8 496,3	Farbe unverändert 534,0 495,5	—	saurer Phtaleïnfarbstoff

Handelsname	Eigenschaften	Wasser				Äthyl-	
		Absorption	Salzsäure	Ammoniak	Kalilauge	Absorption	Salzsäure
Erythrosin G [B]	Lösungen gelblichrot, fluoreszieren gelbgrün	**525,0** 488,5	entfärbt sich	unverändert	unverändert	**535,2** 494,2	entfärbt sich
Eosin extra spritl. [M] **Eosin spritl.** [B] **Primerose à l'alcool** [DH] **Primerose extra** [DH] **Eosin spritl.** [t. M] **Eosin S** [B]	Lösungen gelblichrot, fluoreszieren grüngelb; in kaltem Wasser schwer, in heissem Wasser leicht löslich, in Amylalkohol schwieriger löslich	**523,5** **487,4**	entfärbt sich	unverändert	unverändert	**538,0** **499,2**	entfärbt sich
Erythrosin [CJ]	Lösungen rot, fluoreszieren schwach grün	**523,0** 487,0	entfärbt sich	unverändert	unverändert	**534,2** 494,0	entfärbt sich
Eosin BN [B]	Lösungen gelblichrot, fluoreszieren gelbgrün	**521,5** 486,0	entfärbt sich	unverändert	unverändert	**534,4** **495,5**	entfärbt sich
Methyleosin [A] **Eosin B** [L] **Eosinscharlach** [t. M] (Nopalin G [t. M]) **Eosinscharlach B** [C] **Nopalin G** [CJ]	Lösungen gelblichrot, wässerige Lösung fluoresziert grün, alkoholische Lösungen fluoreszieren gelbgrün	**519,7** 485,5 **519,2** 485,0	entfärbt sich	unverändert	unverändert	**529,0** **491,5**	entfärbt sich

alkohol		Amylalkohol				Essigsäure	Anmerkung
Ammoniak	Kalilauge	Absorption	Salzsäure	Ammoniak	Kalilauge	90 %	
Farbe unverändert **530,3** 492,3	Farbe unverändert **530,3** 492,3	**537,0** 497,0	entfärbt sich	Farbe unverändert **534,8** 495,5	Farbe unverändert **534,0** 494,8	—	saurer Phtaleïnfarbstoff
unverändert	unverändert	**541,2** **501,6**	entfärbt sich	Farbe unverändert **539,7** **500,7**	Farbe unverändert **537,9** **499,4**	—	saurer Phtaleïnfarbstoff Tetrabromfluoresceïnäthylesterkalium
Farbe unverändert **529,4** 491,3	Farbe unverändert **529,4** 491,3	**535,0** 495,5	entfärbt sich	Farbe unverändert **532,0** 494,0	Farbe unverändert **531,2** 493,4	—	saurer Phtaleïnfarbstoff
Farbe unverändert **528,0** **491,3**	Farbe unverändert **528,0** **491,3**	**538,0** **499,4**	entfärbt sich	Farbe unverändert **531,2** **493,7**	Farbe unverändert **530,3** **493,0**	—	saurer Phtaleïnfarbstoff
Farbe unverändert **526,7** **490,0**	Farbe unverändert **526,7** **490,0**	**533,0** **494,8** **535,0** **497,8**	entfärbt sich	Farbe unverändert **530,3** **492,5**	Farbe unverändert **529,5** **491,7**	—	saurer Phtaleïnfarbstoff Dibromdinitrofluoresceïn

Grup-

Handelsname	Eigenschaften	Wasser				Äthyl-	
		Absorption	Salzsäure	Ammoniak	Kalilauge	Absorption	Salzsäure
Eosin FF extra [A], [CJ] **Eosin A** [B] **Eosin extra A, AG** [M] **Eosin B** [D] **Eosin gelbl.** [A] **Eosin G, 2 G** [t. M] **Eosin GGF** [C] **Eosin 3 J, 4 J extra** [L] **Eosin G** [B] **Eosin gelbl.** [K] **Eosin JLI** [J] **Eosin S extra gebl.** [By] **Eosin CP gelbl.** [CJ]	Lösungen gelblichrot, fluoreszieren gelbgrün	**518,0** 484,0	entfärbt sich	unverändert	unverändert	**529,5** 491,0	entfärbt sich
Nopalin GG[1]) [CJ]	Lösungen gelblichrot, fluoreszieren grün	**512,5** 481,5 ?	entfärbt sich	unverändert	unverändert	**525,5** 490,5	entfärbt sich
Tetrachlorfluoresceïn [DH]	wässerige Lösung rosarot mit grüner Fluoreszenz, alkoholische Lösungen orangegelb ohne Fluoreszenz; in Wasser, Äthyl- und Amylalkohol schwer löslich	**510,8** 470,0	entfärbt sich	Farbe und Fluoreszenz verstärkt **512,6** **479,2**	wie bei Ammoniak	verwaschene Streifen ungefähr **495,0** **462,0**	gelb, ungefähr **450,0**

Dritte

Handelsname	Eigenschaften	Absorption	Salzsäure	Ammoniak	Kalilauge	Absorption	Salzsäure
Brillantkitonrot B [J]	Lösungen violettrot, fluoreszieren stark orangerot; in Amylalkohol schwer löslich	**569,5** **532,2** konzentriertere Lösung: 493,5	unverändert	unverändert	unverändert	**559,6** **517,9**	Farbe unverändert **560,5** **518,6**
Sulforhodamin B [M] **Xylenrot B konz.** [S]	Lösungen violettrot, fluoreszieren orangegelb; in Amylalkohol schwer löslich	**567,5** **525,8**	unverändert	unverändert	unverändert	**557,2** **516,5**	Farbe unverändert **559,0** **518,2**

[1]) Dem Nopalin GG steht nahe **Eosin 3 G** [CJ], Natrium- bezw. Ammoniumsalze des Tribrom-fluoresceïns.

pe II.

alkohol		Amylalkohol				Essigsäure 90 %	Anmerkung
Ammoniak	Kalilauge	Absorption	Salzsäure	Ammoniak	Kalilauge		
Farbe unverändert **525,0** 488,8	Farbe unverändert **525,0** 488,8	**531,5** 493,0 **533,0** 494,6	entfärbt sich	Farbe unverändert **528,5** 491,5	Farbe unverändert **527,6** 490,6	—	**saurer Phtaleïnfarbstoff** **Eosin gelblich [A] nüanciert mit Rotviolett.** **Tetrabromfluoresceïnnatrium.**
gelbrot **520,5** 486,0	wie bei Ammoniak	**533,0** **495,5**	entfärbt sich	gelbrot **520,5** 485,5	gelbrot **519,5** 484,5	—	**saurer Phtaleïnfarbstoff**
Farbe, Fluoreszenz und Absorption verstärkt **525.0** **488,5**	wie bei Ammoniak	**verwaschene Streifen ungefähr** **501 0** **467,0**	gelb, ungefähr **453,0**	Farbe, Fluoreszenz und Absorption verstärkt **528,2** **490,0**	wie bei Ammoniak		**saurer Phtaleïnfarbstoff**
Abteilung							
Farbe unverändert **560,5** 518,6	Farbe unverändert **560,5** 518,6	**556,0** **515,0**	Farbe unverändert **560,7** 519,5	Farbe unverändert **558,1** 517,7	Farbe unverändert **558,1** 517,7	**564,5** 522,6	**saurer Phtaleïnfarbstoff**
Farbe unverändert **559,0** 518,2	Farbe unverändert **559,0** 518,2	**556,3** **515,7**	Farbe unverändert **561,6** 520,4	Farbe unverändert **558,1** 517,3	Farbe unverändert **558,1** 517,3	**563,0** 521,7	**saurer Phtaleïnfarbstoff**

Grup-

Handelsname	Eigenschaften	Wasser				Äthyl-	
		Absorption	Salzsäure	Ammoniak	Kalilauge	Absorption	Salzsäure
Rhodamin 3 B [B] **Rhodamin 3 B extra** [J]	Lösungen violettrot, fluoreszieren orangegelb wässerige Lösung fluoresziert schwächer, alkoholische Lösungen stark	**559,3** **519,0**	Farbe unverändert **560,7** 520,5	unverändert	unverändert	**556,0** 516,0	Farbe unverändert **558,1** 517,7
Rhodamin B extra [B], [By], [M], [J] **Rhodamin BM, SM** [A] **Rhodamin O** [M] **Brillantrosa B** [L] **Carthamin B extra** [t. M] **Opalinscharlach BS** [J] **Rosa M** [H] **Rosa** [D]	Lösungen violettrot, fluoreszieren namentlich verdünnt stark orangegelb	**556,5** **517,0**	Farbe unverändert **560,3** 520,5	unverändert	unverändert	**547,3** 508,0	Farbe unverändert **557,2** 516,8
Rhodamin G extra [J] **Brillantrosa G** [L]	Lösungen violettrot, fluoreszieren orangegelb	**556,2** **516,7**	Farbe unverändert **559,9** 519,9	unverändert	unverändert	**547,0** 507,5	Farbe unverändert **556,6** 516,3
Rhodamin G [B], [By], [S]	Lösungen violettrot, fluoreszieren orangegelb	**555,5** **516,5**	Farbe unverändert **558,5** 520,4	unverändert	unverändert	**545,5** 508,0	Farbe unverändert **555,2** 516,8
Säurerhodamin 3 R [J]	Lösungen violettrot, fluoreszieren orangegelb, in Amylalkohol schwer löslich	**551,2** 513,0	Farbe unverändert **554,1** 516,8	unverändert	unverändert	**543,6** 504,0	rotviolett **553,3** 513,8
Echtsäurefuchsin G [M]	Lösungen violettrot, wässerige Lösung fluoresziert schwach grün, alkoholische Lösungen fluoreszieren stark gelbgrün	**549,5** **512,5**	Farbe unverändert **553,0** 516,0	unverändert	unverändert	**541,2** Nebenstreifen undeutlich	Farbe unverändert **551,5** 512,5

alkohol		Amylalkohol				Essigsäure 90 %	Anmerkung
Ammoniak	Kalilauge	Absorption	Salzsäure	Ammoniak	Kalilauge		
unverändert	Farbe und Absorption geschwächt, Streifen verschwinden	**557,8** 517,4	Farbe unverändert **560,3** 519,5	Farbe unverändert **557,0** 516,5	Farbe und Absorption geschwächt, entfärbt sich nach längerem Stehen	**560,0** 518,6	basischer Phtaleïnfarbstoff
unverändert	unverändert	**545,1** 507,0	Farbe unverändert **558,5** 518,3	Farbe unverändert **547,1** 509,6	Farbe und Absorption geschwächt **545,9** 508,0	**559,4** 518,5 Opalinscharlach BS **559,6** 520,4 490,0	basischer Phtaleïnfarbstoff
unverändert	unverändert	**544,8** 506,5	Farbe unverändert **558,1** 517,7	Farbe unverändert **546,7** 509,1	Absorption geschwächt **545,5** 507,5	**559,2** 518,2	basischer Phtaleïnfarbstoff
unverändert	unverändert	**543,0** Nebenstreifen undeutlich 506,5?	Farbe unverändert **556,3** 518,0	Farbe unverändert **545,9** 508,0	Farbe unverändert **545 1** 507,2	**558,0** 518,0	basischer Phtaleïnfarbstoff
unverändert	unverändert	**542,5** 503,0	rotviolett **554,8** 515,2	Farbe unverändert **544,0** 506,4	Farbe unverändert **544,0** 506,4	**554,5** 514,5	saurer Phtaleïnfarbstoff
unverändert	Farbe unverändert 556,0 **518,0** 485,0	**539,0** Nebenstreifen undeutlich	Farbe unverändert **551,0** 512,0	Farbe unverändert **542,0** Nebenstreifen undeutlich	Farbe unverändert 556,0 **518,0** 485,0	**552,0** 513,0	saurer Phaleïnfarbstoff

Grup-

Handelsname	Eigenschaften	Wasser				Äthyl-	
		Absorption	Salzsäure	Ammoniak	Kalilauge	Absorption	Salzsäure
Rhodamin 4 G [M]	Lösungen violettrot, fluoreszieren stark orangegelb; in kaltem Wasser schwieriger löslich	**540,8** 500,8	unverändert	unverändert	unverändert, Fluoreszenz geschwächt	**542,2** 501,5	unverändert
Rhodin 3 GW [J]	Lösungen violettrot, wässerige Lösung fluoresziert schwach, alkoholische und essigsaure Lösungen fluoreszieren stark grün	**538,3** 500,5	unverändert	unverändert	unverändert	**538,7** 499,7	unverändert
Echtsäurephloxin A [M]	Lösungen violettrot, fluoreszieren stark grünlichgelb; in Amylalkohol schwer löslich	**537,0** 498,0	Farbe unverändert **540,5** 501,6	unverändert	unverändert	**536,0** 496,5	Farbe unverändert **542,0** 502,4
Irisamin G [C]	Lösungen violettrot, fluoreszieren stark gelbgrün	**536,4** 500,0	Farbe unverändert **538,5** 501,6	unverändert	unverändert	**533,8** 495,0	Farbe unverändert **538,5** 499,5
Sulforhodamin G [M]	Lösungen violettrot, fluoreszieren stark grünlichgelb; in Amylalkohol auch nach Zusatz von Säure schwer löslich, in Essigsäure schwer löslich	**535,0** **499,7**	unverändert	unverändert	unverändert	**532,0** **493,8**	Farbe unverändert **533,7** **495,5**
Rhodin 3 G [J]	Lösungen violettrot, wässerige Lösung fluoresziert schwach, alkoholische Lösungen und essigsaure Lösung stark gelbgrün	**534,3** **497,0**	Farbe unverändert **535,2** **498,5**	unverändert	unverändert	**535,0** 495,5	Farbe unverändert **536,0** 496,7

pe II.

alkohol		Amylalkohol				Essigsäure 90 %	Anmerkung
Ammoniak	Kalilauge	Absorption	Salzsäure	Ammoniak	Kalilauge		
unverändert	Fluoreszenz und Absorption geschwächt, entfärbt sich nach längerem Stehen	**543,2** 502,3	Farbe unverändert **545,5** 504,8	unverändert	Fluoreszenz und Absorption geschwächt, entfärbt sich nach längerem Stehen	**539,0** 499,3	basischer Phtaleïnfarbstoff
unverändert	Farbe und Absorption geschwächt	**539,0** 500,0	Farbe unverändert **540,5** 501,3	unverändert	Farbe und Absorption geschwächt, Streifen verschwinden	**538,5** 500,0	basischer Phtaleïnfarbstoff
unverändert	Farbe und Absorption geschwächt	**538,5** 498,5	Farbe unverändert **544,5** 504,8	Farbe unverändert **537,5** 497,8?	Fluoreszenz verschwindet, drei undeutliche Streifen im Grün	**544,0** 503,5	saurer Phtaleïnfarbstoff
unverändert	Absorption geschwächt, ungefähr **530,5** 494,0	**534,5** 496,0	Farbe unverändert **539,5** 500,0	Farbe unverändert **534,0** 493,5	gelbrot, Absorption geschwächt, ungefähr 536,5 **499,3** 467,0	**538,2** 499,0	basischer Phtaleïnfarbstoff
unverändert	Farbe unverändert **534,0** **496,3**	**532,8** **495,0**	Farbe unverändert **535,7** **498,0**	Farbe unverändert **534,0** **496,5**	Fluoreszenz verschwindet, Absorption geschwächt, zwei undeutliche Streifen im Grün	**533,2** **495,2**	saurer Phtaleïnfarbstoff
unverändert	Farbe und Absorption geschwächt **528,5** 490,5	**535,8** 496,2	Farbe unverändert **536,6** 497,0	unverändert	gelbrot, Absorption geschwächt, ungefähr: 535,7 **496,3** 464,5	**535,5** 496,8	basischer Phtaleïnfarbstoff

Grup-

Handelsname	Eigenschaften	Wasser				Äthyl-	
		Absorption	Salzsäure	Ammoniak	Kalilauge	Absorption	Salzsäure
Rhodamin 5 G [By] **Brillantrosa 5 G** [L]	Lösungen violettrot, fluoreszieren stark gelbgrün	**531,2** **495,4**	unverändert	unverändert	unverändert	**538,5** 498,5	unverändert
Pink UE [J]	Lösungen violettrot, fluoreszieren grünlichgelb	**530,5** 496,4	Farbe unverändert **534,8** 499,3	unverändert	unverändert	**528,5** 493,4	Farbe unverändert **534,5** 496,1
Rhodin 12 G extra [J]	Lösungen rot, fluoreszieren stark gelbgrün	**530,0** 493,5 **konzentriertere Lösung: 458,0**	unverändert	unverändert	unverändert	**533,5** **495,0** **konzentrierte Lösung: 465,0**	Farbe unverändert **535,4** 496,3
Rhodamin 6 G [M] **Rhodamin 6 G extra** [J]	Lösungen violettrot, fluoreszieren gelbgrün	**529,0** **494,0**	unverändert	unverändert	unverändert	**532,7** **494,5**	Farbe unverändert **534,0** **496,7**
Rhodamin 6 G [B]	Lösungen violettrot, fluoreszieren gelbgrün	**526,4** 492,0	unverändert	unverändert	unverändert	**530,0** 492,0	Farbe unverändert **532,5** 494,4

alkohol		Amylalkohol				Essigsäure 90 %	Anmerkung
Ammoniak	Kalilauge	Absorption	Salzsäure	Ammoniak	Kalilauge		
unverändert	Farbe geschwächt, Streifen verschwinden, entfärbt sich nach längerem Stehen	**540,5** 500,5	Farbe unverändert **542,5** 503,0	unverändert	Farbe geschwächt, Streifen verschwinden, konzentriertere Lösung ungefähr: 550,5 **509,5** 479,5	**535,2** 496,2	basischer Phtaleïnfarbstoff
Farbe unverändert **525,3** 487,8	Farbe unverändert **525,3** 487,8	**522,8** 488,0	Farbe unverändert **534,8** 497,0	unverändert	Farbe und Absorption geschwächt, ungefähr 534,0 **494,4** 462,0 ?	**534,5** 495,8	basischer Phtaleïnfarbstoff
unverändert	Fluoreszenz geschwächt, Streifen verschwinden, konzentriertere Lösung: ungefähr **528,5** 483,0 ?	**534,5** 496,0 konzentriertere Lösung: 465,0	Farbe unverändert **537,2** 498,8	Farbe unverändert **535,0** 497,0 ?	Fluoreszenz geschwächt, Streifen verschwinden, konzentriertere Lösung: ungefähr 551,5 **516,0** 480,0	**531,4** 494,5 **461,5**	basischer Phtaleïnfarbstoff
unverändert	Farbe geschwächt, Streifen verschwinden	**534,6** **496,0**	Farbe unverändert **536,6** **498,5**	unverändert	rot, Farbe und Absorption geschwächt, konzentriertere Lösung: ungefähr 549,5 **508,0** 477,0	**529,5** **492,0**	basischer Phtaleïnfarbstoff
unverändert	rot, Absorption geschwächt, ungefähr 525,0	**531,8** 493,0	Farbe unverändert **534,3** 496,3	unverändert	rot, Absorption geschwächt, ungefähr 550,5 **510,5** 479,0	**529,0** 492,0	basischer Phtaleïnfarbstoff

Grup-

Handelsname	Eigenschaften	Wasser				Äthyl-	
		Absorption	Salzsäure	Ammoniak	Kalilauge	Absorption	Salzsäure
Echtsäure-eosin G [M]	Lösungen violettrot, fluoreszieren stark gelbgrün	**524,0** 489,0	Farbe unverändert **527,6** 492,0	unverändert	unverändert	**522,6** 487,5	Farbe unverändert **531,2** 493,5

Vierte

Handelsname	Eigenschaften	Wasser: Absorption	Wasser: Salzsäure	Wasser: Ammoniak	Wasser: Kalilauge	Äthyl-: Absorption	Äthyl-: Salzsäure
Pyronin G [L]	Lösungen violettrot, fluoreszieren grünlichgelb; in Amylalkohol schwieriger löslich	**550,5** **509,5**	unverändert	unverändert	entfärbt sich allmählich	**551,0** 513,5	unverändert
Akridinrot B [L]	Lösungen violettrot, fluoreszieren grüngelb, in Amylalkohol und Essigsäure schwieriger löslich	**550,0** 509,5?	unverändert	Absorption geschwächt	entfärbt sich	**551,0** 496,0?	unverändert
Pyronin G [By]	Lösungen violettrot, grünlichgelbe Fluoreszenz; in Amylalkohol schwieriger löslich	**549,5** **509,5**	unverändert	unverändert	entfärbt sich allmählich	**550,0** 512,0?	unverändert
Akridinrot 2B [L]	Lösungen violettrot. fluoreszieren grüngelb; in Amylalkohol schwieriger löslich	**549,5** 506,4	unverändert	Absorption geschwächt	entfärbt sich	**550,5** 515,0	unverändert
Akridinrot 3B [L]	Lösungen violettrot, fluoreszieren grüngelb	**547,5** 508,0	unverändert	Absorption geschwächt	entfärbt sich	**547,5** 500,0?	unverändert
Rhodamin S [By], [B] **Rhodamin S extra** [J]	Lösungen violettrot, fluoreszieren grünlichgelb; in Amylalkohol schwieriger löslich	**545,6** **509,6**	Farbe unverändert **549,5** 512,0	unverändert	entfärbt sich teilweise	**543,8** **505,7**	Farbe unverändert **549,5** 511,2
Rosolrot B extra [By]	Lösungen violettrot, fluoreszieren schwach grün	**524,5** 489,2	unverändert	anfangs unverändert, entfärbt sich nach läng. Stehen, dann gelb	allmählich gelb	**528,2** 491,4	Farbe unverändert **527,3** 490,6
Rhodamin-scharlach G [By]	Lösungen violettrot, fluoreszieren gelbgrün	**522,5** 489,4	unverändert	unverändert	entfärbt sich allmählich	**528,0** 492,5	unverändert

pe II.

alkohol		Amylalkohol				Essigsäure 90 %	Anmerkung
Ammoniak	Kalilauge	Absorption	Salzsäure	Ammoniak	Kalilauge		
Farbe unverändert **523,5** 488,5	Farbe unverändert **523,5** 488,5	**525,0** 488,5	Farbe unverändert **534,0** 495,5	Farbe unverändert **526,2** 490,0	Absorption geschwächt 526,2	**530,4** 492,5	saurer Phtaleïnfarbstoff
Abteilung.							
entfärbt sich teilweise	entfärbt sich	**551,0** 517,0	unverändert	entfärbt sich teilweise	entfärbt sich	**552,0** 512,0	basischer Pyroninfarbstoff
entfärbt sich, dann schwach gelb	entfärbt sich	**552,0** 495,0?	unverändert	entfärbt sich	entfärbt sich	**552,0** 506,0	basischer Pyroninfarbstoff
entfärbt sich teilweise	entfärbt sich	**547,5** Nebenstreifen undeutlich	unverändert	entfärbt sich teilweise	entfärbt sich	**551,0** 511,0?	basischer Pyroninfarbstoff
entfärbt sich, dann schwach gelb	entfärbt sich	**551,2** 493,0	unverändert	entfärbt sich, dann schwach gelb	entfärbt sich	**551,5** 509,5	basischer Pyroninfarbstoff
entfärbt sich	entfärbt sich	**542,0** 495,0?	unverändert	entfärbt sich	entfärbt sich	**548,8** 505,0?	basischer Pyroninfarbstoff
unverändert	entfärbt sich	**541,5** **504,0**	Farbe unverändert **552,4** 513,0	unverändert	entfärbt sich	**551,0** 511,0	basischer Succineïnfarbstoff
anfangs unverändert, nach längerem Stehen gelb	entfärbt sich, dann gelb	**530,4** 493,4	Farbe unverändert **527,5** 491,5	anfangs unverändert, nach längerem Stehen gelb	entfärbt sich, dann gelb	**528,6** 492,0	basischer Azomethinfarbstoff
unverändert	entfärbt sich	**530,0** 493,8	unverändert	entfärbt sich teilweise	entfärbt sich	**525,8** 491,0	basischer Phtaleïnfarbstoff

Grup-

Handelsname	Eigenschaften	Wasser				Äthyl-	
		Absorption	Salzsäure	Ammoniak	Kalilauge	Absorption	Salzsäure
Echtneutral-violett B [C]	Lösungen rotviolett, alkoholische Lösungen fluoreszieren schwach rot	**582,8** **542,5**	unverändert	unverändert	unverändert	**573,5** 531,5	unverändert
Methylen-violett 3RA extra [M]	Lösungen violettrot, alkoholische Lösungen fluoreszieren schwach gelbrot	ungefähr 566,5 537,5	unverändert	unverändert	unverändert	**559,3** 520,0	unverändert
Methylen-violett RRN Pulver [M] **Clematin** [G] **GirofléPoudre N** [DH] **Safranin MN** [B] **Safranin V** [t. M] **Tannin Heliotrop** [C]	Lösungen violettrot, fluoreszieren schwach gelb	Doppelstreifen undeutlich 560,5? 534,0?	unverändert	unverändert	unverändert	**555,2** 516,5	unverändert
Brillantrhodulinrot B [By]	Lösungen violettrot, fluoreszieren orangegelb	**549,5** **515,5**	unverändert	unverändert	unverändert	**545,7** 506,5	unverändert
Rhodulinrot G [By]	Lösungen violettrot, fluoreszieren orangegelb	ungefähr **540,8** **506,0**	unverändert	unverändert	unverändert	**541,0** 504,0	unverändert

alkohol		Amylalkohol				Essigsäure 90 %	Anmerkung
Ammoniak	Kalilauge	Absorption	Salzsäure	Ammoniak	Kalilauge		
unverändert	unverändert	**574,0** 531,5	Farbe unverändert **577,8** 535,0	unverändert	unverändert	**575,5** 535,5?	basischer Azinfarbstoff
unverändert	Absorption geschwächt, konzentriertere Lösung: **555,5** 516,0	**561,0** 520,0	Farbe unverändert **563,2** 522,2	unverändert	Absorption geschwächt, konzentriertere Lösung: 585,5 **545,5** 508,0	**560,0** 526,0?	basischer Azinfarbstoff
unverändert	Absorption geschwächt, Fluoreszenz verschwindet, konzentriertere Lösung: **552,5** 511,0	**558,4** 517,7	Farbe unverändert **560,0** 519,5	unverändert	Absorption geschwächt, Fluoreszenz verschwindet, konzentriertere Lösung: 582,0 **542,5** 503,5	ungefähr **557,0**	Safranin V [t. M] nüanciert mit Orangerot basischer Azinfarbstoff
unverändert	violett, Fluoreszenz und Absorption geschwächt, konzentriertere Lösung: 592,0 **546,5** 509,0	**547,0** 508,0	Farbe unverändert **551,3** 512,0	Farbe unverändert **548,5** 509,5	violett, Fluoreszenz verschwindet, Absorption geschwächt, konzentriertere Lösung: 592,0 **548,8** 512,0	**546,5** 506,5?	basischer Azinfarbstoff
unverändert	violett, Fluoreszenz verschwindet, Absorption geschwächt, konzentriertere Lösung: 589,0 **542,0** 506,0	**544,0** 505,6	Farbe unverändert **545,5** 507,0	unverändert	violett, Fluoreszenz verschwindet, Absorption geschwächt, konzentriertere Lösung: 589,0 **544,5** 508,0	**539,0** 501,0?	basischer Azinfarbstoff

Grup-

Handelsname	Eigenschaften	Wasser Absorption	Wasser Salzsäure	Wasser Ammoniak	Wasser Kalilauge	Äthyl- Absorption	Äthyl- Salzsäure
Safranin FF extra [By] **Safranin BB extra** [By] **Safranin AG extra** [K] **Safranin extra G** [A] **Safranin G extra** [L] **Safranin Prima** [H] **Safranin** [G] **Safranin O** [M] **Safranin T extra** [B] **Safranin B konz.** [t. M] **Brillantsafranin G** [A] **Brillantsafranin 3 G** [G]	Lösungen violettrot, alkoholische Lösungen fluoreszieren orangegelb	ungefähr 529,5? 499,0?	unverändert	unverändert	unverändert	**539,0** 503,2	unverändert

Grup-

Erste

Handelsname	Eigenschaften	Wasser Absorption	Wasser Salzsäure	Wasser Ammoniak	Wasser Kalilauge	Äthyl- Absorption	Äthyl- Salzsäure
Benzobordeaux 6 B [By] direkt färbender Azofarbstoff	wässerige Lösung violettrot, alkoholische Lösungen und essigsaure Lösung rot; in Äthylalkohol schwer löslich, in Amylalkohol auch nach Zusatz von Säure unlöslich	564,0? **527,0**	rot, verwaschener Streifen im Grün	rotviolett 565,5 **529,0**	rotviolett, Absorption geschwächt, verwaschene Streifen im Grün	**550,0** 513,0	unverändert
Walkrot 6 BA [A] saurer Azofarbstoff	Lösungen rot	561,5 **521,0**	violettrot 575,0 **531,5**	unverändert	Streifen verschwinden	**553,0** 516,5	unverändert

e IIa.

kohol		Amylalkohol				Essigsäure	Anmerkung
mmoniak	Kalilauge	Absorption	Salzsäure	Ammoniak	Kalilauge	90 %	
verändert	violett, Fluoreszenz verschwindet, Absorption geschwächt, konzentriertere Lösung: 587,0 **540,5** 503,0	**544,0** 506,2	unverändert	unverändert	violett, Fluoreszenz verschwindet, Absorption geschwächt, konzentriertere Lösung: 587,0 **542,5** 504,5	**533,2** 498,5?	Safranin BB extra [By], Safranin B konz [t.M] sind nüanziert mit Gelb basischer Azinfarbstoff

e III.

bteilung.

verändert	entfärbt sich teilweise, Streifen verschwinden, schwach violettrot	—	—	—	—	ungefähr **559,5** **524,5**	in Schwefelsäure grünlichblau: ungefähr 655,0 621,5 [536,5]
verändert	gelbrot, schwache, verwaschene Streifen, ungefähr 543,0 490,0?	**556,5** 520,0	unverändert	unverändert	gelbrot, schwache, verwaschene Streifen, ungefähr 536,5 472,5	**551,5** 515,0	in Schwefelsäure violett: **600,5** 557,5

Grup-

Handelsname	Eigenschaften	Wasser				Äthyl-	
		Absorption	Salzsäure	Ammoniak	Kalilauge	Absorption	Salzsäure
Floridarot B [L] saurer Azofarbstoff	wässerige und essigsaure Lösung violettrot, in Äthylalkohol mit gelbroter Farbe und gelbgrüner Fluoreszenz schwer löslich; in Amylalkohol erst nach Zusatz von Säure mit violettroter Farbe löslich	**548,0** **511,0**	unverändert	Farbe heller, Streifen verschwinden	rot, Streifen verschwinden	**533,0** 496,0	violettrot, Fluoreszenz verschwindet **558,5** **520,0** 489,0?
Azinscharlach G konz.[1] [M] basischer Azinfarbstoff	Lösungen violettrot, wässerige und essigsaure Lösungen fluoreszieren sehr schwach, alkoholische Lösungen stärker grüngelb; in Amylalkohol schwer löslich	ungefähr 526,5 **496,5**	unverändert	unverändert	unverändert	**530,0** 495,5	unverändert
Zweite							
Chlorantinviolett R [J] **Chlorantinlila B**[2] [J] direkt färbender Azofarbstoff	wässerige Lösung rotviolett, alkoholische Lösungen violettrot; in Amylalkohol erst nach Zusatz von Säure löslich	595,0 **547,0**	rot, ungefähr **525,0**	unverändert	rot, Streifen verschwinden	**579,5** **539,0**	unverändert
Chromotrop 10B [M] saurer Azofarbstoff (auch Chromentwicklungsfarbstoff)	Lösungen violettrot; in Äthylalkohol schwer löslich, in Amylalkohol erst nach Zusatz von Säure löslich	ungefähr 584,0? **538,5**	ungefähr 584,0 **533,0**	rot, Streifen verschwinden	rot, Streifen verschwinden	**584,0** **542,0**	unverändert

[1]) Azinscharlach G ist nüanziert mit Violett. [2]) Chlorantinlila B ist nüanziert mit Bla

pe III.

alkohol		Amylalkohol				Essigsäure 90 %	Schwefelsäure
Ammoniak	Kalilauge	Absorption	Salzsäure	Ammoniak	Kalilauge		
Farbe unverändert **525,0** 492,0	wie bei Ammoniak	—	**558,5** **520,0** 489,0?	—	—	**552,8** **516,0**	violettrot: **584,5** **543,0** 505,5?
unverändert	rotviolett, Absorption geschwächt, konzentriertere Lösung ungefähr: 583,0 **529,0** 495,0	**534,3** 498,0	unverändert	unverändert	rotviolett, Streifen verschwinden, konzentriertere Lösung ungefähr: 583,0 **537,5** 500,0	**524,0** 492,0?	grün: verwaschener Streifen ungefähr: **694,0**
Abteilung.							
unverändert	gelbrot, Streifen verschwinden	—	**568,0** **528,5**	—	—	**576,0** **536,0**	violett: ungefähr **578,0**
unverändert	entfärbt sich teilweise, Streifen verschwinden	—	**584,5** **542,5**	—	—	584,5 **542,5**	grünlichblau: **668,0** 616,0

Handelsname	Eigenschaften	Wasser				Ät	
		Absorption	Salzsäure	Ammoniak	Kalilauge	Absorption	Salzs
Chromotrop 8 B [M] saurer Azofarbstoff (auch Chromentwicklungsfarbstoff)	Lösungen violettrot; in Äthylalkohol schwer löslich, in Amylalkohol erst nach Zusatz von Säure löslich	ungefähr 577,0 **537,0**	unverändert	rot, Streifen verschwinden	rot, Streifen verschwinden	**585,5** **542,5**	unverä
Azosäureviolett A 2 B [By] saurer Azofarbstoff	wässerige Lösung violettrot, alkoholische Lösungen rotviolett; in Amylalkohol erst nach Zusatz von Säure löslich	ungefähr 572,0? **530,5**	Farbe unverändert 570,8 **526,7**	rot, Absorption geschwächt	rot, Absorption geschwächt	**579,0** **537,0** [500,0?]	unverä
Azosäureviolett 4 R [By] saurer Azofarbstoff	Lösungen violettrot	ungefähr 570,5 **529,5**	unverändert	orangegelb	orangegelb	**583,0** **542,5**	unverä
Diaminbrillantrubin S [C] direkt färbender Azofarbstoff	Lösungen violettrot; in Äthylalkohol und Essigsäure schwer löslich, in Amylalkohol auch nach Zusatz von Säure unlöslich	**569,0** **524,5**	Farbe unverändert 586,0 **532,0**	unverändert	Absorption geschwächt	ungefähr **550,5** **509,5**	Fa unver **55** **51**
Echtsäurerot EBB [L] **Chromotrop 6 B** [M] saurer Azofarbstoff	Lösungen violettrot; in Äthylalkohol schwer löslich. in Amylalkohol erst nach Zusatz von Säure löslich	ungefähr 561,5 **521,8**	unverändert	gelbrot, Streifen verschwinden	gelbrot, Streifen verschwinden	**570,0** **530,0**	unver
Amidonaphtolrot OB [M] **Azofuchsin 6 B extra** [By] **Brillantsäurecarmin 6 B** [O] saurer Azofarbstoff	Lösungen violettrot; Azofuchsin 6 B und Brillantsäurecarmin 6 B in Alkohol erst nach Zusatz von Säure löslich; in Amylalkohol alle drei Farbstoffe erst nach Zusatz von Säure löslich	ungefähr 561,5 **518,0**	unverändert	gelbrot, Streifen verschwinden	orangegelb, Streifen verschwinden	**570,0** **529,0**	unver

alkohol		Amylalkohol				Essigsäure 90 %	Schwefelsäure
Ammoniak	Kalilauge	Absorption	Salzsäure	Ammoniak	Kalilauge		
unverändert	entfärbt sich teilweise, Streifen verschwinden	—	585,5 542,5	—	—	580,0 539,0	grünlichblau: 656,5 605,8
unverändert	rot, Streifen verschwinden	—	581,8 539,5 [502,5?]	—	—	574,5 533,8	violettrot: 593,0 550,0
orangegelb	orangegelb	584,8 543,8	unverändert	unverändert	orangegelb	574,5 536,0	rot: ungefähr 563,5
unverändert	Absorption geschwächt	—	—	—	—	560,5 518,0	violettrot: 611,0 570,5 530,5
unverändert	gelbrot, Streifen verschwinden	—	573,0 532,0	—	—	566,0 527,0	violettrot: 586,0 544,5 501,5
unverändert	orangegelb, Streifen verschwinden	—	574,0 533,5	—	—	566,0 526,0	rot: Streifen verwaschen, ungefähr 561,5 522,0 487,0

Grup-

Handelsname	Eigenschaften	Wasser				Äthyl-	
		Absorption	Salzsäure	Ammoniak	Kalilauge	Absorption	Salzsäure
Brillantlanafuchsin SL [C] saurer Azofarbstoff	Lösungen violettrot, in Äthylalkohol schwer löslich, in Amylalkohol erst nach Zusatz von Säure löslich	ungefähr 554,0 **513,0**	unverändert	unverändert	orangegelb, Streifen verschwinden	**544,5** **504,0**	unverändert
Erika B extra [A] direkt färbender Azofarbstoff	wässerige Lösung violettrot, alkoholische und essigsaure Lösungen rot; in Äthylalkohol schwer löslich, in Amylalkohol auch nach Zusatz von Säure gering löslich	ungefähr 553,0 **512,5**	rot, ungefähr 527,5 498,5	unverändert	unverändert	548,5 **508,5**	unverändert
Azowalkrot 2 R [O] saurer Azofarbstoff	wässerige und essigsaure Lösung violettrot, alkoholische Lösungen rot; in Amylalkohol schwer löslich	554,0 **511,5**	unverändert	gelbrot, verwaschene Streifen im Grün	gelbrot, verwaschene Streifen im Grün	**545,0** **506,0**	unverändert
Erythrin P [B] saurer Azofarbstoff	Lösungen rot; in Äthylalkohol schwer löslich; in Amylalkohol erst nach Zusatz von Säure löslich	ungefähr 552,0 **511,5**	unverändert	Absorption geschwächt	violettrot, entfärbt sich teilweise	**548,5** **509,0**	unverändert
Diazobrillantscharlach BA [By] direkt färbender Azofarbstoff	wässerige und essigsaure Lösung rot, alkoholische Lösungen gelbrot; in Amylalkohol schwer löslich	552,0 **511,0**	violett, ungefähr 549,5 526,0	Farbe unverändert, ungefähr 549,5 510,5	gelbrot, Streifen verschwinden	537,5 **500,0**	unverändert
Lanafuchsin SB [C] saurer Azofarbstoff	Lösungen violettrot; in Äthylalkohol schwer löslich, in Amylalkohol erst nach Zusatz von Säure löslich	ungefähr 552,0? **510,0**	unverändert	Absorption geschwächt	gelbrot, Streifen verschwinden	**553,5** **513,5**	unverändert

alkohol		Amylalkohol				Essigsäure 90 %	Schwefelsäure
Ammoniak	Kalilauge	Absorption	Salzsäure	Ammoniak	Kalilauge		
unverändert	orangegelb, Streifen verschwinden	—	543,0 503,0	—	—	549,5 509,0	violett: 609,0 566,2
unverändert	rotviolett ungefähr 513,0	—	ungefähr 514,0	—	—	ungefähr 547,0 508,0	violettrot: Streifen verwaschen ungefähr 586,0 550,0
unverändert	gelbrot, verwaschene Streifen im Grün	545,0 506,0	unverändert	unverändert	gelbrot	546,0 507,0	violettrot: 583,8 543,8
unverändert	violettrot, Streifen verschwinden	—	549,5 510,0	—	—	ungefähr 550,5 511,5	violett: 613,2 568,5
unverändert	orangegelb, Streifen verschwinden	538,5 500,8	unverändert	unverändert	orangegelb, Streifen verschwinden	542,5 503,2	rot: 552,0 513,2
unverändert	gelbrot, Streifen verschwinden	—	555,0 515,2		—	ungefähr 552,0 512,0	rot: 561,0 522,2 489,0

Handelsname	Eigenschaften	Wasser				Ät	
		Absorption	Salzsäure	Ammoniak	Kalilauge	Absorption	Salzsä
Guineaecht-rot 2 R [A] **Wollrot SG** [O] saurer Azofarbstoff	wässerige und essigsaure Lösungen rot, alkoholische Lösungen gelbrot; in Amylalkohol fast unlöslich, nach Zusatz von Säure löslich	549,5 **507,5**	unverändert	unverändert	gelbrot, Streifen verschwinden	**540,5** **501,5**	unverä
Azoeosin [By] **Säureeosin 5B** [H] saurer Azofarbstoff	Lösungen rot, in Amylalkohol schwer löslich	549,0 **507,0**	unverändert	orangegelb	orangegelb, ungefähr 493,0	**546,0** **506,0**	unverä
Azocochenille [By] saurer Azofarbstoff	Lösungen rot; in Amylalkohol erst nach Zusatz von Säure löslich	**546,5** **506,5**	unverändert	unverändert	Farbe und Absorption geschwächt	**546,0** **507,0**	unverä
Tronarot 3 B [By] direkt färbender Azofarbstoff	wässerige Lösungen rot, alkoholische Lösungen und essigsaure Lösung gelbrot; in Äthylalkohol und Amylalkohol erst nach Zusatz von Säure löslich	553,5 **506,0**	Farbe unverändert 555,0 507,0	gelbrot	orangegelb	—	537 **500,**
Floridarot R [L] **Walkscharlach 4 R, 4 RO konz.** [M]	wässerige und essigsaure Lösung rot, alkoholische Lösungen gelbrot saurer Azofarbstoff	548,5 **505,5**	violettrot 565,0 **524,0** 491,0	unverändert	Farbe und Absorption geschwächt	**538,0** **498,5**	unverä
Chromotrop 2 B [M] saurer Azofarbstoff	Lösungen rot, in Äthylalkohol schwer löslich, in Amylalkohol erst nach Zusatz von Säure löslich	ungefähr 541,5 **504,5**	unverändert	violett, ungefähr 545,5	violett, ungefähr 545,5	ungefähr 546,0 **509,0**	unverä
Chromotrop 2 R [M] **Biebricher Säurerot 4 B** [K] saurer Azofarbstoff	Lösungen violettrot, in Amylalkohol fast unlöslich, nach Zusatz von Säure löslich	**542,2** **503,2**	unverändert	gelbrot, Streifen verschwinden	gelbrot, Streifen verschwinden	**548,0** **511,0**	unverä

alkohol		Amylalkohol				Essig-säure 90 %	Schwefelsäure
Ammoniak	Kalilauge	Ab-sorption	Salzsäure	Ammoniak	Kalilauge		
unverändert	gelbrot, Streifen verschwinden	—	**540,0** **500,5**	—	—	**545,0** **504,5**	rotviolett: **600,5** **559,2** konzentriertere Lösung 526,5
unverändert	orangegelb, ungefähr 494,0	**546,0** **506,0**	unverändert	unverändert	orangegelb	547,0 **506,0**	rot: verwaschene Streifen: 586,0? **545,0** 507,0
unverändert	Farbe und Absorption geschwächt	—	**546,0** **507,0**	—	—	545,5 **507,0**	gelbrot: **543,0** **506,0**
—	—	—	538,0 **500,5**	—	—	ungefähr 536,5 **499,5**	rot: verwaschene Streifen ungefähr 571,0 530,5
unverändert	Farbe und Absorption gschwächt, Streifen verschwinden	**539,5** **499,5**	unverändert	unverändert	entfärbt sich teilweise, Streifen verschwinden	**538,0** 500,0	rot: **586,5** 548,5
unverändert	entfärbt sich teilweise, schwach rötlich	—	ungefähr 551,0 **516,5**	—	—	ungefähr 546,5 **508,5**	rotviolett: Streifen verwaschen: **592,5** 551,0
unverändert	orangegelb,. Streifen verschwinden	—	**548,5** **511,5**	—	—	**544,0** **506,7**	violettrot: **568,0** 528,5 493,0

Grup-

Handelsname	Eigenschaften	Wasser				Äthyl-	
		Absorption	Salzsäure	Ammoniak	Kalilauge	Absorption	Salzsäure
Biebricher Säurerot 2 B [K] saurer Azofarbstoff	wässerige Lösung rot, alkoholische Lösungen gelbrot; in Äthylalkohol schwer löslich, in Amylalkohol erst nach Zusatz von Säure löslich	ungefähr 546,0 **503,0**	unverändert	gelbrot, Streifen verschwinden	orangegelb, Streifen verschwinden	**549,0** **508,5**	unverändert
Brillant-ponceau 4 R [By] saurer Azofarbstoff	Lösungen gelblichrot, in Amylalkohol fast unlöslich, nach Zusatz von Säure löslich	542,0 **502,0**	unverändert	gelbrot, ungefähr 495,0	wie bei Ammoniak	544,0 **505,5**	unverändert
Dianillichtrot 6 BL [M] direkt färbender Azofarbstoff	Lösungen rot, in Amylalkohol erst nach Zusatz von Säure löslich	549,0 **501,5**	gelblichrot 499,5	unverändert	Stich ins Violett, Absorption geschwächt 499,0	**539,5** **501,5**	unverändert
Lanafuchsin SG [C] saurer Azofarbstoff	wässerige und essigsaure Lösung rot, alkoholische Lösungen gelbrot; in Äthylalkohol schwer löslich, in Amylalkohol auch nach Zusatz von Säure wenig löslich	ungefähr 545,0? **501,5**	unverändert	gelbrot	orangegelb	**547,0** **507,5**	unverändert
Rosanthren RW [J] direkt färbender Azofarbstoff	wässerige Lösung gelblichrot, alkoholische Lösungen und essigsaure Lösung gelbrot; in kaltem Wasser schwer löslich, in Amylalkohol erst nach Zusatz von Säure löslich; in Essigsäure fast unlöslich	548,0 **501,0**	unverändert	unverändert	gelbrot	530,0 **493,5**	unverändert

pe III.

alkohol		Amylalkohol				Essigsäure 90 %	Schwefelsäure
Ammoniak	Kalilauge	Absorption	Salzsäure	Ammoniak	Kalilauge		
unverändert	orangegelb, Streifen verschwinden	—	**550,5** **512,5**	—	—	ungefähr **547,5** **507,0**	rot: **554,2** 515,0 488,5
unverändert	gelbrot ungefähr 501,0	—	544,0 **505,5**	—	—	544,0 **505,5**	rot: 582,2 **541,5** 492,0
unverändert	violettrot, Absorption geschwächt	—	**541,5** **503,5**	—	—	**543,0** **504,0**	grünblau: ungefähr **665,5** **640,5**
unverändert	orangegelb	—	**548,0** **508,5**	—	—	ungefähr **547,0** **507,0**	rot: **553,3** **515,2** 485,5
unverändert	orangegelb	—	**530,0** **493,5**	—	—	—	violettrot: ungefähr **569,0** 529,0 490,0?

Grup-

Handelsname	Eigenschaften	Wasser				Äthyl-	
		Absorption	Salzsäure	Ammoniak	Kalilauge	Absorption	Salzsäure
Azococcin 2 R [A] saurer Azofarbstoff	wässerige Lösung rot, alkoholische und essigsaure Lösungen gelbrot; in kaltem Wasser schwer löslich, in Äthyl- und Amylalkohol ziemlich schwer löslich	542,0 **501,0**	unverändert	gelb, ungefähr 490,0	wie bei Ammoniak	540,5 **503,0**	unverändert
Ponceau FR [C] **Ponceau F2R** [C] saurer Azofarbstoff	Lösungen gelbrot, in Amylalkohol erst nach Zusatz von Säure löslich	538,7 **500,5**	unverändert	unverändert	Farbe heller, Absorption geschwächt	**534,5** **498,5**	unverändert
Ponceau 3 R [M] **Ponceau 2 R** [CJ] saurer Azofarbstoff	Lösungen gelblichrot, in Äthylalkohol schwer löslich, in Amylalkohol erst nach Zusatz von Säure löslich	541,0 **500,0**	unverändert	unverändert	gelbrot bezw. orangegelb, Streifen verschwinden	**537,5** **499,5**	unverändert
Erythrin RR [B] saurer Azofarbstoff	Lösungen gelbrot; in Amylalkohol fast unlöslich, nach Zusatz von Säure löslich	ungefähr 539,5 **500,0**	unverändert	unverändert	violettrot, Farbe und Absorption geschwächt	ungefähr **540,5** **502,0**	unverändert
Graphitolrot R [O] saurer Azofarbstoff	wässerige und essigsaure Lösung rot, alkoholische Lösungen gelbrot; in Äthylalkohol und Amylalkohol auch nach Zusatz von Säure schwer löslich	537,5 **500,0**	unverändert	Absorption geschwächt	Farbe heller, Streifen verschwinden	—	**523,8** **491,5**

e III.

kohol		Amylalkohol				Essigsäure 90 %	Schwefelsäure
mmoniak	Kalilauge	Absorption	Salzsäure	Ammoniak	Kalilauge		
verändert	gelb, ungefähr 496,0	540,5 **503,0**	unverändert	unverändert	gelb, ungefähr 496,0	540,0 **502,5**	rot: **543,0** 506,5
verändert	orangegelb, einseitige Absorption in Violett	—	**535,0** **500,0**	—	—	**537,0** **500,5**	rot: 548,0 **515,0** 488,5
verändert	gelbrot, bezw. orangegelb, Streifen verschwinden	—	**538,0** **500,0**	—	—	540,0 501,0	rot: 548,5 **513,0** 488,0 ?
verändert	rot, Absorption geschwächt	—	ungefähr **541,0** **502,5**	—	—	ungefähr **541,5** **503,0**	blau: ungefähr **608,5**
—	—	—	**525,5** **493,0**	—	—	**529,5** **495,0**	violettrot: 567,5 **534,0** 497,0

Grup-

Handelsname	Eigenschaften	Wasser				Äthyl-	
		Absorption	Salzsäure	Ammoniak	Kalilauge	Absorption	Salzsäure
Rosanthren R [J] **Ätzrot R** [J] direkt färbender Azofarbstoff	wässerige Lösung gelblichrot, alkoholische Lösungen und essigsaure Lösung gelbrot, in Amylalkohol erst nach Zusatz von Säure löslich	**543,0** **499,5**	rot, Streifen verwaschen	unverändert	gelbrot, Streifen verschwinden	**529,5** **493,0**	unverändert
Ponceau R [M] **Ponceau RR** [B] **Xylidinscharlach** [t. M] saurer Azofarbstoff	wässerige und essigsaure Lösung rot, alkoholische Lösungen gelbrot; in Äthylalkohol schwer löslich, in Amylalkohol erst nach Zusatz von Säure löslich	**540,5** **499,5**	unverändert	unverändert	gelbrot, bezw. orangegelb, Streifen verschwinden	ungefähr **535,5** **497,0** **537,0** **498,5**	unverändert
Sorbinrot [B] saurer Azofarbstoff	Lösungen rot; in Äthylalkohol schwer löslich, in Amylalkohol erst nach Zusatz von Säure löslich	ungefähr 545,0? **499,0**	unverändert	gelbrot	orangegelb	ungefähr **546,5** **506,0**	unverändert
Guinearot 4 R [A] saurer Azofarbstoff	Lösungen rot; in Äthylalkohol fast unlöslich, nach Zusatz von Säure löslich, in Amylalkohol unlöslich, nach Zusatz von Säure löslich	ungefähr 538,0 **499,0**	unverändert	unverändert	Farbe und Absorption geschwächt	—	**543,5** **503,0**
Ponceau 4 RB [A] **Baumwollscharlach** [B] **Croceinscharlach 3 B** [By] [t. M] saurer Azofarbstoff	Lösungen gelblichrot, in Äthylalkohol schwer löslich, in Amylalkohol erst nach Zusatz von Säure löslich	ungefähr 538,0 **499,0**	unverändert	unverändert	entfärbt sich teilweise, schwach rötlich	ungefähr **539,5** **500,0**	unverändert

alkohol		Amylalkohol				Essigsäure 90 %	Schwefelsäure
Ammoniak	Kalilauge	Absorption	Salzsäure	Ammoniak	Kalilauge		
unverändert	orangegelb	—	529,5 493,0	—	—	534,0 496,0	violettrot: 564,0 525,5 491,0
unverändert	orangegelb, Streifen verschwinden	—	ungefähr 535,5 497,5 538,0 499,5	—	—	539,0 501,0	rot: 547,5 514,0
unverändert	orangegelb	—	547,0 506,5	—	—	546,5 505,5	rot: 552,2 514,2 485,0
—	—	—	547,5 507,0	—	—	542,5 503,0	rot: 550,5 512,5 483,5
unverändert	entfärbt sich teilweise, schwach rötlich	—	ungefähr 540,5 501,0	—	—	ungefähr 540,5 501,5	blau: ungefähr 608,5

Grup-

Handelsname	Eigenschaften	Wasser				Äthyl-	
		Absorption	Salzsäure	Ammoniak	Kalilauge	Absorption	Salzsäure
Ponceau 2 R [A] saurer Azofarbstoff	wässerige und essigsaure Lösung rot, alkoholische Lösungen gelbrot; in Äthylalkohol schwer löslich, in Amylalkohol erst nach Zusatz von Säure löslich	538,0 **498,5**	unverändert	unverändert	gelbrot, Streifen verschwinden	**535,5** **498,0**	unverändert
Eosamin G [A] saurer Azofarbstoff	wässerige und essigsaure Lösung rot, alkoholische Lösungen gelbrot; in Äthylalkohol schwer löslich, in Amylalkohol erst nach Zusatz von Säure löslich	537,5 **498,5**	unverändert	unverändert	unverändert	536,4 **498,5**	Farbe unverändert 532,5 494,5
Azowalkrot G [O] saurer Azofarbstoff	wässerige Lösung gelblichrot, alkoholische Lösungen gelbrot, essigsaure Lösung rot; in Amylalkohol erst nach Zusatz von Säure löslich	546,5 **497,5**	Absorption geschwächt	unverändert	gelbrot, Absorption geschwächt	**532,5** **495,0**	unverändert
Ponceau R [A] **Ponceau R** [CJ] saurer Azofarbstoff	wässerige und essigsaure Lösung rot, alkoholische Lösungen gelbrot; in Amylalkohol schwer löslich, bezw. erst nach Zusatz von Säure löslich	535,5 **497,0**	unverändert	Farbe und Absorption geschwächt	orangegelb, Streifen verschwinden	**532,0** **496,0**	unverändert
Ponceau G [t. M] saurer Azofarbstoff	wässerige und essigsaure Lösung gelbrot, alkoholische Lösungen orangegelb, in Amylalkohol schwer löslich	536,5 **496,5**	unverändert	Stich ins Gelb, Absorption geschwächt	orangegelb Streifen verschwinden,	**531,0** **495,5**	unverändert

pe III.

alkohol		Amylalkohol				Essigsäure 90 %	Schwefelsäure
Ammoniak	Kalilauge	Absorption	Salzsäure	Ammoniak	Kalilauge		
unverändert	orangegelb	—	535,5 498,0	—	—	537,0 499,5	rot: 548,0 514,5
unverändert	Farbe unverändert, ungefähr 491,0	—	536,4 498,5	—	—	537,5 499,0	rotviolett: 603,5 566,0 528,5
unverändert	orangegelb, Streifen verschwinden	—	532,5 495,0	—	—	536,0 498,5	violettrot: 554,6 521,0 489,5
unverändert	orangegelb, Streifen verschwinden	533,5 496,5	unverändert	unverändert	orangegelb, Streifen verschwinden	534,5 497,5	rot: 538,5 501,5
unverändert	Gelb, Streifen verschwinden	530,0 494,5	Farbe unverändert 532,0 496,5	unverändert	Gelb, Streifen verschwinden	535,0 498,5	rot: 547,5 514,5 488,0?

Grup

Handelsname	Eigenschaften	Wasser				Äthyl	
		Absorption	Salzsäure	Ammoniak	Kalilauge	Absorption	Salzsäure
Salicinviolett R [K] saurer Azofarbstoff (Chromentwicklungsfarbstoff	Lösungen gelbrot	**534,0** **496,5**	Absorption geschwächt	rotviolett, Absorption geschwächt, ungefähr 585,0 541,0	wie bei Ammoniak	**539,0** **500,0**	unveränder
Benzoechtscharlach 4 BA [By] direkt färbender Azofarbstoff	wässerige Lösung rot, alkoholische und essigsaure Lösung gelbrot, amylalkoholische Lösung orangegelb; in Äthylalkohol schwer löslich, in Amylalkohol erst nach Zusatz von Säure löslich	**536,0** **495,5**	unverändert	unverändert	Absorption geschwächt	**531,5** **495,5**	unveränder
Graphitolrot 2 B [O] saurer Azofarbstoff	wässerige und essigsaure Lösung gelbrot, alkoholische Lösungen orangegelb, in Amylalkohol erst nach Zusatz von Säure löslich	**529,0** **493,0**	unverändert	unverändert	Farbe und Absorption geschwächt	**522,5** **489,0**	unveränder
Carminogen BB [M] saurer Azofarbstoff	Lösungen gelbrot, in Äthylalkohol schwer löslich, in Amylalkohol auch nach Zusatz von Säure wenig löslich	524,5 **492,0**	Farbe unverändert 523,0 **489,0**	unverändert	entfärbt sich teilweise, konzentriertere Lösung: 525,0 488,0	**526,5** **492,0**	orangegelb 517,0 **485,0**
Säurealizarinrot B [M] **Pigmentscharlach 3 B** [M] saurer Azofarbstoff (Chromentwicklungsfarbstoff)	wässerige und alkoholische Lösungen gelbrot, amylalkoholische und essigsaure Lösung gelb, in Äthylalkohol schwer löslich, in Amylalkohol erst nach Zusatz von Säure löslich	**524,0** **491,5**	Farbe unverändert 523,0 **489,0**	unverändert	Farbe und Absorption geschwächt	**525,0** **491,0**	orangegelb 516,0 **484,0**

pe III.

alkohol		Amylalkohol				Essigsäure 90 %	Schwefelsäure
Ammoniak	Kalilauge	Absorption	Salzsäure	Ammoniak	Kalilauge		
rotviolett, Absorption geschwächt	blau, ungefähr 604,5	**541,0** **502,0**	unverändert	violettrot, Absorption geschwächt	rot, Streifen verschwinden	**537,5** **498,0**	violettrot: 579,0 **545,5** 511,5?
unverändert	Absorption geschwächt	—	**525,5** **492,0**	—	—	ungefähr **529,5** **494,0**	violettrot: 610,0 **570,0** 531,0
unverändert	gelbrot, Streifen verschwinden	—	**524,0** **490,5**	—	—	**525,0** **491,5**	rot: **554,0** **519,0** 489,5
unverändert	gelb	—	**517,5** **486,0**	—	—	**519,5** **487,0**	gelbrot: ungefähr **544,0** **509,5** 484,0?
unverändert	gelb	—	**515,2** **485,2**	—	—	**517,0** **485,5**	rot: ungefähr 545,0 **510,0** 484,5?

Grup

Handelsname	Eigenschaften	Wasser				Äthyl	
		Absorption	Salzsäure	Ammoniak	Kalilauge	Absorption	Salzsäure
Echtsulfon-violett 4 R [S] saurer Azofarbstoff	Lösungen violettrot; in Amylalkohol erst nach Zusatz von Säure löslich	**581,0** **538,0**	unverändert	rot, Streifen verschwinden	rot, Streifen verschwinden	**587,5** **543,5** 508,5	unveränder
Bordeaux R [H] saurer Azofarbstoff	wässerige Lösungen rotviolett, alkoholische Lösungen und essigsaure Lösung violettrot; in Amylalkohol erst nach Zusatz von Säure löslich	582,5 **536,0**	unverändert	rot, Streifen verschwinden	rot, Streifen verschwinden	**592,0** **540,5** 502,0	unveränder
Wollrot S 3 B [O] saurer Azofarbstoff	Lösungen violettrot; in Amylalkohol fast unlöslich, nach Zusatz von Säure löslich	ungefähr 559,5 **521,0**	unverändert	rot, Streifen verschwinden	rot, Streifen verschwinden	ungefähr 555,0 **516,5** 487,0	unveränder
Lanafuchsin 6 B [C] saurer Azofarbstoff	Lösungen violettrot; in Amylalkohol fast unlöslich, nach Zusatz von Säure löslich	**561,0** **519,5**	unverändert	gelbrot, Streifen verschwinden	wie bei Ammoniak	**571,0** **529,8** 493,0	unveränder
Azosäure-carmin B [M] saurer Azofarbstoff	Lösungen violettrot; in Äthylalkohol schwer löslich; in Amylalkohol auch nach Zusatz von Säure fast unlöslich	ungefähr **547,5** **508,0**	rot, Absorption geschwächt, ungefähr 505,0	unverändert	unverändert	**552,5** **515,5** 486,5	Farbe unveränder 550,5 513,5

Grup

Handelsname	Eigenschaften	Absorption	Salzsäure	Ammoniak	Kalilauge	Absorption	Salzsäure
Rhodin 12 GF konz. [J] basischer Phtaleïnfarbstoff	Lösungen gelblichrot, wässerige Lösung fluoresziert schwach, alkoholische Lösungen stark gelbgrün, essigsaure Lösung fluoresziert nicht	**527,5** **490,2** 459,5	unverändert	unverändert	unverändert	**527,3** **490,5** 459,8	Fluoreszen: verschwinde Streifen unveränder

pe IIIa.

alkohol		Amylalkohol				Essigsäure	
Ammoniak	Kalilauge	Absorption	Salzsäure	Ammoniak	Kalilauge	90 %	Schwefelsäure
unverändert	rot, Streifen verschwinden	—	**588,0** **544,0** 508,0?	—	—	583,5 **540,0**	violettrot: ungefähr **549,5**
Farbe und Absorption geschwächt	hellrot, Streifen verschwinden	—	**583,0** **541,5** 503,0	—	—	582,5 **539,5** 501,0 ?	grünblau: **667,5** 616,2
—	rot, undeutlicher Streifen im Grün	—	ungefähr 554,0 **515,5** 486,0	—	—	ungefähr 556,5 **518,0** 488,0	rot: **598,0** **254,8** 520,5?
unverändert	gelbrot, Streifen verschwinden	—	**574,0** **532,8** 496,0	—	—	**567,0** 526,5 490,5	rot: ungefähr 556,0 526,0
unverändert	unverändert	—	—	—	—	ungefähr 546,0 505,5	gelbrot: ungefähr **490,0**

pe IV.

Fluoreszenz verstärkt, Streifen unverändert	Fluoreszenz verstärkt Farbe und Absorptions-geschwächt 525,4 488,5 458,0	**527,3** **490,5** 459,8	Fluoreszenz verschwindet, Absorption geschwächt 530,0 **493,0** 462,5	Fluoreszenz verstärkt, Streifen unverändert	Fluoreszenz verstärkt, Farbe und Absorption geschwächt 525,4 488,5 458,0	528,0 **490,5** 460,0	gelb: einseitige Absorption im Blau und Violett

Grup-

Handelsname	Eigenschaften	Wasser				Äthyl-	
		Absorption	Salzsäure	Ammoniak	Kalilauge	Absorption	Salzsäure
Alizaringrün S Pulver [M] Anthrachinonbeizenfarbstoff	Lösungen rotviolett, in Äthylalkohol schwer löslich, in Amylalkohol erst nach Zusatz von Säure löslich	**580,8** **538,0** 499,5	unverändert	rot 569,5 **527,6** 492,0	wie bei Ammoniak, entfärbt sich teilweise nach längerem Stehen	**592,5** **550,0** 510,8	unverändert
Azoalizarinbordeaux W [DH] Azobeizenfarbstoff	Lösungen rot; in Amylalkohol und Essigsäure schwer löslich	568,5? **523,5** 490,5?	orangegelb	unverändert	violettrot, ungefähr 553,0	ungefähr 567,0 **526,5** 491,5	Farbe unverändert 559,5 **520,0** 489,0
Alizaringranat R Teig [B]. [M] Anthrachinonbeizenfarbstoff	Lösungen rot; in Wasser unlöslich, nach Zusatz von Ammoniak oder Kalilauge löslich	—	—	violettrot, verwaschene Streifen **561,8** **522,0** 488,5	violettrot, Streifen schärfer **561,8** 522,0 488,5 konzentriertere Lösung: 616,5	**566,8** **526,3** 490,8	unverändert
Alizarinmarron [B] Anthrachinonbeizenfarbstoff	Lösungen rot, in Wasser unlöslich, nach Zusatz von Ammoniak oder Kalilauge löslich	—	—	rot, ungefähr **551,0** **512,5** 481,5	violettrot, **554,0** 515,0 483,5	**567,2** **525,6** **489,5** konzentriertere Lösung: 460,0	unverändert
Alizarinfuchsin RD Teig [By] saurer Anthrachinonbeizenfarbstoff	Lösungen rot; in Äthylalkohol nur wenig löslich; nach Zusatz von Säure löslich; in Amylalkohol erst nach Zusatz von Säure löslich	ungefähr 559,0? **517,0** 486,5?	verwaschene Streifen 562,5? 519,5? 488,5?	violettrot **580,8** **538,0** 503,5	violettrot **584,0** 541,2 507,0	—	**566,0** **524,8** 490,8

pe IV a.

alkohol		Amylalkohol				Essigsäure 90 %	Schwefelsäure
Ammoniak	Kalilauge	Absorption	Salzsäure	Ammoniak	Kalilauge		
Farbe unverändert ungefähr **588,5** 542,5 501,5	der Farbstoff scheidet sich aus 578,8 533,5 497,3	—	**591,4** **548,5** 510,0	—	—	640,0? **585,5** **542,2** 504,5 nach einer Weile violett **640,0** **585,8** 542,2	rot: 559,0 **554,5** 520,5 490,0
unverändert	violettrot, ungefähr 555,0	ungefähr **567,0** **526,5** 491,5	Farbe unverändert **561,0** **521,5** 490,5	unverändert	violettrot, ungefähr 555,0	**559,5** **520,0** 488,5	blau: **647,5** **592,5** 551,5
violettrot **573,0** **531,0** 494,0	rotviolett, Absorption verstärkt 628,2 **569,8** 529,2 **493,0**	**569,5** **528,8** 492,6	unverändert	violettrot **574,0** **532,0** 495,0	rotviolett, Absorption verstärkt 629,6 **573,2** **532,7** **496,0**	**563,5** **522,8** 488,5	rot: verwaschene Streifen im Grün
violettrot, Streifen verwaschen 568,5 **527,5** 490,5	violettrot, anfangs **569,0** 551,5 **524,0** 490,0 nach einer Weile: **569,0** **528,0** 492,0	**569,0** **527,2** **491,2** konzentriertere Lösung: 460,5	unverändert	violettrot, Streifen verwaschen 568,5 **527,5** 490,5	violettrot, anfangs **572,5** 553,2 **526,0** 491,5 nach einer Weile: **572,5** **530,5** 493,5	**563,5** **522,0** **487,5** konzentriertere Lösung: 458,5?	violettrot: ungefähr 565,0 **525,0** 488,5
—	—	—	**566,6** **525,5** 491,5	—	—	**560,2** **520,0** 488,0	violettrot: drei verwaschene Streifen, Hauptstreifen **560,5**

Handelsname	Eigenschaften	Wasser				Äthyl-	
		Absorption	Salzsäure	Ammoniak	Kalilauge	Absorption	Salzsäure
Chromotrop F 4 B [M] saurer Chromentwicklungsazofarbstoff	Lösungen violettrot; in Amylalkohol fast unlöslich, nach Zusatz von Säure löslich	571,5 ? **530,5** 493,5	unverändert	Absorption geschwächt	Absorption geschwächt, Streifen verwaschen	570,5 **528,5** 492,7	unverändert
Echtbeizenblau B [M] saurer Azofarbstoff (Chromentwicklungsfarbstoff)	Lösungen violettrot; in Amylalkohol erst nach Zusatz von Säure löslich	ungefähr **563,5** **525,0** 493,0?	unverändert	blauviolett, Absorption geschwächt, Streifen nach links verschoben	wie bei Ammoniak	**567,5** **527,5** 493,5	unverändert
Echtbeizenblau R [M] saurer Azofarbstoff (Chromentwicklungsfarbstoff)	Lösungen violettrot; in Amylalkohol erst nach Zusatz von Säure löslich	ungefähr **562,0** **524,0** 492,0 ?	unverändert	rotviolett, Absorption geschwächt, Streifen verwaschen	wie bei Ammoniak	**566,5** **526,5** 492,5	unverändert
Chromechtblau B [B] saurer Azofarbstoff (Chromentwicklungsfarbstoff)	Lösungen violettrot; in Amylalkohol erst nach Zusatz von Säure löslich	**563,5** **516,8** 486,5 ?	Farbe unverändert 565,5 **515,0** 486,5 ?	blau, ungefähr 561,0	hellviolett, ungefähr 561,0	**568,0** **526,0** 491,0	unverändert
Azokarmin B [B] saurer Rosindulinfarbstoff	Lösungen rot; in Äthylalkohol fast unlöslich, in Amylalkohol unlöslich, nach Zusatz von Säure löslich	ungefähr **544,0** **504,0** 470,0 ?	unverändert	stichviolett, Absorption geschwächt, ungefähr 527,5 492,0	wie bei Ammoniak	—	ungefähr **554,0** **513,0** ?
Rosindulin 2 B bläulich [K] saurer Rosindulinfarbstoff	Lösungen violettrot; in Äthylalkohol schwer löslich, in Amylalkohol erst nach Zusatz von Säure löslich	**543,5** **503,5** 470,0	unverändert	Absorption geschwächt **527,0** **492,0**	wie bei Ammoniak	539,5 **501,5** 469,5	Farbe unverändert 549,0 **503,5** 470,0
Azokarmin G [B] saurer Rosindulinfarbstoff	Lösungen violettrot, in kaltem Wasser schwer löslich; in Äthyl- und Amylalkohol, in Essigsäure schwer löslich	ungefähr 540,5 **501,0** 467,0 ?	unverändert	violettrot, ungefähr 574,5 ? 533,0 497,0	wie bei Ammoniak	541,6 **502,2** 471,4	Streifen mehr verwaschen, Lage unverändert

pe IVa.

alkohol		Amylalkohol				Essigsäure 90 %	Schwefelsäure
Ammoniak	Kalilauge	Absorption	Salzsäure	Ammoniak	Kalilauge		
unverändert	Farbe unverändert ungefähr 538,0	—	570,0 **528,5** 492,7	—	—	569,0 **528,5** 492,7	violett: ungefähr **578,0**
blau, ungefähr 649,0 **562,5** 523,0	violettblau, Streifen verschwinden	—	Streifen verwaschen **569,5** **528,5** 494,5	—	—	566,5 **527,0** 493,5	blau: ungefähr **616,2** 570,7
blauviolett, Streifen verwaschen	wie bei Ammoniak	—	**569,5** **528,5** 494,5	—	—	566,5 **527,0** 493,5	violett: **594,0** 551,5
blau, Absorption geschwächt	Farbe heller, Streifen verschwinden	—	**571,0** **529,0** 493,5	—	—	**565,0** 525,0 491,5	rot: verwaschene Streifen 577,0? 542,0?
—	—	—	ungefähr **552,0** 510,5 ?	—		ungefähr 550,5 **509,5** ?	grün: **662,0** 597,5 einseitige Absorption im Blau und Violett
unverändert	unverändert	—	552,0 ·**506,5** 473,0	—	—	552,0 **508,0** 4750?	grün: **663,5** 599,0
unverändert	unverändert	541,6 **502,2** 471,4	orangegelb, ungefähr 503,0 471,0	unverändert	unverändert	ungefähr 546,5 **504,0** 470,0?	grün: **666,3** 600,2 einseitige Absorption im Blau und Violett

Grup-

Handelsname	Eigenschaften	Wasser				Äthyl-	
		Absorption	Salzsäure	Ammoniak	Kalilauge	Absorption	Salzsäure
Rosindulin 2 G [K] saurer Rosindulinfarbstoff	wässerige Lösung gelbrot, alkoholische Lösungen und essigsaure Lösung orangerot; in Amylalkohol schwer löslich	ungefähr 542,5 **501,5** 469,5	orangerot 500,0 468,0	unverändert	unverändert	540,0 **501,5** 470,8	orangegelb 540,5 502,5 471,5
Rhodaminponceau G, G extra [M] basischer Phtaleïnfarbstoff	Lösungen gelblichrot, fluoreszieren schwach grün, essigsaure Lösung fluoresziert sehr schwach	538,0 **497,5** 464,0	unverändert	unverändert	unverändert	538,0 **497,0** 464,5	unverändert
Rhodin 12 GM konz. [J] basischer Phtaleïnfarbstoff	Lösungen gelblichrot; wässerige Lösung fluoresziert schwach, alkoholische Lösungen stärker grünlichgelb	527,0 **490,0** 459,0	unverändert	unverändert	unverändert	527,0 **490,0** 459,0	Fluoreszenz geschwächt, sonst unverändert
Cochenille-Ammon [PC] Cochenillefarbstoff	Lösungen violettrot; in Äthylalkohol schwer löslich, in Amylalkohol erst nach Zusatz von Säure löslich	563,5 **525,2** 491,5	Farbe heller, Absorption geschwächt 578,5 535,0 499,5	rotviolett, 580,8 537,5 501,5	wie bei Ammoniak	ungefähr 569,0 **529,0** 494,5?	Farbe heller, Streifen werden schärfer 564,5 524,5 490,5 konzentriertere Lösung: 461,0

Grup-

Erste

Handelsname	Eigenschaften	Absorption	Salzsäure	Ammoniak	Kalilauge	Absorption	Salzsäure
Echtsäureviolett B [M] **Violamin B** [1]) [M] saurer Phtaleinfarbstoff	Lösungen rotviolett, in Amylalkohol erst nach Zusatz von Säure löslich	**547,5**	violett, Absorption geschwächt	unverändert	Absorption geschwächt, undeutlicher Streifen im Grün	**553,5**	violett, Absorption verstärkt, ungefähr 563,5

[1]) Violamin B ist nuanciert mit Blau.

pe IVa.

alkohol		Amylalkohol				Essigsäure 90 %	Schwefelsäure
Ammoniak	Kalilauge	Absorption	Salzsäure	Ammoniak	Kalilauge		
unverändert	unverändert	540,0 **501,5** 470,8	orangegelb **503,2** **472,0**	unverändert	unverändert	**502,2** **470,0**	gelblichgrün: **638,5** **581,2** 539,0? einseitige Absorption im Blau und Violett
unverändert	entfärbt sich, fluoresziert grün	538,0 **497,0** 464,5	Farbe unverändert 540,5 499,2 467,0	unverändert, entfärbt sich teilweise nach längerem Stehen	entfärbt sich, fluoresziert grün	537,5 **497,0** 464,5	gelb: einseitige Absorption im Blau und Violett
unverändert	Farbe geschwächt, Fluoreszenz verstärkt (grün) Streifen verschwinden; konzentriertere Lösung: 517,7 482,0	527,0 **490,0** 459,0	Fluoreszenz verschwindet 530,5 493,0 462,0	unverändert	entfärbt sich beinahe, Streifen verschwinden, Fluoreszenz verstärkt; konzentriertere Lösung 517,7 482,0	527,8 490,5 460,0	gelb, mit schwacher grüner Fluoreszenz, schwacher Streifen ungefähr: 460,0
rotviolett 575,0 537,5 504,0	wie bei Ammoniak	—	566,0 **526,0** 491,5 konzentriertere Lösung: 462,0	—	—	567,0 528,0 492,6 konzentriertere Lösung: 463,0	gelbrot: ungefähr 570,5 526,5 494,0

pe V.

Abteilung.

unverändert	karminrot, Absorption verstärkt, ungefähr 560,5 518,5 485,5	—	ungefähr **565,0**	—	—	561,5	gelbrot: ungefähr 497,0

Grup-

Handelsname	Eigenschaften	Wasser				Äthyl-	
		Absorption	Salzsäure	Ammoniak	Kalilauge	Absorption	Salzsäure
Echtsäure violett RGE [M] saurer Phtaleïnfarbstoff	Lösungen violettrot; in Wasser schwieriger löslich, in Amylalkohol schwer löslich	**546,5**	unverändert	Farbe und Absorption geschwächt	Farbe und Absorption geschwächt	**551,0**	unverändert
Echtsäureviolett RBE [M] saurer Phtaleïnfarbstoff	Lösungen violettrot; in Wasser schwieriger löslich; in Amylalkohol schwer löslich	**538,0**	unverändert	rot, der Streifen verschwindet	hellrot, der Streifen verschwindet	**544,5**	unverändert
Echtsäureviolett A2R [M] **Echtsäureblau R** [M] **Violamin R** [1]) [M] **Säureviolett 4R** [B] saurer Phtaleïnfarbstoff	Lösungen violettrot; in Amylalkohol erst nach Zusatz von Säure löslich	**534,0**	violett, Absorption geschwächt 538,0	unverändert	rot, Absorption geschwächt 524,0	**532,5**	violett, Farbe und Absorption verstärkt **542,5**
Säurerosamin A [M] **Violamin G**[M] saurer Phtaleïnfarbstoff	Lösungen violettrot, fluoreszieren schwachgelb; in Amylalkohol schwieriger löslich	**526,0**	Absorption geschwächt 532,0	unverändert	Farbe unverändert 525,0	**526,8**	Farbe und Absorption verstärkt **537,0** 497,0

Zweite

Handelsname	Eigenschaften	Absorption	Salzsäure	Ammoniak	Kalilauge	Absorption	Salzsäure
Rhodulinheliotrop B [By] basischer Azinfarbstoff	Lösungen violettrot, alkoholische Lösungen fluoreszieren braunrot	ungefähr **556,5**	unverändert	unverändert	rotviolett, Farbe und Absorption geschwächt	ungefähr **553,0**	Farbe unverändert **554,0**

[1]) Violamin R ist nuanciert mit Blau.

alkohol		Amylalkohol				Essigsäure 90 %	Schwefelsäure
Ammoniak	Kalilauge	Absorption	Salzsäure	Ammoniak	Kalilauge		
Farbe und Absorption geschwächt	rot, der Streifen verschwindet	**553,0**	unverändert	Farbe und Absorption geschwächt	hellrot, der Streifen verschwindet	**551,5**	gelbrot: ungefähr 536,0 **496,0**
rot, der Streifen verschwindet	hellrot, der Streifen verschwindet	**546,5**	unverändert	unverändert	hellrot, der Streifen verschwindet	**541,5**	gelbrot: ungefähr **505,0?** **478,0?**
unverändert	Farbe und Absorption verstärkt 560,5 **516,0** 482,5	—	**540,5**	—	—	ungefähr **539,0**	gelbrot: **505,0?** **478,0?**
unverändert	gelbrot, Absorption geschwächt, konzentriertere Lösung: ungefähr 559,2 **515,2** 482,0	**526,8**	Farbe und Absorption verstärkt **537,7** 496,3	unverändert	gelbrot, Absorption geschwächt, konzentriertere Lösung: ungefähr 559,2 **515,2** 482,0	**534,0** 496,3	orangegelb: ungefähr **507,0** **478,0**
Abteilung							
unverändert	blau, entfärbt sich teilweise; konzentriertere Lösung: ungefähr **592,5** **546,5**	ungefähr **549,5**	Farbe unverändert ungefähr **557,5**	unverändert	blau, entfärbt sich teilweise; konzentriertere Lösung: ungefähr **594,8** **548,5**	ungefähr **556,5**	grün: einseitige Absorption in Rot, Blau und Violett

Grup-

Handelsname	Eigenschaften	Wasser				Äthyl-	
		Absorption	Salzsäure	Ammoniak	Kalilauge	Absorption	Salzsäure
Methylen-heliotrop O,OL [M] **Rosolan O** [M] basischer Azinfarbstoff	wässerige, alkoholische und essigsaure Lösungen rotviolett, amylalkoholische Lösung violettrot	ungefähr **551,5**	unverändert	unverändert	violett, entfärbt sich teilweise	**560,0**	unverändert
Neutralviolett extra [C] basischer Azinfarbstoff	Lösungen rotviolett; alkoholische Lösungen fluoreszieren schwach braunrot	**533,0**	unverändert	gelb	gelb	**543,0** nach läng. Stehen orangegelb; 543,0 verschwindet erscheint 465,5	orangegelbe Lösung rotviolett 543,0
Neutralrot extra [C] basischer Azinfarbstoff	wässerige und essigsaure Lösung rot, alkoholische Lösungen gelblichrot, fluoreszieren schwach rot	ungefähr **526,0**	Farbe unverändert ungefähr 523,0	orangegelb	orangegelb	**544,2** allmählich orangegelb erscheint 468,0	orangegelbe Lösung rot, Absorption verstärkt 544,2

Dritte

Handelsname	Eigenschaften	Absorption	Salzsäure	Ammoniak	Kalilauge	Absorption	Salzsäure
Indoviolett BF [A] saurer Farbstoff	wässerige und alkoholische Lösung rotviolett, essigsaure Lösung blau; in Amylalkohol auch nach Zusatz von Säure unlöslich; in Essigsäure wenig löslich	**546,5**	violettrot, entfärbt sich teilweise 533,0	Farbe unverändert 548,5	orangegelb	ungefähr **560,0**	blau 577,0
Bordeaux extra [By] saurer Azofarbstoff	Lösungen violettrot, in Amylalkohol schwer löslich	ungefähr **543,5**	unverändert	unverändert	entfärbt sich teilweise, Streifen verschwindet	ungefähr **548,0**	unverändert

pe V.

alkohol		Amylalkohol				Essigsäure 90 %	Schwefelsäure
Ammoniak	Kalilauge	Absorption	Salzsäure	Ammoniak	Kalilauge		
unverändert	blau, entfärbt sich teilweise; konzentriertere Lösung ungefähr: 578,0	**565,0**	unverändert	unverändert	blau, entfärbt sich teilweise; konzentriertere Lösung: ungefähr 580,5	ungefähr **560,3**	grün: einseitige Absorption in Rot, Blau und Violett
gelb	gelb	**544,0** nach kurzem Stehen orangegelb; 544,0 verschwindet, erscheint **466,5**	orangegelbe Lösung rotviolett 544,0	gelb	gelb	**544,0**	braunrot: ungefähr 542,0 504,5 Handelsmarke ausserdem: in Wasser 627,0 und 465,5, in Alkohol 629,0, in Amylalkohol 630,5
gelb, ungefähr 467,5	gelb ungefähr 467,5	**544,5** allmählich orangegelb erscheint 468,0	orangegelbe Lösung rot, Absorption verstärkt 546,0	gelb	gelb	545,6	grün: einseitige Absorption in Rot, Blau und Violett:

Abteilung.

unverändert	Farbe heller, der Farbstoff scheidet sich allmählich ab	—	—	—	—	ungefähr **570,0**	grünblau: einseitige Absorption im Rot
unverändert	entfärbt sich teilweise, Streifen verschwindet	ungefähr **549,0**	unverändert	unverändert	entfärbt sich	ungefähr **545,5**	violett: verwaschene Streifen **576,5** 620,0

Grup-

Handelsname	Eigenschaften	Wasser				Äthyl-	
		Absorption	Salzsäure	Ammoniak	Kalilauge	Absorption	Salzsäure
Wollviolett R [K] saurer Azofarbstoff	wässerige und alkoholische Lösungen rotviolett, essigsaure Lösung blau; in Äthylalkohol schwer löslich, in Amylalkohol auch nach Zusatz von Säure unlöslich	**542,0**	Absorption geschwächt 531,0	unverändert	orangegelb, der Streifen verschwindet	**556,0**	blau, ungefähr 570,0
Bordeaux R [D] saurer Azofarbstoff	Lösungen violettrot, in Äthylalkohol fast unlöslich, nach Zusatz von Säure löslich, in Amylalkohol erst nach Zusatz von Säure löslich	**529,0**	unverändert	unverändert	gelbrot	—	ungefähr **530,0**
Azofuchsin G [By] saurer Azofarbstoff	Lösungen violettrot, in Amylalkohol erst nach Zusatz von Säure löslich	ungefähr **516,5**	unverändert	gelbrot, verwaschener Streifen im Grün	gelbrot, verwaschener Streifen im Grün	ungefähr **531,5**	unverändert
Echtrot O [M] saurer Azofarbstoff	wässerige und essigsaure Lösung rot, alkoholische Lösungen gelblichrot; in Amylalkohol schwer löslich	**500,0**	gelbrot, Absorption geschwächt	unverändert	Farbe heller, der Streifen verschwindet	ungefähr **502,0**	unverändert
Victoria-scharlach 3 R [A] saurer Azofarbstoff	Lösungen gelblichrot, in Äthylalkohol schwer löslich, in Amylalkohol erst nach Zusatz von Säure löslich	ungefähr **500,0**	unverändert	unverändert	orangegelb, der Streifen verschwindet	ungefähr **505,0**	unverändert

lkohol		Amylalkohol				Essigsäure 90 %	Schwefelsäure
Ammoniak	Kalilauge	Absorption	Salzsäure	Ammoniak	Kalilauge		
ınverändert	gelbrot, der Streifen verschwindet	—	—	—	—	ungefähr **561,0**	grünblau: einseitige Absorption im Rot
—	—	—	ungefähr **530,0**	—	—	ungefähr **534,5**	blau: **649,0** **597,5**
rot	gelbrot	—	ungefähr **533,5**	—	—	ungefähr **525,5**	violett: verwaschener Streifen im Orangegelb
ınverändert	Farbe heller, der Streifen verschwindet	ungefähr **504,0**	unverändert	unverändert	rot, Absorption geschwächt	ungefähr **508,0**	violett: verwaschener Streifen ungefähr **583,0**
nverändert	orangegelb, der Streifen verschwindet	—	ungefähr **506,5**	—	—	ungefähr **506,0**	violettrot: ungefähr **555,5**

Grup

Handelsname	Eigenschaften	Wasser				Äthy	
		Absorption	Salzsäure	Ammoniak	Kalilauge	Absorption	Salzsäure
Echtrot E [By] [D] saurer Azofarbstoff	wässerige und essigsaure Lösungen rot, alkoholische Lösungen gelblichrot, in Äthylalkohol schwer löslich, in Amylalkohol erst nach Zusatz von Säure löslich	**498,0**	unverändert	Farbe und Absorption geschwächt	gelbrot, Streifen verschwindet	ungefähr **502,0**	unveränder
Echtrot extra [A] saurer Azofarbstoff	Lösungen gelblichrot; in Amylalkohol erst nach Zusatz von Säure löslich	ungefähr **496,5**	unverändert	gelbrot, Absorption geschwächt	gelbrot, der Streifen verschwindet	ungefähr **498,0**	unverände

Grup

Handelsname	Eigenschaften	Wasser: Absorption	Wasser: Salzsäure	Wasser: Ammoniak	Wasser: Kalilauge	Äthy: Absorption	Äthy: Salzsäure
Diamin-brillantviolett B [C] direkt färbender Azofarbstoff	wässerige Lösung rotviolett, alkoholische Lösungen und essigsaure Lösung violettrot; in Amylalkohol schwer löslich	**548,0**	violett, Absorption geschwächt 530,0	unverändert	unverändert	ungefähr **578,5** **539,0**	unverände
Thiogenviolett V [M] Schwefelfarbstoff	wässerige Lösung rotviolett, alkoholische Lösung violettrot, essigsaure Lösung gelbrot; in Amylalkohol erst nach Zusatz von Säure mit gelbroter Farbe löslich	**532,0**	rot, der Streifen verschwindet	unverändert	unverändert	**541,0** 511,0	rot, Absorptio geschwäc
Alizarinrubinol R [By] saurer Anthrachinonfarbstoff	wässerige Lösung rotviolett, alkoholische Lösungen und essigsaure Lösung violettrot, in Äthylalkohol schwer löslich, in Amylalkohol auch nach Zusatz von Säure wenig löslich	**529,0**	Absorption geschwächt der Farbstoff scheidet sich aus	unverändert	unverändert	ungefähr **548,5** **506,5**	unverände

pe V.

lkohol		Amylalkohol				Essigsäure 90 %	Schwefelsäure
Ammoniak	Kalilauge	Absorption	Salzsäure	Ammoniak	Kalilauge		
unverändert	gelbrot, der Streifen verschwindet	—	ungefähr **505,0**	—	—	ungefähr **510,0**	rotviolett: verwaschene Streifen ungefähr: 620,0 **570,0** 539,0
unverändert	gelbrot	—	ungefähr **500,0**	—	—	ungefähr **505,0**	violettrot: verwaschene Streifen ungefähr: 620,5 **573,0** **541,0**

pe VI.

unverändert	unverändert	ungefähr **580,0** **540,0**	unverändert	unverändert	entfärbt sich teilweise (der Farbstoff scheidet sich aus)	ungefähr **587,0** **544,0**	grünblau: einseitige Absorption im Rot und Blauviolett
unverändert	unverändert	—	**543,5** **505,0**	—	—	ungefähr 541,5 500,5	rotbraun: Streifen vollständig verwaschen
unverändert	unverändert	—	ungefähr **549,0** **507,0**	—	—	ungefähr **541,0** **499,5**	violettrot: **527,7** **492,0** **461,5**

Handelsname	Eigenschaften	Wasser				Äthy	
		Absorption	Salzsäure	Ammoniak	Kalilauge	Absorption	Salzsäure
Alizarinrubinol GW [By] saurer Anthrachinonfarbstoff	wässerige Lösung violettrot, alkoholische Lösungen und essigsaure Lösung rot; in Äthylalkohol schwer löslich, in Amylalkohol erst nach Zusatz von Säure löslich	**527,0**	Farbe unverändert, Absorption geschwächt	Farbe unverändert, Absorption geschwächt	wie bei Ammoniak	ungefähr **543,5** **502,0**	unveränder
Azofuchsin B [By] saurer Azofarbstoff	Lösungen violettrot; in Amylalkohol erst nach Zusatz von Säure löslich	**525,0**	unverändert	gelbrot	gelbrot	ungefähr 577,0? **538,5**	unverände
Brillantgeranin B [By] direkt färbender Azofarbstoff	Lösungen violettrot; in Äthylalkohol fast unlöslich, nach Zusatz von Säure löslich; in Amylalkohol auch nach Zusatz von Säure unlöslich	**522,0**	rot, verwaschener Streifen im Grün	unverändert	unverändert	—	ungefähr **549,5** **508,0**
Diaminrosa BG [C] direkt färbender Azofarbstoff	wässerige Lösung violettrot, alkoholische Lösungen und essigsaure Lösung rot; in Äthylalkohol schwer löslich, in Amylalkohol auch nach Zusatz von Säure schwer löslich	**521,5**	rot 504,0	unverändert	Farbe heller, der Streifen verschwindet, konzentriertere Lösung: ungefähr 493,0	**546,5** **508,5**	unverände
Benzoechtscharlach 8 BS [By] direkt färbender Azofarbstoff	wässerige und essigsaure Lösung rot, alkoholische Lösungen gelbrot, in Amylalkohol erst nach Zusatz von Säure löslich	**506,0**	unverändert	unverändert	unverändert	**534,0** **496,5**	unverände
Diazobrillantscharlach 3 BA [By] direkt färbender Azofarbstoff	wässerige und essigsaure Lösung rot, alkoholische Lösungen gelbrot; in Amylalkohol schwer löslich	ungefähr **504,0**	rotviolett 589,0 531,0 493,0 später roter Niederschlag	Absorption geschwächt	gelbrot, Streifen verschwindet	ungefähr 542,0 **504,5**	unverände

alkohol		Amylalkohol				Essigsäure 90 %	Schwefelsäure
Ammoniak	Kalilauge	Absorption	Salzsäure	Ammoniak	Kalilauge		
unverändert	unverändert	—	ungefähr **544,5** **503,0**	—	—	ungefähr **536,0** **498,5**	rot: **528,3** **492,5** 462,0
rot	gelbrot	—	579,0 **538,5**	—	—	**532,5**	rotviolett: verwaschener Doppelstreifen im Orange und Gelbgrün
—	—	—	—	—	—	ungefähr **551,5** **514,0**	blau: **624,5** **577,5**
unverändert	violettrot, Absorption geschwächt, konzentriertere Lösung: 500,0	—	**547,5** **509,5**	—	—	**544,0** **506,5**	rotviolett: verwaschene Streifen ungefähr **596,0** **556,0**
unverändert	hellrot, Streifen verschwinden	—	**535,5** **498,0**	—	—	ungefähr **549,0** **499,0**	blauviolett: **606,0** 566,0
unverändert	orangegelb, Streifen verschwinden	**544,0** **506,4**	unverändert	unverändert	orangegelb, Streifen verschwinden	**548,5** **509,6**	rot: **562,2** **523,0** 490,5

Grup-

Handelsname	Eigenschaften	Wasser				Äthyl-	
		Absorption	Salzsäure	Ammoniak	Kalilauge	Absorption	Salzsäure
Eriochromverdon A konz. [G] Chromentwicklungsazofarbstoff	wässerige Lösung konzentriert orangegelb, verdünnt gelbrot, alkoholische und essigsaure Lösungen violettrot	**500,0**	unverändert	grünlichblau, verwaschener Streifen im Orangegelb	wie bei Ammoniak	ungefähr **584,5** **544,5**	unverändert
Azidinechtrot F [CJ] **Benzoechtrot FC** [By] **Columbiaechtrot F** [A] **Hessischechtrot F** [L] **Naphtaminrot H** [K] direkt färbender Azofarbstoff	wässerige Lösung gelblichrot, alkoholische Lösung gelbrot, essigsaure Lösung rot; in Äthylalkohol schwer löslich, in Amylalkohol erst nach Zusatz von Säure mit roter Farbe löslich	**500,0**	entfärbt sich teilweise, der Streifen verschwindet	unverändert	unverändert	554,0 **519,5**	unverändert
Wollscharlach 3 R [B] saurer Azofarbstoff	Lösungen gelbrot; in Amylalkohol fast unlöslich, nach Zusatz von Säure löslich	**496,5**	unverändert	unverändert	gelb	535,0 **498,0**	unverändert
Osfanilechtscharlach 3B [OSF] direkt färbender Azofarbstoff	wässerige und essigsaure Lösung rot, alkoholische Lösungen gelbrot; in Äthylalkohol schwer löslich, in Amylalkohol auch nach Zusatz von Säure wenig löslich	**496,0**	Farbe unverändert 579,0 538,5 **498,0**	unverändert	Farbe unverändert, Streifen undeutlich	542,5 **504,5**	Farbe und Absorption geschwächt

Grup-

Handelsname	Eigenschaften	Absorption	Salzsäure	Ammoniak	Kalilauge	Absorption	Salzsäure
Croceinscharlach 10B [K] saurer Azofarbstoff	Lösungen violettrot, in Amylalkohol schwer löslich	ungefähr **566,0** **528,0**	unverändert	unverändert	unverändert	ungefähr **563,0** **524,5**	unverändert

pe VI.

alkohol		Amylalkohol				Essigsäure 90 %	Schwefelsäure
Ammoniak	Kalilauge	Absorption	Salzsäure	Ammoniak	Kalilauge		
violett, Streifen unverändert	grün, ungefähr 683,0	**588,0** **548,0**	unverändert	violettblau, Streifen unverändert	blau, ungefähr 647,5 593,5	ungefähr **585,0** **545,0**	grün: einseitige Absorption im Rot und Violett
unverändert	Farbe und Absorption verstärkt	—	**555,0** **520,5**	—	—	**547,5** **510,0**	blau: verwaschene Streifen ungefähr: 633,5 587,0 496,0
unverändert	gelb	—	ungefähr **537,5** **499,0**	—	—	ungefähr **537,0** **501,5**	violettrot: **555,0** **514,5**
unverändert	Farbe unverändert, ungefähr 490,0	—	**541,5** **503,5**	—	—	**543,0** **504,0**	violettrot: **568,8** 528,0 492,0

pe VII.

unverändert	unverändert	ungefähr **564,5** **526,0**	unverändert	unverändert	entfärbt sich, schwach violett	ungefähr **565,5** **528,0**	blaugrün: ungefähr **690,0**

Grup-

Handelsname	Eigenschaften	Wasser				Äthyl-	
		Absorption	Salzsäure	Ammoniak	Kalilauge	Absorption	Salzsäure
Guineacarmin B [A] saurer Azofarbstoff	Lösungen violettrot; in Amylalkohol fast unlöslich, nach Zusatz von Säure löslich	**559,5** **519,5**	unverändert	rot, ungefähr 554,0 514,5	rot, Streifen verwaschen	**557,3** **516,5**	unverändert
Brillantsäurerot 6 B [L] saurer Azofarbstoff	Lösungen violettrot; in Äthylalkohol schwer löslich, in Amylalkohol erst nach Zusatz von Säure löslich	**551,5** **513,6**	unverändert	gelbrot, Streifen verschwinden	gelbrot, Streifen verschwinden	**554,0** **516,3**	unverändert
Brillantsäurecarmin B [O] saurer Azofarbstoff	Lösungen rot; in Äthylalkohol schwer löslich, in Amylalkohol fast unlöslich, nach Zusatz von Säure löslich	**550,5** **511,0**	unverändert	gelbrot, Absorption geschwächt	orangegelb, Streifen verschwinden	**553,0** **515,0**	unverändert
Benzolichteosin BL [By] saurer Azofarbstoff	Lösungen rot; in Äthylalkohol schwer löslich, in Amylalkohol auch nach Zusatz von Säure unlöslich	**545,8** **508,0**	gelbrot, Absorption geschwächt	unverändert	unverändert	**539,8** **503,0**	unverändert
Erythrin 7 B [B] **Ponceau 6 RB** [A] saurer Azofarbstoff	Lösungen rot; in Amylalkohol erst nach Zusatz von Säure löslich	**544,0** **505,0**	unverändert	unverändert	Absorption geschwächt	**546,5** **506,0**	unverändert
Brillantsulfonrot B [S] **Brillantpalatinrot R** [B] saurer Azofarbstoff	Lösungen rot; in Amylalkohol erst nach Zusatz von Säure löslich	**542,5** **504,2**	unverändert	gelbrot, Streifen verschwinden	gelbrot, Streifen verschwinden	**547,0** **509,5**	unverändert

alkohol		Amylalkohol				Essigsäure 90 %	Schwefelsäure
Ammoniak	Kalilauge	Absorption	Salzsäure	Ammoniak	Kalilauge		
unverändert	gelbrot, Streifen verschwinden	—	**558,0** **516,5**	—	—	**560,2** **517,5**	violettrot: 619,0 **563,5** 512,0 **466,5**
unverändert	gelbrot, Streifen verschwinden	—	**554,0** **516,8**	—	—	**552,0** **514,5**	violettrot: **577,8** 536,0 498,5 **453,0**
unverändert	orangegelb, Streifen verschwinden	—	**554,2** **516,2**	—	—	**551,6** **513,7**	rot: **552,8** 511,0
unverändert	Farbe unverändert, ungefähr 559,2 518,0	—	—	—	—	**540,0** **502,0**	gelbrot: ungefähr **496,0**
unverändert	Absorption geschwächt	—	ungefähr **547,0** **506,5**	—	—	ungefähr **545,5** **505,0**	blau: **631,0** 583,0 543,0
unverändert	gelbrot, Streifen verschwinden	—	**548,5** **511,0**	—	—	**544,5** **506,5**	rot: ungefähr **543,5** **502,5**

Grup-

Handelsname	Eigenschaften	Wasser: Absorption	Wasser: Salzsäure	Wasser: Ammoniak	Wasser: Kalilauge	Äthyl-: Absorption	Äthyl-: Salzsäure
Cochenille-scharlach PS [By] **Palatinscharlach A** [B] saurer Azofarbstoff	wässerige und essigsaure Lösung rot, alkoholische Lösungen gelbrot; in Äthyl- und Amylalkohol schwer löslich	**543,8** **504,0**	unverändert	unverändert	orangegelb, Streifen verschwinden	**536,5** **499,0**	unverändert
Echtsäure-fuchsin B [By] saurer Azofarbstoff	Lösungen violettrot; in Amylalkohol erst nach Zusatz von Säure löslich	ungefähr **542,5** **503,0**	gelblichrot, Streifen schärfer 536,0 497,0	unverändert	Absorption geschwächt, Streifen verschwinden	ungefähr **546,5** **510,0**	unverändert
Azosäure-fuchsin B [M] saurer Azofarbstoff	Lösungen violettrot, in Amylalkohol schwer löslich	**539,5** 503,0	unverändert	rot, Absorption geschwächt 539,5	rot, Streifen verschwinden, konzentriertere Lösung 536,5	**545,0** 509,5	rotviolett, Farbe und Absorption verstärkt **549,0** 510,0
Amidonaphtolrot G [M] **Azophloxin 2 G** [By] **Brillantlanafuchsin GG** [C] **Brillantsäurecarmin GG** [O] **Kitonrot G** [J]	Lösungen rot; in Äthylalkohol schwer löslich, in Amylalkohol erst nach Zusatz von Säure löslich saurer Azofarbfarbstoff	**540,3** **502,0**	unverändert	gelbrot, Absorption geschwächt	orangegelb, Streifen verschwinden	**546,0** **508,5**	unverändert
Chrom-brillant-scharlach BD [By] Azobeizenfarbstoff	Lösungen rot; in Äthylalkohol schwer löslich, in Amylalkohol erst nach Zusatz von Säure löslich	**538,8** **502,0**	unverändert	unverändert	orangegelb, Streifen verschwinden	**546,6** **509,0**	Farbe unverändert 543,0 504,5
Eosamin B [A] saurer Azofarbstoff	Lösungen rot; in Äthylalkohol gering löslich, nach Zusatz von Säure löslich; in Amylalkohol erst nach Zusatz von Säure löslich	ungefähr **542,5** **501,5**	Farbe unverändert 545,0 504,0	unverändert	Farbe unverändert 541,5 500,5	545,0 **506,0**	Farbe unverändert 540,5 501,5

alkohol		Amylalkohol				Essigsäure 90 %	Schwefelsäure
Ammoniak	Kalilauge	Absorption	Salzsäure	Ammoniak	Kalilauge		
unverändert	orangegelb, Streifen verschwinden	**535,5** 498,0	unverändert	unverändert	orangegelb, Streifen verschwinden	**540,0** **502,0**	rot: **553,3** 514,5 485,0?
unverändert	Absorption geschwächt, Streifen verschwinden	—	**546,0** **509,5**	—	—	**538,0** **500,5**	gelbrot: **532,5** **495,5**
unverändert	rot, Farbe und Absorption verstärkt 515,0	543,5	violett, Farbe und Absorption verstärkt 559,5	Absorption verstärkt 546,5	rot, Farbe und Absorption verstärkt 567,0? **523,5** 490,0	**543,5** 506,0	rot: **568,0** 527,8 492,5
unverändert	orangegelb, Streifen verschwinden	—	**547,5** **510,5**	—	—	**543,0** **505,5**	gelbrot: **543,0** **501,5**
unverändert	gelb, Streifen verschwinden	—	**546,0** **508,5**	—		**530,4** **502,5**	rot: ungefähr **550,0** **511,5** einseitige Absorption in Blau und Violett
unverändert	Farbe heller, ungefähr 490,0	—	**543,0** **504,0**		—	**545,5** **506,0**	violettblau: **617,8** 573,0

Grup-

Handelsname	Eigenschaften	Wasser				Äthyl-	
		Absorption	Salzsäure	Ammoniak	Kalilauge	Absorption	Salzsäure
Walkrot [D] saurer Azofarbstoff	wässerige und essigsaure Lösung rot, alkoholische Lösungen gelbrot; in Äthyl- und Amylalkohol auch nach Zusatz von Säure schwer löslich	**539,0** **499,0**	Farbe unverändert **543,0** **502,0**	unverändert	gelbrot, Streifen verschwinden	--	**534,0** **496,5**
Echtsäurerot 3 G [L] saurer Azofarbstoff	wässerige und essigsaure Lösung rot, alkoholische Lösungen gelbrot; in Äthylalkohol schwer löslich, in Amylalkohol erst nach Zusatz von Säure löslich	**535,5** **498,0**	unverändert	Absorption geschwächt	orangegelb, Streifen verschwinden	**530,5** **494,5**	unverändert
Säureanthracenrot 5 BL [By] saurer Azofarbstoff	Lösungen gelbrot; in Äthylalkohol schwer löslich, in Amylalkohol erst nach Zusatz von Säure löslich	**533,0** **497,5**	Absorption geschwächt **534,0** **498,5**	unverändert	Farbe heller, Streifen verschwinden	**536,5** **497,0**	unverändert
Alizarincyanin 2 R[1]) **Pulver** [By] Anthrochinonbeizenfarbstoff	wässerige Lösung violettrot, alkoholische Lösungen rotviolett, essigsaure Lösung rot	ungefähr **584,5** **540,0**	gelbrot, Streifen verschwinden	blau, schwache rote Fluoreszenz **638,0** **586,0** 548,0	wie bei Ammoniak	**590,0** **547,0**	gelbrot, ungefähr **531,0** **493,0**
Alizarinrubinol 3 G [By] saurer Anthrachinonfarbstoff	wässerige und essigsaure Lösung rot, alkoholische Lösung violettrot; in Amylalkohol auch nach Zusatz von Säure fast unlöslich, in Äthylalkohol schwer löslich	ungefähr **536,5** **501,5**	unverändert	unverändert	unverändert	**543,5** **505,0**	unverändert
Rosolscharlach G extra [By] basischer Azomethinfarbstoff	Lösungen rosarot, fluoreszieren schwach grün	**526,0** **490,0**	unverändert	unverändert, nach längerem Stehen gelb	allmählich gelb	**529,5** **492,3**	unverändert

[1]) Alizarincyanin 2 R ist nuanciert mit Rot und Blau.

pe VII.

…alkohol		Amylalkohol				Essigsäure 90%	Schwefelsäure
Ammoniak	Kalilauge	Absorption	Salzsäure	Ammoniak	Kalilauge		
—	—	—	533,5 496,0	—	—	539,0 499,0	rot: 554,0 517,5 487,2
unverändert	orangegelb, Streifen verschwinden	—	530,0 494,0	—	—	535,5 497,0	rot: 547,3 509,0 480,0
Farbe unverändert 538,5 499,0	entfärbt sich teilweise	—	536,5 497,0	—	—	534,5 496,5	rot: 558,0 524.5 konzentriertere Lösung: 492,0
unverändert	blau, rote Fluoreszenz 649,0 595,0 548,0	592,5 549,5	gelbrot, ungefähr 532,5 494,0	violett 592,0 548,0	blau, rote Fluoreszenz 650,0 595,0 548,0	ungefähr 530,0 493,0	rot: 571,8 530,0 493,5
unverändert	Absorption geschwächt, Streifen verschwinden	—	—	—	—	534,0 498,0	violettrot: 527,0 491,0 462,0
unverändert, nach längerem Stehen gelb	entfärbt sich, dann gelb	532,0 494,0	Farbe unverändert 527,6 491,3	unverändert, nach längerem Stehen gelb	entfärbt sich, dann gelb	529,5 493,5	gelb: 485,0 448,0

Handelsname	Eigenschaften	Wasser				Äthyl	
		Absorption	Salzsäure	Ammoniak	Kalilauge	Absorption	Salzsäure
Tuchrot B [D] saurer Azofarbstoff	wässerige, amylalkoholische und essigsaure Lösung violettrot, äthylalkoholische Lösung rot; in Äthylalkohol schwer löslich, in Amylalkohol fast unlöslich, nach Zusatz von Säure löslich	**525,0**	unverändert	unverändert	Stich mehr violett, der Streifen verschwindet	ungefähr 555,0 **517,5** 487,5	unverändert
Echtbordeaux O [M] **Tuchrot Nr. 0 B** [O] saurer Azofarbstoff	wässerige u. essigsaure Lösungen violettrot, alkoholische Lösungen rot; in Amylalkohol erst nach Zusatz von Säure löslich	**524,0**	unverändert	unverändert	Farbe heller, der Streifen verschwindet	**561,5** (Tuchrot B: 557,5) **522,5** 492,0	unverändert
Orseillin BB [By] saurer Azofarbstoff	Lösungen violettrot, in Amylalkohol fast unlöslich, nach Zusatz von Säure löslich	**522,5**	unverändert	violett, der Streifen verschwindet	violett, der Streifen verschwindet	**564,5** **525,5** 492,5	unverändert
Azorubin A [C] **Azorubin** [t. M] **Azorubin S wasserl.** [A] **Carmoisin B** [By] **Chromotrop FB** [M] **Marsrot G** [B] **Säurerot B** [L]	Lösungen rot, in Amylalkohol schwer löslich saurer Azofarbstoff	ungefähr **517,5**	unverändert	gelbrot, ungefähr 495,0	gelbrot, ungefähr 495,0	**563,5** **523,5** 491,0	unverändert
Biebricher Säurerot B [K] saurer Azofarbstoff	Lösungen gelbrot, in Amylalkohol schwer löslich	ungefähr **501,0**	unverändert	orangegelb, ungefähr 495,0	orangegelb, ungefähr 495,0	ungefähr **550,0** **513,0** 480,5	unverändert
Rose Magdala [DH] basischer Azinfarbstoff	wässerige Lösung violettrot, alkoholische und essigsaure Lösungen violettrot mit starker gelbroter Fluoreszenz; in Wasser nur nach Erwärmen löslich	**524,0**	Farbe heller, ungefähr 515,0	unverändert	rotviolett, Absorption geschwächt, ungefähr 527,0	**573,8** 529,0 489,5	unverändert

alkohol		Amylalkohol				Essigsäure 90 %	Schwefelsäure
Ammoniak	Kalilauge	Absorption	Salzsäure	Ammoniak	Kalilauge		
violettrot, der Streifen unverändert	violett, Absorption geschwächt, konzentriertere Lösung: ungefähr 553,0	—	ungefähr 556,5 **519,0** 488,5	—	—	ungefähr **558,5** **520,0**	blau: **627,0** 579,0 539,5
unverändert	gelblichrot, undeutlicher Streifen im Blau	—	563,5 **524,5** 494,0	—	—	ungefähr 563,0 **525,0** 494,5	violettblau: im auffallenden Lichte rot **630,6** 582,5 543,5
unverändert	blauviolett, Streifen verschwinden	—	**564,0** **525,0** 492,0	—	—	563,5 **524,5** 491,5	blau: Streifen verwaschen, ungefähr: **646,0** **593,5**
unverändert	gelbrot, ungefähr 498,0	563,5 **523,5** 491,0	unverändert	unverändert	gelbrot, ungefähr 498,0	559,5 519,5 487,5	violett: ungefähr **572,0**
unverändert	orangegelb, ungefähr 497,5	550,0 **513,0** 480,5	unverändert	unverändert	orangegelb, ungefähr 497,5	ungefähr 547,0 **507,0** 478,0?	rot: 567,5 **527,0** 494,5
unverändert	rotviolett, Fluoreszenz verschwindet, Absorption geschwächt, ungefähr 604,5 **572,0** 526,7	**578,5** **533,5** 493,5	unverändert	unverändert	rotviolett, Fluoreszenz verschwindet, Absorption geschwächt, ungefähr 604,5 **561,8** 523,0	ungefähr **564,5** **522,5** 487,0?	graublau: 694,0 631,0 **505,2** 471,5

Grup-

Handelsname	Eigenschaften	Wasser: Absorption	Wasser: Salzsäure	Wasser: Ammoniak	Wasser: Kalilauge	Äthyl-: Absorption	Äthyl-: Salzsäure
Indulinscharlach [B] basischer Azinfarbstoff	Lösungen violettrot, fluoreszieren gelb, in Amylalkohol schwer löslich	**499,0**	Farbe unverändert, ungefähr **500,5**	unverändert	rotviolett, Absorption geschwächt, ungefähr 587,0 **540,5** **501,5**	**538,8** **499,8** 468,0	unverändert

Grup-

Handelsname	Eigenschaften	Wasser: Absorption	Wasser: Salzsäure	Wasser: Ammoniak	Wasser: Kalilauge	Äthyl-: Absorption	Äthyl-: Salzsäure
Brillantalizarincyanin G [By] Anthrachinonbeizenfarbstoff	wässerige Lösung violettblau, alkoholische Lösungen violettrot, essigsaure Lösung rot	ungefähr **572,0**	rot, der Farbstoff scheidet sich allmählich aus	blau **598,8**	blau **640,5** **589,5** 551,5?	ungefähr 593,5? **576,5** 545,5? **535,7** 500,0? konzentriertere Lösung: 640,5	rot, Streifen verwaschen 587,0? **533,0** **493,5**
Alizarinbordeaux B Pulver [By] **Alizarincyanin 3 R Pulver**[By][1]) Anthrachinonbeizenfarbstoff	wässerige und alkoholische Lösung violettrot, amylalkoholische Lösung rot, essigsaure Lösung gelb; in Amylalkohol schwer löslich	ungefähr **545,0**	gelb, einseitige Absorption in Violett	violett, ungefähr **589,0** 547,5	blau, ungefähr 575,0	583,0 **531,2** **518,0** **495,0** **485,2** 460,5	gelb, Absorption verstärkt **531,2** **518,0** **495,0** 485,2
Alizarincyanin G extra Pulver [By][2]) Anthrachinonbeizenfarbstoff	wässerige und alkoholische Lösungen violettrot, essigsaure Lösung rot, alkoholische Lösungen fluoreszieren schwach rot; in Amylalkohol schwer löslich	ungefähr **591,0** **547,5** 509,0?	rot, der Farbstoff scheidet sich aus	rotviolett **583,0** 541,7	violettblau, ungefähr **580,0** **540,5**	662,0 **587,6** 573,2 **545,3** 532,5? 508,0	rot **586,3** 582,0 **545,2** 534,5? 508,0 498,5

[1]) **Alizarincyanin 3 R** ist nuanciert mit Blau und Orangegelb. [2]) **Alizarincyanin G** ist nuancie mit Blau und Rot.

…e VIII.

…lkohol		Amylalkohol				Essigsäure 90 %	Schwefelsäure
Ammoniak	Kalilauge	Absorption	Salzsäure	Ammoniak	Kalilauge		
…nverändert	mehr violett, Fluoreszenz verschwindet, Absorption geschwächt 556,0 516,0 485,0	**542,0** **502,0** 470,0	Farbe unverändert 544,0 **504,8** 473,0	unverändert	violett, Fluoreszenz verschwindet, Absorption geschwächt 554,0 514,0 483,0	**535,0** **496,2** 464,0	rot, Streifen verwaschen, ungefähr: 578,0 **500,0**

…e IX.

Ammoniak	Kalilauge	Absorption	Salzsäure	Ammoniak	Kalilauge	Essigsäure 90 %	Schwefelsäure
violett, …hwache rote …luoreszenz 643,8 **590,4** 547,0 512,0?	blau, schwache rote Fluoreszenz **649,3** 595,6 547,6	ungefähr 597,5? **578,3** 547,5? **536,6** 501,5?	rot, Streifen verwaschen 535,0 495,0	violett, schwache rote Fluoreszenz **592,2** 548,7 510,0?	blau, rote Fluoreszenz **650,7** 597,0 549,0	verwaschene Streifen im Grün	rot: **572,0** 530,3 493,5 461,0 In Schwefelsäure-Borsäure: violettblau, rote Fluoreszenz **577,0** 535,0 497,5 465,0
…lauviolett, ungefähr 572,0	blau 652,0 **596,0** 551,0	**532,5** **519,2** **496,2** **486,5** 462,0 konz. Lösung 653,5 594,0	gelb, Absorption verstärkt 532,5 519,2 **496,2** **486,5**	violett 650,0 588,5	blau 635,5 **584,5** 545,5?	530,6 516,2 **494,5** einseitige Absorption im Blau u. Violett	violettblau: 644,0 604,5 **578,0** 533,2 496,0
violett 607,5 **588,3** 544,0 508,0	blau, der Farbstoff scheidet sich aus	**586,0** 572,0 546,7 509,0 499,5	rot **585,3** 581,0 547,2 536,0 509,0 497,5	violett **590,2** 525,0 547,0 509,5	blau, der Farbstoff scheidet sich aus	486,0 **544,1** 532,5 506,7	violett mit roter Fluoreszenz: 677,0 604,0 589,0 **564,5** 525,4 492,0 In Schwefelsäure-Borsäure: blau mit roter Fluoreszenz 663,0 **603,5** 555,5 517,5

Handelsname	Eigenschaften	Wasser				Äthyl	
		Absorption	Salzsäure	Ammoniak	Kalilauge	Absorption	Salzsäure
Alizarin-cyanin R Pulver[1])[By] Anthrachinon-beizenfarbstoff	wässerige und alkoholische Lösungen violett-rot, essigsaure Lösung rot; in Äthylalkohol schwer löslich, in Amylalkohol erst nach Zusatz von Säure mit roter Farbe löslich	ungefähr **552,0** **507,0**?	rot, verwaschener Streifen im Violett	violett, ungefähr 583,0	violettblau, ungefähr 581,0 542,5	ungefähr **600,0** **555,0**	rot 603,0 571,0 **546,4** **533,7** 522,1 **508,8** **497,0** 486,8 476,5 465,5
Alizarin-cyklamin R Teig [By] Anthrachinon-beizenfarbstoff	in Wasser unlöslich, nach Zusatz von Ammoniak oder Kalilauge löslich; alkoholische Lösungen rot, essigsaure Lösung orangegelb	—	—	violett, ungefähr **575,5** 532,0 494,0	violettblau, ungefähr 592,0 **557,0** 520,5	576,5 562,5 **546,4** **533,7** 522,1 **508,8** **497,0** 486,8 476,5 465,5	gelbrot, Streifen 576,5 und 562,5 verschwinden die übrigen Streifen unverändert und schärfe
Anthracen-blau WR [B] Anthrachinon-beizenfarbstoff	Lösungen rot, alkoholische Lösungen fluoreszieren braungelb	ungefähr **546,5** **509,6**	unverändert	rotviolett, Streifen ganz verwaschen	rotviolett, ungefähr **572,0**	569,5 560,3 **546,4** **533,7** 522,1 **508,8** **497,0** 485,8 476,5 465,5	unverändert

[1]) **Alizarincyanin R** enthält einen roten und blauen Farbstoff.

...lkohol		Amylalkohol				Essigsäure 90 %	Schwefelsäure
Ammoniak	Kalilauge	Absorption	Salzsäure	Ammoniak	Kalilauge		
rotviolett **580,0** 542,5	blau, fluoresziert rot **634,5** **581,0** 542,5	—	571,0 **548,1** **535,5** 523,8 **510,5** **498,8** 488,5 478,2 467,2	—	—	565,0 **545,2** 532,0 507,5 491,5	blau mit roter Fluoreszenz: 663,7 **604,0** 589,0 **556,2** 544,0 konzentriertere Lösung: 516,0 In Schwefelsäure-Borsäure: blau mit roter Fluoreszenz **652,0** **599,4** 550,0 konzentriertere Lösung: 510,0
violettrot **574,5** 561,5 **533,0** 497,0	violettblau **652,5** **600,8** **558,0** 520,0 488,2	**548,1** **535,5** 523,8 **510,5** **498,8** 488,5 **478,2** **467,2** konzentriertere Lösung: 561,4	unverändert	violett, der Farbstoff scheidet sich aus	blau, der Farbstoff scheidet sich aus	**544,6** **531,0** **494,6**	violettblau: **604,3** 589,0 **557,0** 516,0 In Schwefelsäure-Borsäure: violettblau: **603,0** 588,0 **556,8** 513,2
violettrot **553,6** **540,4** **514,5** **502,5** 481,5 472,0	entfärbt sich, schwach violett	572,5 561,4 **548,1** **535,5** 523,8 **510,5** **498,8** 488,5 **478,2** **467,2**	unverändert	violettrot, Streifen verschwinden allmählich	entfärbt sich	**546,7** **533,0** **508,0** **497,0**	violettblau: **669,0** **604,3** 589,0 **557,0** 516,0 In Schwefelsäure-Borsäure: violettblau: **657,0** **603,0** 588,0 **556,8** 513,2

Handelsname	Eigenschaften	Wasser				Äthyl	
		Absorption	Salzsäure	Ammoniak	Kalilauge	Absorption	Salzsäure
Anthracen-blau SWX [B] Anthrachinon-beizenfarbstoff	Lösungen rot, in Wasser und Essigsäure schwer löslich	**549,0** 535,5 510,0 499,0 476,0	unverändert	violett, Streifen verschwinden beinahe	blau, Streifen verschwinden beinahe	571,0 **546.4** **533,7** 522,1 **508,8** 497,0 486,8 476,5 465,5	unveränder
Anthracen-blau WG [B] Anthrachinon-beizenfarbstoff	wässerige und alkoholische Lösungen violett-rot, essigsaure Lösung rot; in Amylalkohol auch nach Zusatz von Säure wenig löslich	ungefähr 577,5 **534,5** 497,0	Streifen ganz verwaschen	rotviolett, ungefähr 601,0 560,5	rotviolett, Absorption verstärkt 601,0 560,5	ungefähr 601 5 **565,0** 548,0 533,5 525,0?	rot, Streifen gar verwaschen nach recht verschoben
Anthracen-blau WGG [B] Anthrachinon-beizenfarbstoff	wässerige Lösung rotviolett, alkoholische Lösung violettrot, essigsaure Lösung rot; in Äthylalkohol schwer löslich, in Amylalkohol auch nach Zusatz von Säure mit roter Farbe wenig löslich	zwei verwaschene Streifen	rot, ungefähr 593,5 549,0 505,0	violettblau, ungefähr 601,0 560,5	wie bei Ammoniak	592,5 **546,4** **533,7** 522,1 508,8 497,0	rot, 578,5 **546,4** **533,7** 508,8 497,0
Anthracen-blau WG neu [B] Anthrachinon-beizenfarbstoff	wässerige Lösung braunrot, alkoholische und essigsaure Lösungen violettrot, in Amylalkohol erst nach Zusatz von Säure löslich	zwei verwaschene Streifen	unverändert	violett, undeutliche Streifen 600,5 556,0	violettblau, undeutlicher Streifen	604,5 566,2 **546,4** **533,7** 522,1 **508,8** 497,0 486,8 476,5 465,5	unveränder

pe IX.

alkohol		Amylalkohol				Essigsäure 90 %	Schwefelsäure
Ammoniak	Kalilauge	Absorption	Salzsäure	Ammoniak	Kalilauge		
rotviolett 611,7 576,8 **553,6** 539,6 528,0 **514,7** 502,2 481,5	entfärbt sich	573,0 561,0 **548,1** **535,5** 523,8 **510,5** 498,8 488,5 478,2 467,2	unverändert	der Farbstoff scheidet sich aus	entfärbt sich	**546,5** 532,5 **507,0**	violett mit roter Fluoreszenz: **612,5** **596,0** 554,0 514,5 In Schwefelsäure-Borsäure: blau mit roter Fluoreszenz 660,5 **607,2** 556,8 516,0
rotviolett, 607,5 **566,0** 531,0	violettblau, **603,0** 562,5	—	577,8 547,5 **535,0** 509,0? 498,0?	—	—	573,2 **534,0** 495,0	braun: **604,0** 589,0 552,0 einseitige Absorption im Blau und Violett. In Schwefelsäure-Borsäure: violett mit roter Fluoreszenz **592,0** 549,0 509,5
violett **609,5** **570,0** 532,5	violettblau **604,4** **562,5**	—	581,5 **547,5** **535,0** 509,0 498,0	—	—	580,5 **538,8** **502,5**	braun: **604,0** 589,0 552,0 einseitige Absorption im Blau und Violett. In Schwefelsäure-Borsäure: violett mit roter Fluoreszenz **592,0** 549,0 509,5
rotviolett 609,0 **553,7** 539,6 514,5 502,5 482,5	blau, entfärbt sich teilweise, Streifen verschwinden	—	571,0 561,4 **548,1** **535,5** 523,8 **510,5** 498,8 488,5 478,2 467,2	—	—	604,0 **545,0** 531,0 507,0 495,2 475,0?	violett, rote Fluoreszenz **604,0** 589,0 **558,0** 519,5 490,0 In Schwefelsäure-Borsäure: blau **598,8** 554,0

Grup-

Handelsname	Eigenschaften	Wasser				Äthyl-	
		Absorption	Salzsäure	Ammoniak	Kalilauge	Absorption	Salzsäure
Orseille-Extrakt einfach, doppelt, konzentriert [PC]	wässerige Lösung rot, alkoholische Lösungen violettrot, essigsaure Lösung gelbrot; in Amylalkohol schwer löslich	**583,5** 539,0 499,5	gelbrot, ungefähr 505,0	rotviolett **581,5** 539,0	wie bei Ammoniak	ungefähr 597,5 582,0 538,0 494,5	rot 599,5 **527,0** 493,0
Orchelline FF konz. [PC]	wässerige und alkoholische Lösungen violettrot, essigsaure Lösung gelbrot	**582,8** 538,5 500,0	gelbrot, ungefähr 505,0	rotviolett **582,0** 539,5	wie bei Ammoniak	**584,5** 567,0 537,0 494,5	rot 599,5 565,0 **525,5** 491,5
Orseillecarmin [PC]	Lösungen violettrot, essigsaure Lösung rot	**581,3** 537,0 499,0	gelbrot, ungefähr 505,0	rotviolett **580,5** 538,0	wie bei Ammoniak	**581,0** 535,8 494,5	rot 599,5 565,0 **525,5** 491,5
Persio ff rotviolett O [PC]	wässerige Lösung violettrot, alkoholische Lösungen rot, essigsaure Lösung gelbrot	**580,0** 537,6 496,0	gelbrot ungefähr 505,0	rotviolett **581,0** 538,5	wie bei Ammoniak	**582,5** 537,5 494,5	rot 599,5 **524,0** 491,0
Persio ff rot O [PC]	wässerige Lösung violettrot, alkoholische Lösungen rot, essigsaure Lösung gelbrot	**579,4** 537,0 496,0	gelbrot, ungefähr 505,0	rotviolett **580,0** 538,5	wie bei Ammoniak	**583,4** 566,5 537,0 494,5	rot 599,5 **522,0** 490,0
Persio ff rotviolett I [PC]	wässerige Lösung rotviolett, alkoholische Lösungen violettrot, essigsaure Lösung gelbrot	**578,3** 536,0 496,0	gelblichrot, verwaschene Streifen im Grün	Farbe unverändert **578,5** 537,5	wie bei Ammoniak	**581,0** 567,5 536,0 494,5	gelbrot 599,5 559,5 **521,3** 489,5
Alkanna [Alkannin]	in Wasser unlöslich; alkoholische Lösungen rot, essigsaure Lösung gelbrot	—	—	—	—	**564,8** 546,5 **524,5** 488,5 458,0	unverändert

alkohol		Amylalkohol				Essigsäure 90 %	Anmerkung
Ammoniak	Kalilauge	Absorption	Salzsäure	Ammoniak	Kalilauge		
rotviolett **588,0** 570,0 544,0	wie bei Ammoniak	**599,7** **580,0** **537,0** **493,5**	rot 600,0 580,0 **530,0** 495,0	rotviolett **588,4** 569,0 **545,0**	wie bei Ammoniak	593,7 **558,0** **519,5**	Naturfarbstoff
rotviolett **586,0** 567,5 **542,0**	wie bei Ammoniak	600,2 **581,5** 536,5 **493,0**	rot 600,0 **530,0** 495,0	rotviolett **587,0** **568,0** **543,5**	wie bei Ammoniak	593,7 **558,0** **519,5**	—
rotviolett **586,0** 567,5 **542,0**	wie bei Ammoniak	**582,5** **566,5** 536,5 493,0	rot 600,0 **530,0** 495,0	rotviolett **587,0** 568,0 543,5	wie bei Ammoniak	593,7 **558,0** **519,5**	—
rotviolett **587,2** **569,0** **543,0**	wie bei Ammoniak	**599,7** **580,5** 537,5 **493,0**	rot 600,0 **532,5**	rotviolett **588,5** 570,5 544,5	wie bei Ammoniak	593,7 **557,0** **519,5**	—
rotviolett **585,2** **567,0** **541,0**	wie bei Ammoniak	**582,8** **566,0** 538,5 492,0	rot 600,0 **526,0** 491,0	rotviolett **586,0** **567,8** 543,0	wie bei Ammoniak	593,7 **557,0** **519,5**	—
rotviolett **585,2** **567,0** 541,0	wie bei Ammoniak	**582,0** **565,6** **538,0** **492,0**	gelbrot 600,0 **561,5** **522,2** 491,0	rotviolett **586,7** 568,5 **542,5**	wie bei Ammoniak	593,7 **557,0** **519,5**	—
violettblau, neben den Streifen von neutraler Lösung **597,5** **645,5** die Lage der Streifen variiert nach der Menge des zugesetzten Ammoniaks	grünlichblau **634,2** **584,2** 543,0	**565,8** 547,6 **526,0** **489,5** 459,0	unverändert	violettblau, neben den Absorptionsstreifen von neutraler Lösung **594,3** **641,1** die Lage der Streifen variiert nach der Menge des zugesetzten Ammoniaks	grünlichblau **634,2** **584,6** 544,0	**565,0** **524,5** **488,5** 458,0	Naturfarbstoff Anthrachinonderivat

Zweiter Teil.

Gruppe III.

I. Abteilung.

Handelsname	In Wasser	In Äthylalkohol	In Äthylalkohol und Säure	In Schwefelsäure Farbe	In Schwefelsäure Absorption	Anmerkung
Benzoechtrosa 2 BL [By]	565,5 **523,0**	unlöslich	**558,5** 521,5	graublau	einseitige Absorption im Rot	direkt färbender Azofarbstoff
Eriocarmin R [G]	549,0? **503,5**	unlöslich	**555,5** 517,5	rot	**552,3** 514,0 485,5	saurer Azofarbstoff

II. Abteilung.

Handelsname	In Wasser	In Äthylalkohol	In Äthylalkohol und Säure	In Schwefelsäure Farbe	In Schwefelsäure Absorption	Anmerkung
Rosazurin B [By]	581,0? **530,0**	546,0? 512,0?	—	grünlichblau	einseitige Absorption im Rot	direkt färbender Azofarbstoff
Ponceau 10 RB [A]	560,0? **530,0**	**560,5** **524,0**	—	grünlichblau	ungefähr **686,0**	saurer Azofarbstoff
Dianillichtrot 8 BL [M]	554,5 **525,5**	545,0 504,5	—	blau	ungefähr **640,5** 584,5?	direkt färbender Azofarbstoff
Dianillichtrot 12 BL [M]	575,5 **523,5**	551,0? 514,5?	—	grünlichblau	**652,5** 599,0	direkt färbender Azofarbstoff
Eriocarmin 2 B [G]	558,5 **521,0**	**567,5** **531,5**	—	rot	**586,5** 594,0	saurer Azofarbstoff
Diaminechtviolett FFRN [C]	556,0? **518,0**	554,5 514,0	—	grünlichblau	**663,0** 610,0	direkt färbender Azofarbstoff
Chicagorot [G]	564,0? **515,5**	**550,5** **511,0**	—	rot	594,8 **551,0** 515,0	saurer Azofarbstoff
Diaminazoscharlach 4 B [C]	553,5 **515,0**	unlöslich	unlöslich	rot	**566,5** 524,5	direkt färbender Azofarbstoff
Chlorazolechtrot 10 B [H]	574,0? 509,0	545,5 515,0	—	grünlichblau	einseitige Absorption im Rot	direkt färbender Azofarbstoff
Diazolichtrot 7 BL [By]	560,0? 509,0	**543,5** **503,0**	—	grünblau	**637,8** 585,8	direkt färbender Azofarbstoff
Titanscharlach 6 B [H]	556,5? **507,0**	550,0 **512,0**	—	rot	ungefähr 592,5 **549,5** 514,0	direkt färbender Azofarbstoff
Diamantbordeaux R [By] **Domingoalizarinbordeaux** [L]	546,0 **506,0**	**551,0** **514,5**	—	rot	ungefähr 576,5 **538,0** 501,5	Beizenazofarbstoff

Handelsname	In Wasser	In Äthylalkohol	In Äthylalkohol und Säure	In Schwefelsäure		Anmerkung
				Farbe	Absorption	
Benzoechtscharlach 8 BSN [By]	551,5 **505,5**	**533,5** **495,0**	—	rotviolett	ungefähr **606,0** **569,0**	direkt färbender Azofarbstoff
Chromechtrot R [A]	542,5 **505,0**	unlöslich	**547,0** **509,0**	violett	ungefähr **573,0**	saurer Azofarbstoff (für Chromentwicklung)
Baumwollrot R [L]	557,0 **504,5**	549,5 **509,5**	—	rot	592,2 **550,0** 515,0	direkt färbender Azofarbstoff
Eriorubin 2 R [G]	544,5 **504,5**	**552,5** **517,0**	—	gelblichrot	565,5 **531,0** 496,0	saurer Azofarbstoff
Graphitolrot 8 B [O]	544,5? **504,5**	**536,0** **498,0**	—	violettrot	ungefähr **561,0** 477,5	saurer Azofarbstoff
Direktechtscharlach R [J]	549,0 **504,0**	**534,0** **498,5**	—	rot	**554,0** 512,0	direkt färbender Azofarbstoff
Erika 2 GN [A]	542,5 **503,5**	**545,0** **505,5**	—	violettrot	ungefähr 587,0 547,0	direkt färbender Azofarbstoff
Biebricher Scharlach B extra fein [K]	541,5 **503,5**	536,0 499,5	—	grün	ungefähr **682,0**	saurer Azofarbstoff
Baumwollrot S [B] **Rosanol 4 B** [K]	551,0 **502,5**	538,0 **500,0**	—	rot	ungefähr **572,0** **535,5**	direkt färbender Azofarbstoff
Wollrot SB [O]	542,0 **502,0**	**546,0** **506,0**	—	rot	**554,5** 517,0 487,0	saurer Azofarbstoff
Naphtaminechtscharlach B [K]	546,5? **500,0**	536,0 **498,5**	—	violett	ungefähr **590,0**	direkt färbender Azofarbstoff
Rosanthren A [J]	544,5 **500,0**	530,5 494,5	—	violettrot	ungefähr 573,0 539,5	direkt färbender Azofarbstoff
Rosanthren LW extra [J]	542,0? **500,0**	534,0 **493,0**	—	violett	ungefähr **584,5** 524,5	direkt färbender Azofarbstoff
Ponceau F 3 R [C]	530,5 **500,0**	**535,5** **499,0**	—	rot	**547,5** **513,0**	saurer Azofarbstoff
Metanilrot 3 B extra [By]	535,0 499,0	536,0 **500,0**	—	violett	**600,0** **560,5**	saurer Azofarbstoff
Rosanthren AW [J]	544,5 **499,0**	unlöslich	unlöslich	rot	**568,0** **525,0**	direkt färbender Azofarbstoff
Brillantponceau 2 R [t. M]	537,0 **499,0**	531,5 **495,5**	—	gelbrot	548,5 **513,5** 480,0	saurer Azofarbstoff
Floridarot G [L]	533,0 **499,0**	514,0 485,0	—	violettrot	**567,0** **529,0** konz. Lösg. 494,0	saurer Azofarbstoff
Brillantponceau R [t. M]	538,0 **498,5**	**531,0** **495,0**	—	rot	549,5 **514,0** 488,5	saurer Azofarbstoff

Handelsname	In Wasser	In Äthylalkohol	In Äthylalkohol und Säure	In Schwefelsäure		Anmerkung
				Farbe	Absorption	
Pyrotinrot 3RO [D]	534,0 498,5	**537,5** **501,5**	—	violettrot	589,2 **550,5** 516,0?	saurer Azofarbstoff
Diaminnitrazolscharlach A [C]	542,0 **498,0**	**532,0** **494,5**	—	rotviolett	ungefähr 574,5 540,0	direkt färbender Azofarbstoff
Brillantponceau R [C]	538,0? **498,0**	531,0 **496,5**	—	gelblichrot	Marke R 548,0 **513,5** 489,0	saurer Azofarbstoff
Brillantponceau 2R [C]	—	—	—	rot	Marke 2R 549,0 **514,5** 490,0	saurer Azofarbstoff
Brillantponceau G [C]	539,0 **497,0**	531,5 **496,0**	—	rot	**547,0** **513,5** 488,0?	saurer Azofarbstoff
Direktechtrot 4BS extra [L]	527,5 **497,0**	513,5 485,0	—	rot	**559,5** 518,5	direkt färbender Azofarbstoff
Ponceau GR [M]	536,5 **496,5**	526,0 **490,5**	—	gelblichrot	545,5 **509,5** 486,0	saurer Azofarbstoff
Bezolichtscharlach 2G [By]	538,0 **496,5**	518,5 **487,0**	—	rot	**555,8** 518,0 487,5 konzentriertere Lösung 649,5	direkt färbender Azofarbstoff
Doppelbrillantscharlach G extra [A] **Seidenponceau G** [K]	533,5? **495,5**	533,0 **495,0**	—	violettrot	**579,5** **542,5**	saurer Azofarbstoff
Säureponceau [S]	—	—	—	violettrot	**578,5** **541,5**	
Tronarot GG [By]	544,5 **493,5**	533,0 **495,0**	—	rot	ungefähr 567,5 525,5	direkt färbender Azofarbstoff
Diaminazoscharlach 4BL extra [C]	512,0 492,0	534,0 **499,5**	—	rot	**567,2** **527,0**	direkt färbender Azofarbstoff
Rosanthrenviolett 5R [J]	526,0 **490,0**	521,5? **493,0**?	—	rot	**559,5** 518,0	direkt färbender Azofarbstoff
Fettponceau R [K] **Sudan IV** [A]	unlöslich	548.5 **508,0**	—	grün	**660,7** 608,5	Azofarbstoff
Brillantlackrot R [M]	unlöslich	541,5 **504,0**	—	rot	**555,2** 520,5 490,5	Azofarbstoff

Gruppe IIIa.

Handelsname	In Wasser	In Äthylalkohol	In Äthylalkohol und Säure	Farbe	Absorption	Anmerkung
Azorubin SG [A]	551,0 **514,0**	560,5 **522,0** 490,0	—	violett	ungefähr **583,0**	saurer Azofarbstoff

Handelsname	In Wasser	In Äthylalkohol	In Äthylalkohol und Säure	In Schwefelsäure		Anmerkung
				Farbe	Absorption	
Azogrenadin S [By] **Sorbinrot BB** [B]	542,0 **502,0**	544,5 **504,5** 472,5	—	braunrot	**554,5** 515,4 485,0	saurer Azofarbstoff
Diaminechtscharlach GFF [C] **Osfanilleechtscharlach R** [OSF]	546,5 **501,0**	533,5 **495,5** 462,5? [577,5]	—	rot	**555,5** 512,5	direkt färbender Azofarbstoff
Walkrot 4 BA [A]	537,0? **500,5**	553,0 **519,5** 491,5	—	rot	ungefähr 586,5? 549,5?	saurer Azofarbstoff
Azocorallin konz. [D] **Azogrenadin L** [By]	541,5? **499,5**	fast unlöslich	547,5 510,0 481,0	gelbrot	546,0 **510,5** 485,0	saurer Azofarbstoff
Salicinblau B [K]	536,0 **496,5** [590,0?]	577,5 **531,0** 496,0	—	blau	644,0 **603,0** 559,0	direkt färbender Azofarbstoff (für Chromentwicklung)

Gruppe IV a.

Handelsname	In Wasser	In Äthylalkohol	In Äthylalkohol und Säure	Farbe	Absorption	Anmerkung
Diamantblau R [By]	571,0 **531,0** 493,0	558,0 **521,0** 491,0	—	rotviolett	ungefähr 609,0? **568,0**	saurer Azofarbstoff (für Chromentwicklung)
Azochromblau B [K] **Chromechtblau R** [J]	571,0 **529,0** 494,0	567,5 **527,0** 492,0	—	violett	**580,0**	saurer Azofarbstoff (für Chromentwicklung)
Echtbeizenblau EG [M]	563,0 **525,5** 492,0	587,5 **534,5** 499,5	—	blau	668,0 **610,0** 568,0	saurer Azofarbstoff (für Chromentwicklung)
Osfachrombordeaux R [OSF]	566,0? **523,0** 488,0?	566,5 **526,5** 491,0	—	blau	**644,5** 592,0 550,5 486,5	saurer Azofarbstoff (für Chromentwicklung)
Osfachrombordeaux B [OSF]	564,0? **521,5** 489,5?	567,0 **525,5** 490,5	—	blau	**644,5** 592,0 550,5 486,5	saurer Azofarbstoff (für Chromentwicklung)
Azorubin G extra konz. [t. M.] **Azochromblau R** [K] **Azosäurerubin R** [K]	557,0? **517,5** 489,0	563,0 **522,5** 490,0	—	violett	ungefähr **569,0**	saurer Azofarbstoff
Litholbordeaux RN [B]	556,5 **517,5** 489,5	556,0 **517,0** 489,0?	—	grünlich-blau	**656,5** 608,0	Azofarbstoff
Naphtaminrosolrot B [K]	563,0 **513,5** 470,0?	567,0 **507,0** 472,0	—	blau	**634,5** 585,8	direkt färbender Azofarbstoff
Cardinal 3 B [H]	557,5? **507,0** 490,0	562,5 **521,5** 490,0	—	violett	**572,5**	saurer Azofarbstoff

Handelsname	In Wasser	In Äthylalkohol	In Äthylalkohol und Säure	In Schwefelsäure		Anmerkung
				Farbe	Absorption	
Naphtaminechtscharlach 8 B [K]	557,0? **506,0** 469,0?	544,5 **502,0** 472,0	—	violettblau	**589,5**	direkt färbender Azofarbstoff
Naphtaminechtscharlach 4 B [K]	549,0 **504,0** 468,0?	548,5 **500,5** 470,0	—	violett	**588,5** 550,0?	direkt färbender Azofarbstoff
Naphtaminechtscharlach BG [K]	545,5 **500,0** 469,0	535,5 **499,0** 467,0	—	rotviolett	ungefähr **587,0** 549,0	direkt färbender Azofarbstoff
Naphtaminechtscharlach R [K]	544,5 **499,0** 468,0	531,5 **496,0** 465,0	—	rotviolett	ungefähr **581,0** 541,0	direkt färbender Azofarbstoff
Gruppe V.						
Anthrachromgrün BG [L]	**555,5**	unlöslich	**538,0**	violettrot	591,8 **551,0** 513,5	saurer Azofarbstoff (für Chromentwicklung)
Lanacylviolett BF [C]	**549,5**	**566,5**?	—	blaugrün	einseitige Absorption im Rot	saurer Azofarbstoff
Osfanilviolett BR [OSF]	**545,0**	**547,0**?	—	blau	**654,5** 604,5	saurer Azofarbstoff
Heliotrop BB [By]	**539,0**	**537,0**	—	blau	ungefähr **588,5**	direkt färbender Azofarbstoff
Azoorseille R [A]	**537,0**?	**540,0**	—	rot	**529,0** **493,0**	saurer Azofarbstoff
Omegachromblau R [S]	**535,0**	**547,5**	—	violett	ungefähr 576,0?	saurer Azofarbstoff (für Chromentwicklung)
Diaminbrillantviolett RR [C]	**525,0**	**532,0**?	—	blau	**629,8** **584,5**	direkt färbender Azofarbstoff
{**Bordeaux S** [A] **Naphtolrot S** [B]	**525,0**	**525,0**	—	} violett	634,0 **585,0** 546,5	saurer Azofarbstoff
Naphtolrot O [M]}	—	**513,0**	—			
{**Bordeaux B** [H] **Bordeaux R extra** [M] **Bordeaux G** [D]}	**520,0**	**505,0**?	—	blau	642,0 **592,7** 552,5	saurer Azofarbstoff
{**Ponceau 6 R** [B] **Ponceau 6 R** [M]}	517,0?	unlöslich	520,0?	violett	**573,0**	saurer Azofarbstoff
Scharlach 5/O [H]	**503,0**	**506,0**?	—	violettrot	ungefähr **552,5**	saurer Azofarbstoff
Roccelin [C]	**502,5**	**500,0**	—	rotviolett	ungefähr 579,5	saurer Azofarbstoff
Echtrot S [L]	**502,0**	**500,0**	—	violett	ungefähr 581,0	saurer Azofarbstoff

Handelsname	In Wasser	In Äthylalkohol	In Äthylalkohol und Säure	In Schwefelsäure		Anmerkung
				Farbe	Absorption	
Brillantechtrot G [B]	**501,5**	**502,0**	—	violettrot	ungefähr 609,0 **568,5**	saurer Azofarbstoff
{**Neucoccin O** [M] {**Croceinscharlach 4 BX** [K]	**500,0**	**503,0**	—	violettrot	ungefähr **554,0**	saurer Azofarbstoff
Echtrot AV [B]	**500,0**	**502,0**	—	violett	ungefähr **557,0**	saurer Azofarbstoff
{**Brillantdianilrot R** [M] {**Brillantcongo R** [By]	**498,0**	**498,0**	—	blau	einseitige Absorption im Blau und Violett	direkt färbender Azofarbstoff
Benzoechtscharlach GS [By]	**495,0**	**493,0**	—	violettrot	587,0 **549,0** 510,0	direkt färbender Azofarbstoff
Benzoechtscharlach 4 BS [By]	**494,5**	**507,0**	—	violettrot	**560,5** 518,5	direkt färbender Azofarbstoff
Roxamin pur [DH]	**492,5**	**497,5**	—	violett	konzentr. Lösung: ungefähr 634,0 **586,0**	saurer Azofarbstoff

Gruppe VI.

Handelsname	In Wasser	In Äthylalkohol	In Äthylalkohol und Säure	Farbe	Absorption	Anmerkung
Aminogenblau R [J]	**552,0**	543,0 **495,0**	—	blau	ungefähr **654,5**	direkt färbender Azofarbstoff
Chloraminviolett FFB [By]	**546,5**	**578,5** **531,5**	—	violett	ungefähr 578,5	direkt färbender Azofarbstoff
{**Victoriaviolett RL** [M] {**Victoriaviolett L** [J]	**545,0**	**593,0** **553,0**	—	orangegelb	ungefähr **494,0** konzentr. Lösung: 593,5	saurer Azofarbstoff
Azoechtviolett 2 R [C]	**543,5**	586,0 546,5	—	gelbrot	**500,0** konzentr. Lösung: 592,0	saurer Azofarbstoff
Diaminechtviolett FFBN [C]	**535,0**	**572,0** **535,5**	—	grün	einseitige Absorption im Rot	direkt färbender Azofarbstoff
Benzoechtviolett R [By]	**533,0**	571,5 **538,0**	—	blau	**664,0**	direkt färbender Azofarbstoff
Omegachromcyanin B [S]	**532,0** einseitige Absorption im Violett	538,5 **501,0** [592,0]	—	blau, schwache rote Fluoreszenz	**619,2** 573,0	saurer Azofarbstoff (für Chromentwicklung)
Anthracenchromatgrün B [C]	**530,5**	542,5 510,0	—	grünblau	**631,8** 582,5	saurer Azofarbstoff (für Chromentwicklung)

Handelsname	In Wasser	In Äthylalkohol	In Äthylalkohol und Säure	In Schwefelsäure		Anmerkung
				Farbe	Absorption	
Columbiaviolett 2 B [A] **Oxydiaminviolett B** [C]	**526,0**	**572,0** **536,5**	—	blau	ungefähr **669,0**	direkt färbender Azofarbstoff
Guinearot SDB [A]	**526,0**	**540,0** **500,0**	—	violettblau	ungefähr 577,0	saurer Azofarbstoff
Diphenylechtbordeaux 3 B konz. [G]	**525,0**	**548,5** **510,0**	—	blau	ungefähr 632,0 589,5	direkt färbender Azofarbstoff
Thiogenpurpur O [M]	**524,5**	unlöslich	543,0? **503,0**	rot	konzentr. Lösung ungefähr 534,5 494,5	Schwefelfarbstoff
Tuchrot B [K] **Tuchrot BA** [A] **Tuchrot O** [M]	**524,0**	554,0? 512,0?	—	blau	**629,5** 582,6 542,0	saurer Azofarbstoff
Dianilrosa BD [M] **Diaminrosa B extra** [C]	**522,0**	**548,5** **509,5**	—	violett	ungefähr **599,0** **559,5**	direkt färbender Azofarbstoff
Bordeaux BL [C]	**522,0**	unlöslich	528,0? 500,0?	blau	644,0 **595,0** 552,5	saurer Azofarbstoff
Dianilechtscharlach 8 BS [M]	**520,0**	unlöslich	547,0 515,0	blau	einseitige Absorption im Rot	direkt färbender Azofarbstoff
Direktrosa [G]	**520,0**	**536,0** **497,5**	—	rot	**550,5**	direkt färbender Azofarbstoff
Dianilgranat B [M]	**517,0**	564,0 535,0	—	grünblau	einseitige Absorption im Rot	direkt färbender Azofarbstoff
Parascharlach 6 B extra [By]	**517,0**	528,5 **492**,5	—	violettblau	**622,5** **578,5**	direkt färbender Azofarbstoff
Benzorot SG [By]	**516,0**	**550,5** **511,0**	—	rot	594,8 **551,2** 515,5	direkt färbender Azofarbstoff
Lanafuchsin BBS [C]	**513,0**	**554,0** **513,5**	—	blau	**645,0** **597,5**	saurer Azofarbstoff
Janusrot B [M]	**512,0**	545,0? 505,5?	—	grün	**691,5**	basischer Azofarbstoff
Diaminazoscharlach 8 B extra [C]	**511,0**?	**546,0** **509,0**	—	rot	**574,5** 531,5	direkt färbender Azofarbstoff
Bordeaux G [By]	**511,0**	546,0? 504,0?	—	blau	**635,5** **588,3**	saurer Azofarbstoff
Diphenylechtbordeaux G konz. [G]	**510,5**	540,0 500,0	—	violettblau	ungefähr 620,7 **579,0**	direkt färbender Azofarbstoff

Handelsname	In Wasser	In Äthylalkohol	In Äthylalkohol und Säure	In Schwefelsäure		Anmerkung
				Farbe	Absorption	
Omegachromcyanin R [S]	**506,0**	**535,5** 501,0 [587,5]	—	blau	669,0 **613,2** 565,0	saurer Azofarbstoff (für Chromentwicklung)
Paranilbordeaux B [A]	**505,5**	554,0 525,0	—	blau	ungefähr 615,0?	direkt färbender Azofarbstoff
Wollrot G [B]	**505,5**	536,0 498,5	—	rotviolett	ungefähr **588,0** **555,0**	saurer Azofarbstoff
Thiazinrot R [B]	**505,0**	549,5 **511,0**	—	rot	592,5 **550,0** 517,0?	direkt färbender Azofarbstofi
Kristallponceau [A] **Kristallponceau** [B] **Kristallponceau 6 R** [C] **Ponceau 6 R krist.** [t. M]	**504,0**	546,5 **505,0**	—	violettblau	619,0 **572,0** 543,0?	saurer Azofarbstoff
Anthracenrot [By]	**502,0**	541,5 **500,5**	unverändert	rot	**528,5** 544,0 einseitige Absorption im Rot	saurer Azofarbstoff (auch für Chromentwicklung)
Cochenilleersatz T [J]	—	541,5 **498,5**	542,5 **500,0**	—		Baryumlacke
Brillantponceau 5 R [By]	**501,0**	unlöslich	**544,0** **495,0**	violettrot	ungefähr **556,0**?	saurer Azofarbstoff
Diazolichtbordeaux BL [By]	**500,0**	**551,0** **510,5**	—	blaugrün	**666,0** 612,0?	direkt färbender Azofarbstoff
Osfanilechtscharlach 8 B [OSF]	**500,0**	**546,0** **505,0**	—	violettrot	**581,0** 541,5	direkt färbender Azofarbstoff
Azidinpurpurin 12 B [CJ]	**500,0**	**545,0** 503,0?		blau	einseitige Absorption im Rot	direkt färbender Azofarbstoff
Hessischpurpur N extra [L]	**500,0**	544,0? 504,0?	—	blaugrün	einseitige Absorption im Rot	direkt färbender Azofarbstoff
Ponceau 4 R [L] **Viktoriascharlach 4 R** [t. M]	**500,0**	—	545,5? **500,0**	—	ungefähr **552,5**	saurer Azofarbstoff
Cochenillerot A [B]	**500,0**	540,0 **500,5**	—	rot	ungefähr **550,0**	saurer Azofarbstoff
Ponceau CO [A]	**500,0**	520,0? 491,5?	—	violettrot	ungefähr 562,0? 530,0? 495,0?	saurer Azofarbstoff

Handelsname	In Wasser	In Äthylalkohol	In Äthylalkohol und Säure	In Schwefelsäure		Anmerkung
				Farbe	Absorption	
Neucoccin OB [A]	**499,5**	**534,5** **500,0**	—	violettrot	ungefähr 553,5? 515,5?	saurer Azofarbstoff
Direktechtscharlach 3B [J]	**499,0**	**542,5** **504,0**	—	rot	**569,0** 526,8 492,0	direkt färbender Azofarbstoff
Baumwollrot G [L]	**499,0**	543,0 **502,5**	—	violettrot	ungefähr 579,0 **541,5** 505,0	direkt färbender Azofarbstoff
Thiazinrot G [B]	**498,5**	543,5? **499,0**	—	rot	577,0 **542,5** 503,0?	direkt färbender Azofarbstoff
Direktechtscharlach 8B [J]	**498,0**	544,5 **505,0**	—	violettrot	613,0 **570,0** 528,0 493,0	direkt färbender Azofarzbstoff
Diphenylechtrot [G]	**498,0**	534,0 **497,5**	—	rotviolett	ungefähr **570,0**	direkt färbender Azofarbstoff
Alkalirot R [D]	**498,0**	535,0 **497,0**	—	violett	**567,0**	direkt färbender Azofarbstoff
Salicinrot G [K]	**498,0**	531,0 494,5	—	rot	ungefähr 542,0? 507,0?	saurer Azofarbstoff (für Chromentwicklung)
Azidinscharlach B [CJ]	**497,0**	**531,5** **496,0**	—	blau	einseitige Absorption im Rot	direkt färbender Azofarbstoff
{**Baumwollrot C**[J] **Congorot** [By] [L] **Dianilrot R** [M]	**497,0** nach Zusatz von Säure blau	524,0? 493,5?	blau, undeutlicher Streifen im Rot	violett	**647,0** 589,5	direkt färbender Azofarbstoff
Tuchscharlach R konz. [K]	**496,0**	553,0 510,0	—	grün	**679,0** 618,0	saurer Azofarbstoff
Diaminbrillantscharlach S [C]	**495,5**	537,0 **502,0**	—	blau	einseitige Absorption im Rot	direkt färbender Azofarbstoff
{**Direktechtscharlach G** [J] **Osfanilechtscharlach G** [OSF]	**495,5**	527,0? **493,0**	—	rot	**547,2** 509,0 485,0?	direkt färbender Azofarbstoff
Salicinrot 2G [K]	**495,0**	521,0? 489,5?	—	rot	ungefähr 501,0?	saurer Azofarbstoff (für Chromentwicklung)
Jutescharlach TB [H]	**494,5**	530,0 **494,5**	—	violettrot	**577,8** 541,5	saurer Azofarbstoff

Handelsname	In Wasser	In Äthylalkohol	In Äthylalkohol und Säure	In Schwefelsäure Farbe	In Schwefelsäure Absorption	Anmerkung
Walkrot G [C]	**494,0**	516,5? 492,5?	—	rot	587,5 555,0 529,0 **499,8**	saurer Azofarbstoff
Columbiaechtscharlach 4B [A]	**493,0**	unlöslich	536,5? 496,5?	blau	einseitige Absorption im Rot	direkt färbender Azofarbstoff
Benzoechtscharlach 4FB [By]	**479,0**	538,0 **500,0**	—	rot	**574,0** 535,5 497,0?	direkt färbender Azofarbstoff
Rosanthren CB [J]	**474,0**	541,5 502,0	—	violettblau	ungefähr 622,5 **580,0**	direkt färbender Azofarbstoff

Gruppe VII.

Handelsname	In Wasser	In Äthylalkohol	In Äthylalkohol und Säure	In Schwefelsäure Farbe	In Schwefelsäure Absorption	Anmerkung
Tronaviolett B [By]	**574,0** **537,0**	**581,5** **544,0**	—	rot	ungefähr 577,5 538,0	direkt färbender Azofarbstoff
Diazolichtrot 5BL [By]	**573,0** **530,0**	**542,5** **504,0**	—	grünblau	**637,0** 585,0	direkt färbender Azofarbstoff
Benzoechtscharlach 8BA [By]	**562,0** **517,0**	**546,5** **509,0**	—	violett	ungefähr **610,0** 569,5	direkt färbender Azofarbstoff
Papierechtbordeaux B [By]	556,0? 522,0?	553,0 514,5	—	grünblau	**656,0** 603,0?	saurer Azofarbstoff
Croceïnscharlach 9B [K]	550,0 520,0	552,5 519,5?	—	grünblau	**637,6** 592,2?	saurer Azofarbstoff
Renolrosa B [t. M]	550,0 511,0	547,5 510,0	—	violettrot	ungefähr **588,0** **550,0**	direkt färbender Azofarbstoff
Benzollichtscharlach 5B [By]	**549,5** **506,0**	**531,0** **494,5**	—	rotviolett	604,0 **565,0**	direkt färbender Azofarbstoff
Brillantorseille C [C]	**548,5** **512,0**	unlöslich	**541,0** **504,0**	bläulich grün	685,0 **624,5** 580,0	saurer Azofarbstoff
{ **Chromechtrot B** [A] / **Domingochromrot B** [L] }	**547,5** **507,5**	**547,5** **508,5**	—	violett	ungefähr 615,0 576,0	saurer Azofarbstoff (für Chromentwicklung)
Benzolichtrot 6BL [By]	**545,0** **500,5**	**535,0** **498,0**	—	grünblau	**647,2** 593,0	direkt färbender Azofarbstoff
Chromechtbordeaux B [J]	**544,0** **505,0**	**551,5** **515,0**	—	rot	577,0 **538,8** 503,0	saurer Azofarbstoff (für Chromentwicklung)

Handelsname	In Wasser	In Äthylalkohol	In Äthylalkohol und Säure	In Schwefelsäure		Anmerkung
				Farbe	Absorption	
Gallein W Pulver [M]	538,0 495,0	550,5 510,0	—	gelb	einseitige Absorption im Blau und Violett	Phtaleïnbeizenfarbstoff
Mercerinwollscharlach 3 B [H]	**538,0** **499,0**	2 undeutliche Streifen	—	violettrot	ungefähr 556,5 528,5	saurer Azofarbstoff
Baumwollscharlach 3 B [K]	**536,5** **498,5**	**537,5** **499,5**	—	rotviolett	590,0 **551,0** 517,0?	saurer Azofarbstoff
Chromechtrot G [A]	**533,0** **499,0**	unlöslich	**532,5** **496,5**	rotviolett	ungefähr 559,0	saurer Azofarbstoff (für Chromentwicklung)
Diaminechtscharlach 10 BF [C]	528,0 **493,0** [577,0]	548,5 **509,0**	—	violettrot	611,5 **574,0** 534,5 konzentr. Lösung 494,0	direkt färbender Azofarbstoff
Benzoechtscharlach 8 FB [By]	**525,0** **494,0** [570,0]	**546,5** **508,5**	—	rot	**567,0** 525,5 490,0	direkt färbender Azofarbstoff
Lackbordeaux B Teig [M]	523,5 492,5	528,5 495,0	—	violettrot	ungefähr **600,5** **558,0**	Azofarbstoff

Gruppe VIII.

Handelsname	In Wasser	In Äthylalkohol	In Äthylalkohol und Säure	Farbe	Absorption	Anmerkung
{ **Congocorinth B** [A] **DianilbordeauxB** [M]	**543,0**	568,5 **528,5** 495,0?	—	grünlichblau	ungefähr 671,0?	direkt färbender Azofarbstoff
Columbiaviolett R [A]	**540,0**	586,0 **546,0** 494,0?	—	grünblau	einseitige Absorption im Rot	direkt färbender Azofarbstoff
Direktviolett V [L]	**519,0**	unlöslich	578,0 **544,0** 501,0	grünlichblau	ungefähr **669,0**	direkt färbender Azofarbstoff
Columbiabordeaux B [A]	**510,0**	564,0 **529,0** 492,5?	—	blau	ungefähr **658,0**	direkt färbender Azofarbstoff

Handelsname	In Wasser	In Äthylalkohol	In Äthylalkohol und Säure	In Schwefelsäure Farbe	In Schwefelsäure Absorption	Anmerkung
Azofuchsin GN [By]	**508,0**	565,0? **530,0** 493,0	—	violettrot	ungefähr **547,5**	saurer Azofarbstoff
Naphtaminscharlach B [K]	**502,5**	551,0 **511,5** 482,5	—	rotviolett	**593,0** 553,5	direkt färbender Azofarbstoff
Diaminechtrot F [C] **Dianilechtrot PH** [M] **Triazolechtrot C** [O]	**498,0**	553,5 518,0 489,0?	—	violettblau	**639,0** 586,0 497,0	direkt färbender Azofarbstoff

Gruppe IX.

Handelsname	In Wasser	In Äthylalkohol	In Äthylalkohol und Säure	In Schwefelsäure Farbe	In Schwefelsäure Absorption	Anmerkung
Benzoechtscharlach 5 BS [By]	**581,0** 537,5 **494,0**	531,0 **496,5**	—	violettrot	607,0 **559,5** 519,0	direkt färbender Azofarbstoff
Chromoxanviolett B [By] **Chromoxanviolett R** [By]	gelb, einseitige Absorption im Blau und Violett Kalilauge: rot **570,0**	rot **537,0** 461,0 Kalilauge: rotviolett 584,0? 492,0	entfärbt sich	gelbrot gelb	ungefähr **510,0** ungefähr **505,0**	Chrombeizenfarbstoff
Chromoxanviolett 5B]By]	orangegelb einseitige Absorption im Blau und Violett Kalilauge: rot **585,5**	rot **537,0** 493,0? Kalilauge: rotviolett **583,0**	gelb	rot	**535,0** 499,0?	Chrombeizenfarbstoff
Eriochromazurol B konz. [G]	gelb, einseitige Absorption im Blau und Violett Kalilauge: violettblau **599,0** 555,0?	gelbrot **587,5** 548,0 einseitige Absorption im Blau und Violett Kalilauge: violettblau **608,0** 563,0?	gelb	rot	**535,0**	Chrombeizenfarbstoff
Eriochromcyanin R konz. [G[	gelb, einseitige Absorption im Blau und Violett Kalilauge: violett **588,0** 545,0?	rot 569,0 530,0 494,0 Kalilauge: violettblau **595,0** 551,0?	entfärbt sich	rot	**527,5**	Chrombeizenfarbstoff
Pigmentpurpur A [M]	**569,5** 519,8	536,5 **498,5**	—	violettrot	**583,0** 551,0 514,0	Azofarbstoff

Übersicht der roten Farbstoffe.

Einteilung der roten Farbstoffe in Gruppen.

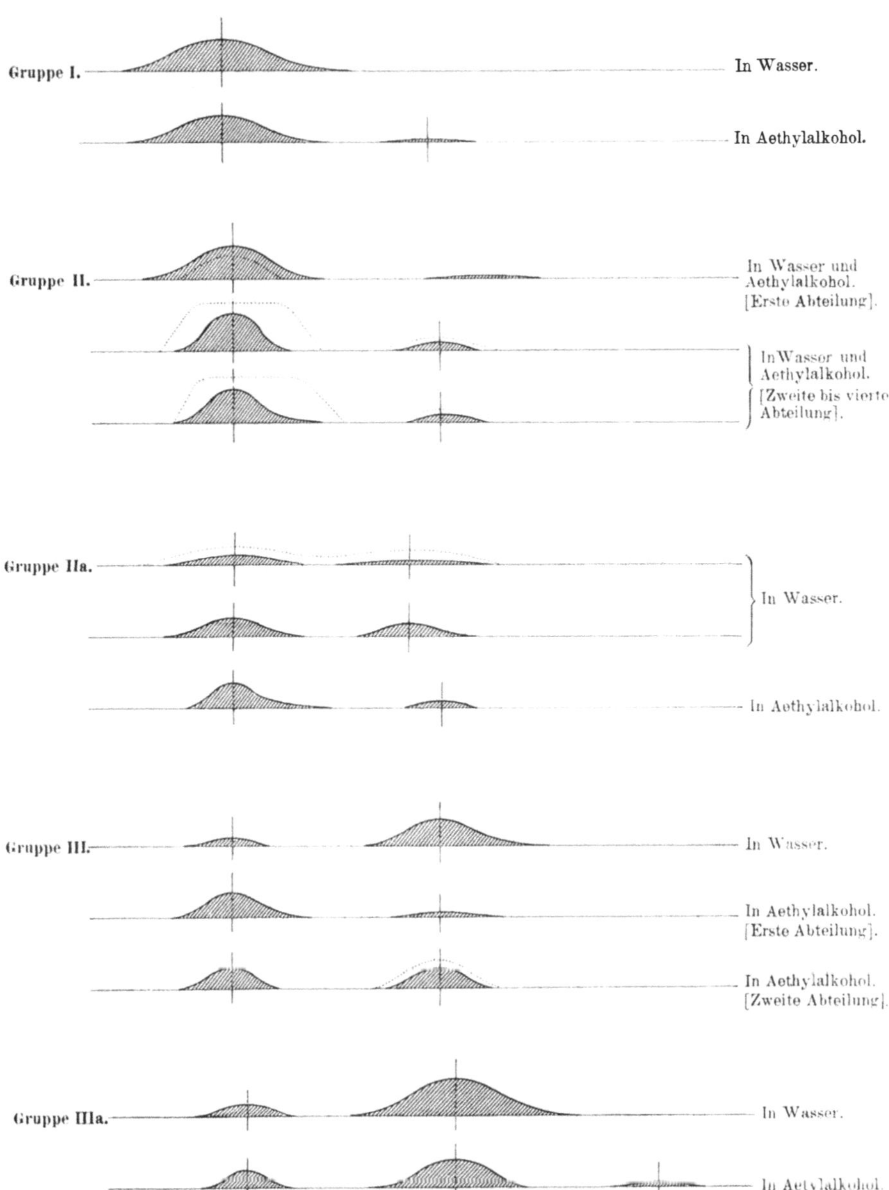

Verlag von Julius Springer in Berlin.

Einteilung der roten Farbstoffe in Gruppen.

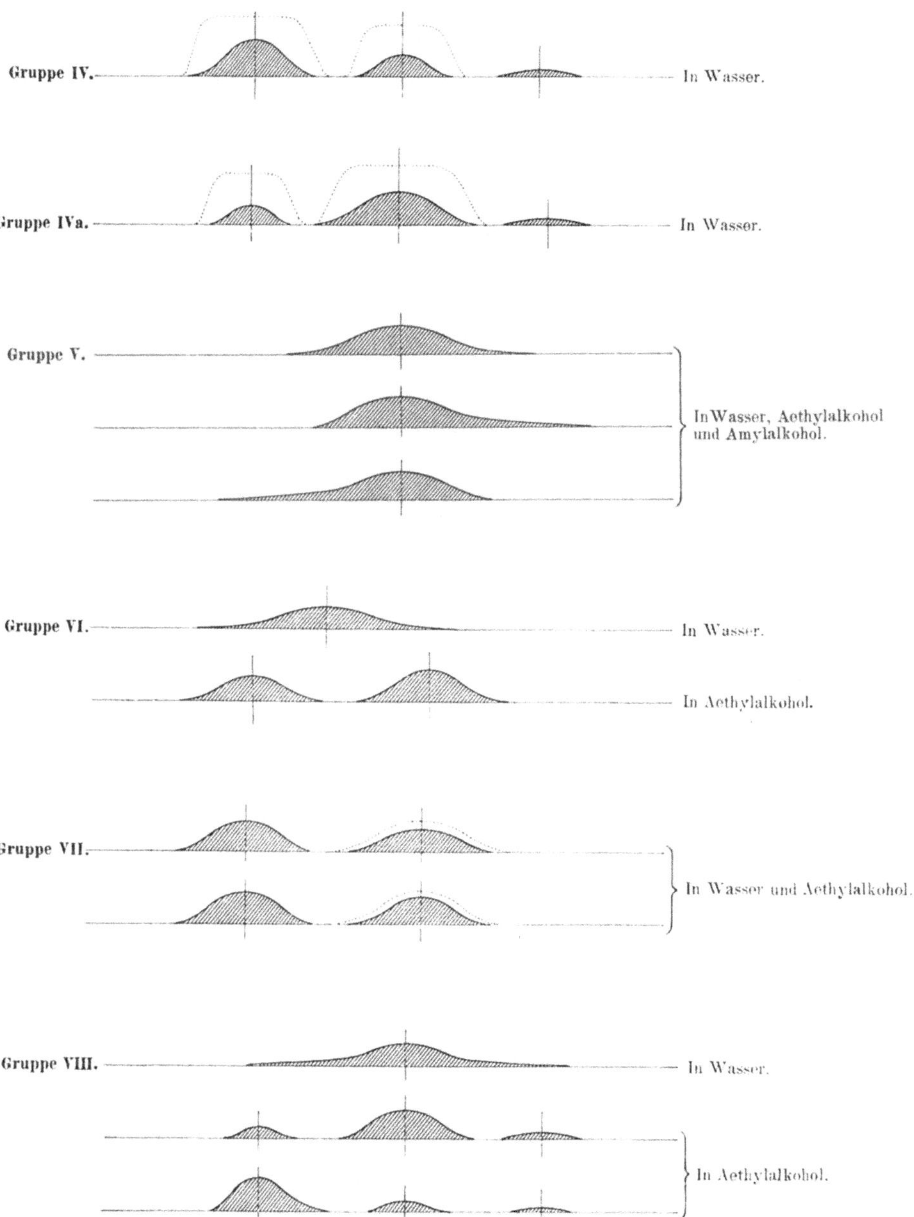

Verlag von Julius Springer in Berlin.

Absorptionsspektra blauer Farbstoffe.

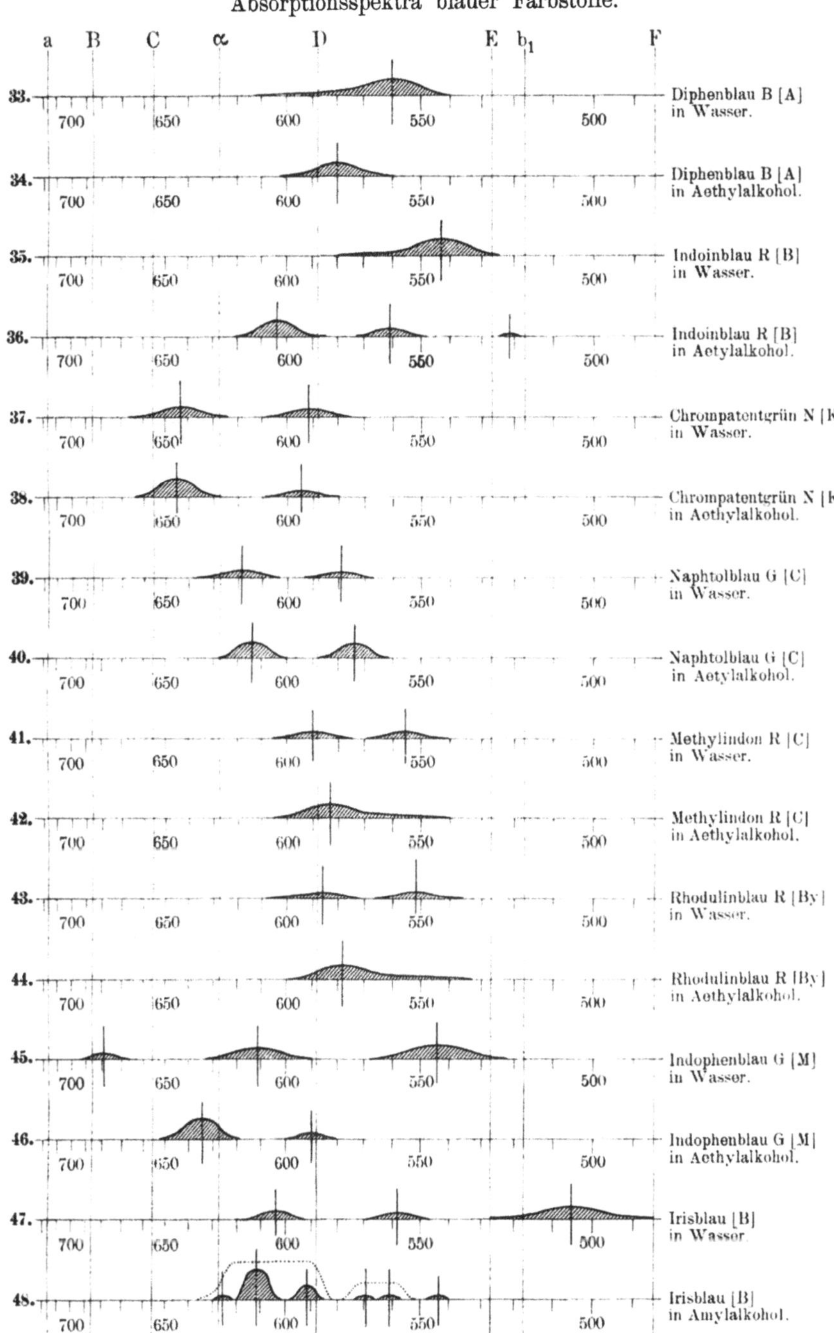

Verlag von Julius Springer in Berlin.

Absorptionsspektra roter Farbstoffe.

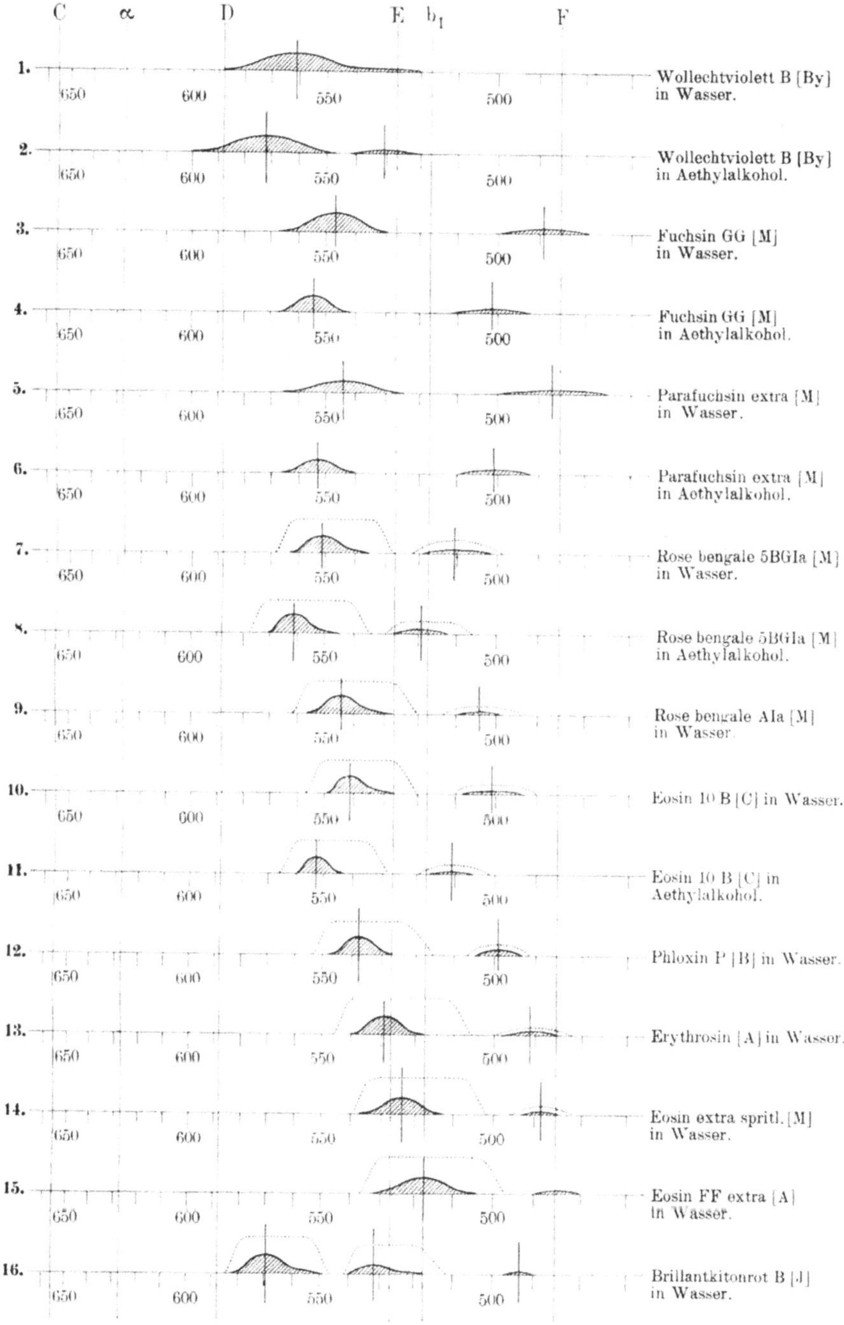

Verlag von Julius Springer in Berlin.

Absorptionsspektra roter Farbstoffe.

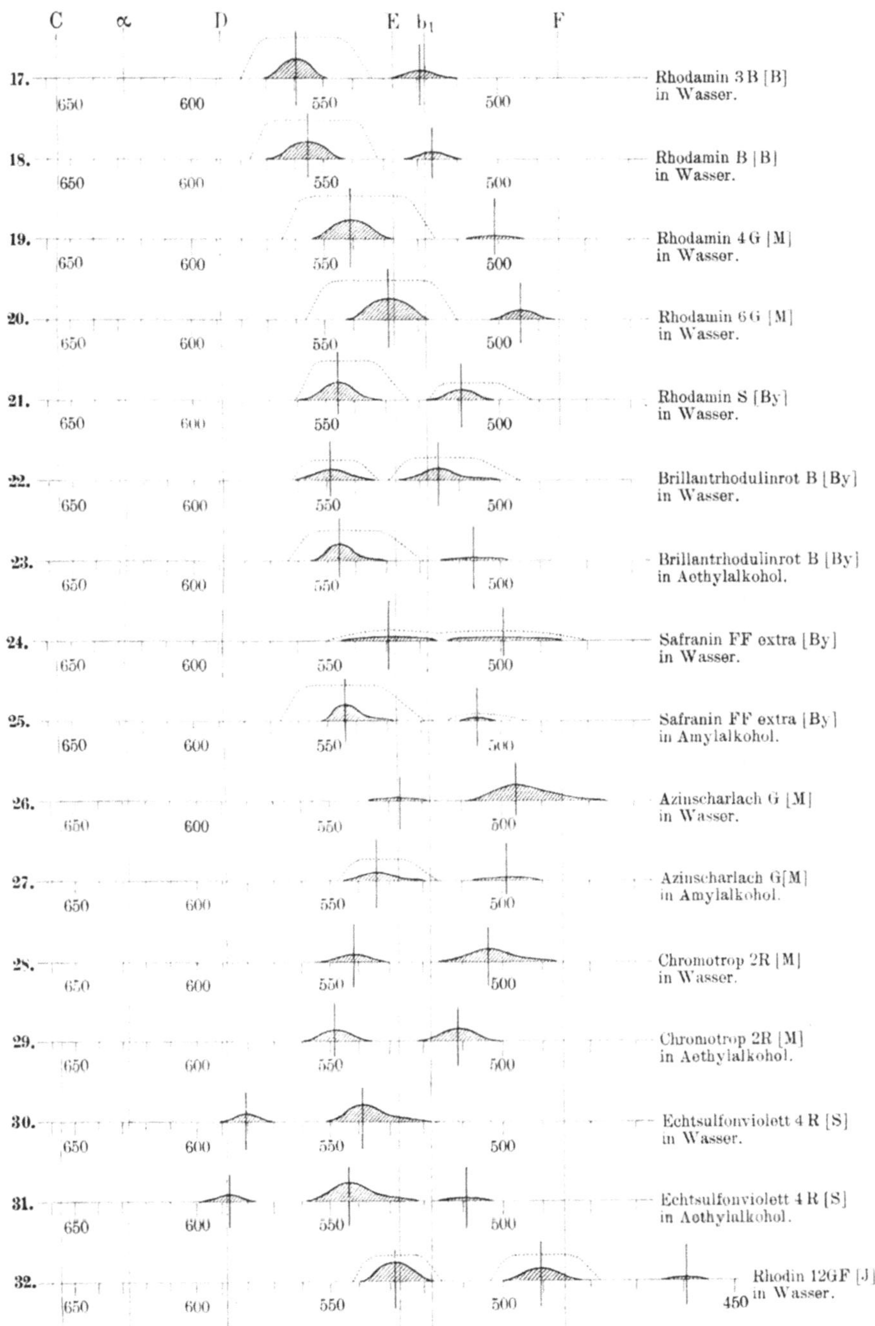

Verlag von Julius Springer in Berlin.

Absorptionsspektra roter Farbstoffe.

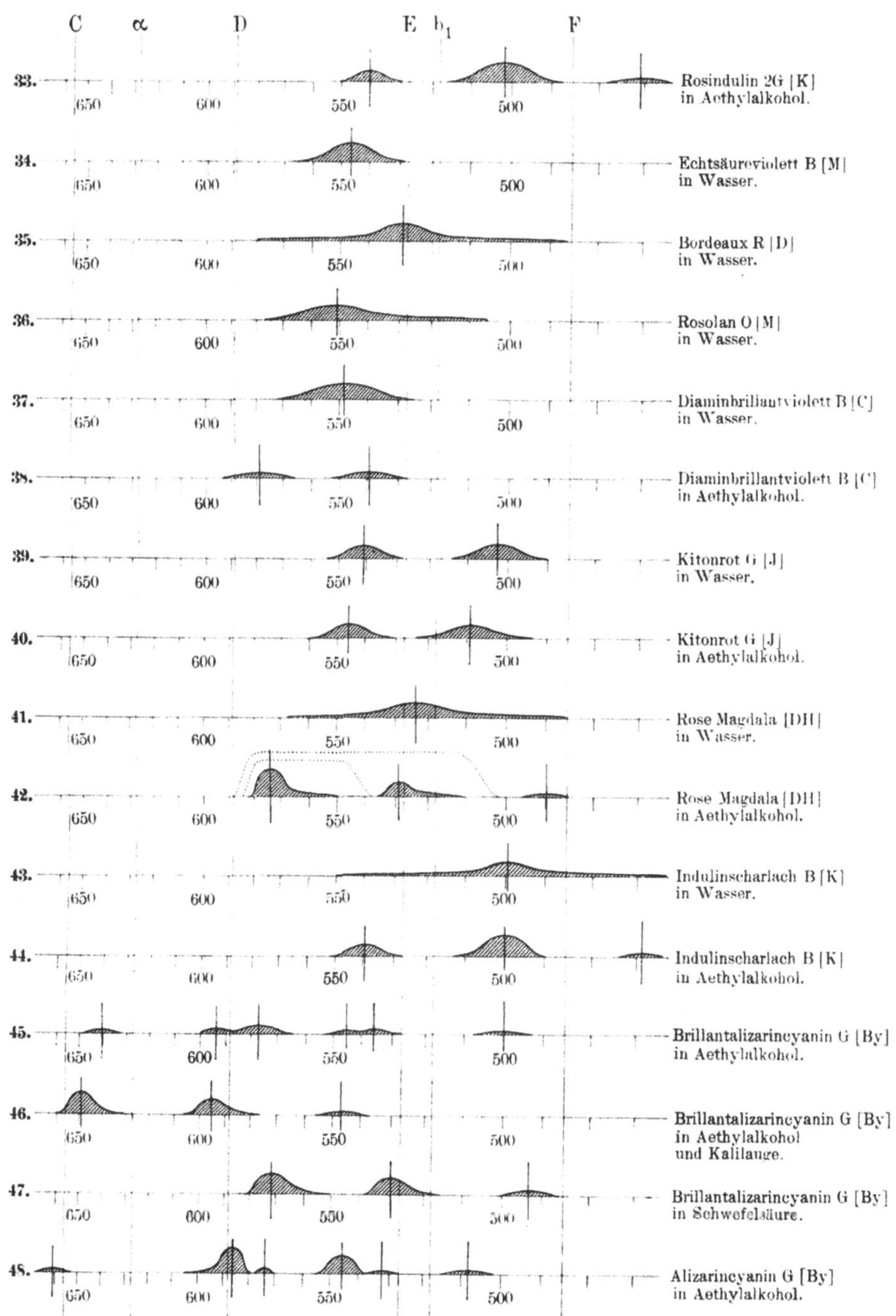

Verlag von Julius Springer in Berlin.

Absorptionsspektra roter Farbstoffe.

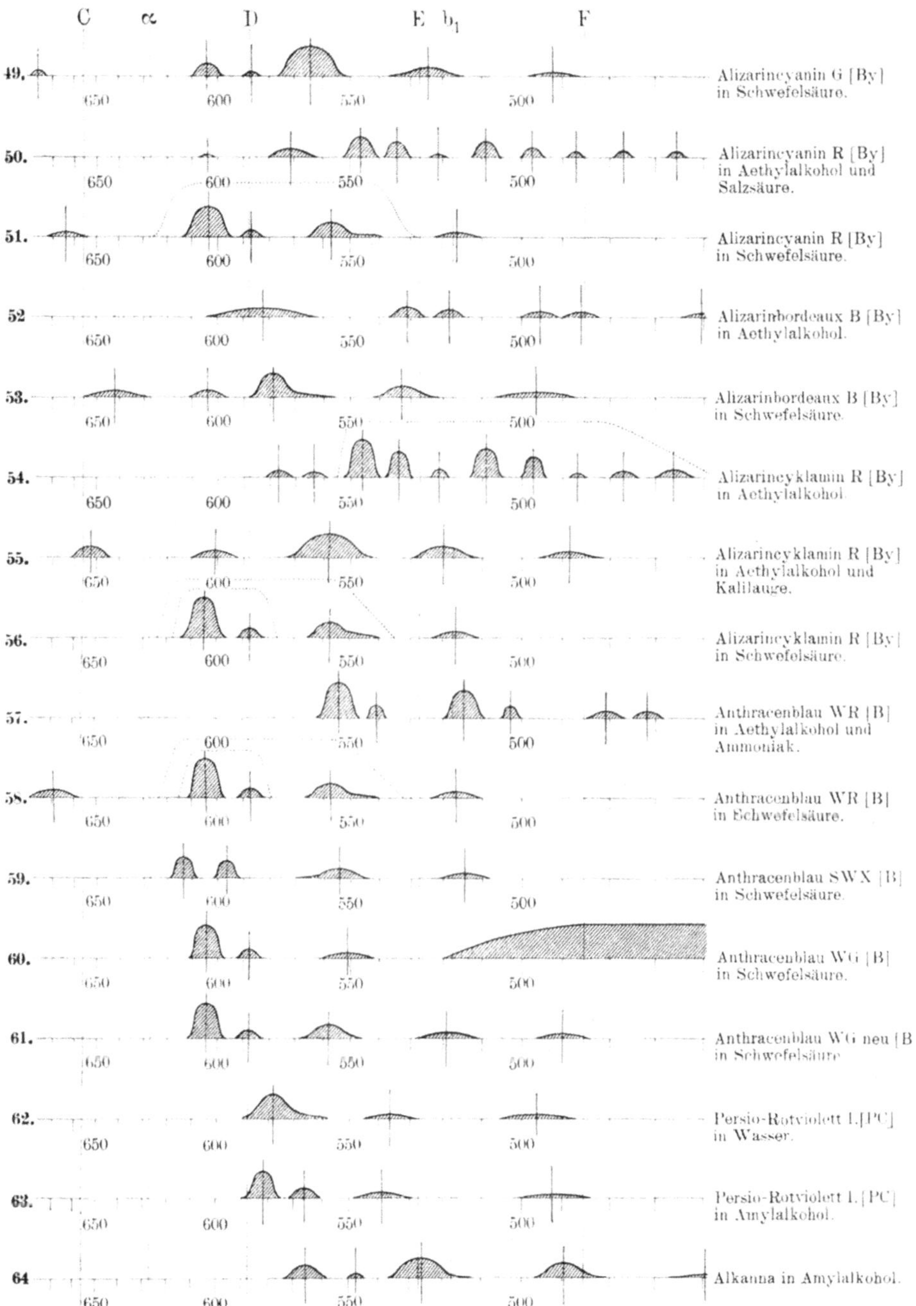

Verlag von Julius Springer in Berlin